安全管理标准化建设理论与实践

王博 李智勇 著

·北京·

内 容 提 要

本书涉及标准化相关理论以及应用，在详细阐述标准化的运行管理体系、标准的实施与监督、标准化理论与方法的基础上，通过对南水北调工程运行安全管理标准化建设的调研，分析了南水北调工程运行管理标准化体系的构建原则、构建方法、依存主体、标准化对象、系统环境及目标、结构等，研究了南水北调工程运行管理标准化体系拓扑结构、构建流程及建设内容。

本书可供高等院校工程管理、水利工程、土木水利等专业师生学习参考，也可供水利工程运行管理人员和政府工程管理部门工作人员阅读借鉴。

图书在版编目（CIP）数据

安全管理标准化建设理论与实践 / 王博，李智勇著
. -- 北京：中国水利水电出版社，2024.5
ISBN 978-7-5226-2042-8

Ⅰ. ①安… Ⅱ. ①王… ②李… Ⅲ. ①南水北调－安全管理－标准化 Ⅳ. ①TV68-65

中国国家版本馆CIP数据核字(2024)第007644号

书　　名	**安全管理标准化建设理论与实践** ANQUAN GUANLI BIAOZHUNHUA JIANSHE LILUN YU SHIJIAN
作　　者	王　博　李智勇　著
出版发行	中国水利水电出版社 （北京市海淀区玉渊潭南路1号D座　100038） 网址：www.waterpub.com.cn E-mail：sales@mwr.gov.cn 电话：（010）68545888（营销中心）
经　　售	北京科水图书销售有限公司 电话：（010）68545874、63202643 全国各地新华书店和相关出版物销售网点
排　　版	中国水利水电出版社微机排版中心
印　　刷	天津嘉恒印务有限公司
规　　格	170mm×240mm　16开本　14.5印张　292千字
版　　次	2024年5月第1版　2024年5月第1次印刷
定　　价	**78.00元**

凡购买我社图书，如有缺页、倒页、脱页的，本社营销中心负责调换
版权所有·侵权必究

前言

标准化是为了在一定范围内获得最佳秩序,对现实问题或潜在问题制定共同使用和重复使用的条款的活动,主要包括编制、发布和实施标准的过程。标准化已经成为国际上的重要共识,是现代化生产的必要条件,也是科学管理的基础、扩大市场的手段、科学技术转化的平台、推动贸易发展的桥梁和纽带。历史和当今的社会发展已证实,标准化对社会文明、技术发展、人类健康与生存和可持续发展具有重要作用。近年来,国家高度重视安全生产标准化的推动、实施工作,在各级安全监管部门和相关行业管理部门的大力推动下,广大企事业单位不断探索,积极开展安全生产标准化创建工作。

南水北调工程是缓解我国北方水资源严重短缺、优化水资源配置、改善生态环境的战略举措,关系到我国经济、社会和生态协调发展,是一项超大型、跨世纪的重大工程,对于保障和促进我国北方地区的经济发展、环境改善和社会稳定都具有十分重要的战略意义。南水北调东、中线一期工程分别于2013年、2014年相继建成通水,由建设期转入运行管理阶段,跨流域、长距离调水工程的运行安全管理面临着巨大挑战,工作内容、工作方式等发生了本质改变,工程运行安全管理制度建设不完善,各级运行管理单位需要加快角色和职能转变,强化安全管理主体责任意识,迫切需要通过运行安全标准化建设提高运行管理水平。

本书第1章、第5章由华北水利水电大学王博撰写,第2章~

第 4 章由华北水利水电大学李智勇撰写，全书由王博统稿和定稿。

　　本书在编写过程中，华北水利水电大学聂相田教授指导审阅，并提出了许多建设性意见。中国电建集团北京勘测设计研究院有限公司赵贺来、赵静雅、王亮、田振兴、凌磊；中电建路桥集团有限公司张叶祥、王元森、李朋远、成锋、张勋超、朱云鹏；国网新源集团有限公司华中开发建设分公司姜斌、谢宝星、宋伟、石建有、李东可；中国三峡建工（集团）有限公司罗刚、黄香；河南省水利勘测设计研究有限公司崔玉荣、张妍；华北水利水电大学范天雨、崔志瑞、蒋浩、陈卓、张凡、刘贝贝、徐立鹏、刘凯、朱莎莎、杨奇、李启凯、李小娟、郭莹、高东方、孙瑞阳、鲁纪岚、杨康、顾贾诺、杨睿宇、李世华、郭冠男、朱鑫雨、于汇、牛时彬、李宏祥、张培生在本书的成稿过程中做了大量资料收集与整理工作，在此一并致谢。

　　由于编者水平、经验有限，书中难免存在不妥之处，敬请读者批评指正！

编者

2023 年 10 月

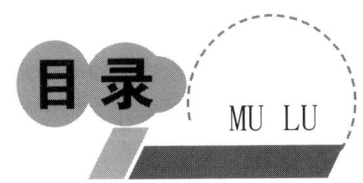

前言

第1章 绪论 ... 1
1.1 标准化的多维度认知分析 ... 1
1.1.1 标准化的学科体系认知 ... 1
1.1.2 标准化的学术结构与理论认知 ... 2
1.1.3 标准化的价值认知 ... 3
1.1.4 标准化的战略地位认知 ... 3
1.1.5 标准化与进化机制关系认知 ... 3
1.1.6 标准化与多样化关系认知 ... 4
1.2 标准化的发展简史 ... 4
1.2.1 远古时代人类标准化思想的萌芽 ... 4
1.2.2 建立在手工生产基础上的古代标准化 ... 5
1.2.3 以大机器工业为基础的近代标准化 ... 7
1.2.4 以系统理论为指导的现代标准化 ... 7
1.2.5 中国标准化发展概况 ... 9
1.3 标准及标准化概述 ... 11
1.3.1 "标准"及"标准化"的词源 ... 11
1.3.2 标准及标准化的概念范畴 ... 14
1.3.3 标准的概念 ... 18
1.3.4 标准化的基本概念 ... 24
1.3.5 标准化学科 ... 28
1.3.6 标准化的经济效果评价 ... 31

第2章 标准化运行管理体系 ... 36
2.1 中国标准化法律法规 ... 36
2.1.1 标准化法律法规概述 ... 36
2.1.2 标准化法律法规介绍 ... 38

2.1.3　其他涉及标准化事项的法律法规 …………………………… 52
　2.2　标准化管理体系及管理机构 ……………………………………… 62
　　2.2.1　国务院标准化行政主管部门的职能 ……………………… 62
　　2.2.2　国务院有关行政主管部门的标准化职能 ………………… 64
　　2.2.3　地方标准化行政主管部门的职能 ………………………… 66
　2.3　标准制定组织——标准化技术委员会 …………………………… 67
　　2.3.1　标准化技术工作体系 ……………………………………… 67
　　2.3.2　专业标准化技术委员会的组建与组织结构 ……………… 68
　2.4　标准化研究机构 …………………………………………………… 71
　　2.4.1　中国标准化研究院 ………………………………………… 71
　　2.4.2　行业标准化研究院 ………………………………………… 72
　　2.4.3　标准化研究院 ……………………………………………… 74
　2.5　国际标准组织 ……………………………………………………… 75
　　2.5.1　ISO ………………………………………………………… 76
　　2.5.2　IEC ………………………………………………………… 79
　　2.5.3　ITU ………………………………………………………… 82

第3章　标准的实施与监督 …………………………………………… 86
　3.1　标准实施的意义与原则 …………………………………………… 86
　　3.1.1　实施标准的意义 …………………………………………… 86
　　3.1.2　标准实施的原则 …………………………………………… 87
　3.2　标准实施的一般程序 ……………………………………………… 88
　　3.2.1　计划 ………………………………………………………… 88
　　3.2.2　准备 ………………………………………………………… 89
　　3.2.3　实施 ………………………………………………………… 89
　　3.2.4　检查与监督 ………………………………………………… 90
　　3.2.5　总结 ………………………………………………………… 90
　3.3　标准实施的方法 …………………………………………………… 90
　　3.3.1　标准实施的一般形式 ……………………………………… 91
　　3.3.2　不同类型标准的实施方法 ………………………………… 92
　　3.3.3　标准实施的推广模式 ……………………………………… 93
　3.4　标准实施的监督 …………………………………………………… 95
　　3.4.1　标准实施监督的价值 ……………………………………… 96
　　3.4.2　标准实施监督的部门 ……………………………………… 96
　　3.4.3　标准实施监督的形式 ……………………………………… 97

3.4.4 标准化审查 ·· 98

第4章 标准化的理论与方法 ··· 106
4.1 标准化的理论 ··· 106
4.1.1 标准化理论的起源 ·· 106
4.1.2 国外标准化原理 ··· 110
4.1.3 国内标准化原理 ··· 113
4.1.4 标准化理论的新发展 ······································· 124
4.2 标准化的方法 ··· 129
4.2.1 简化 ·· 130
4.2.2 统一化 ··· 133
4.2.3 系列化 ··· 137
4.2.4 通用化 ··· 140
4.2.5 组合化 ··· 143
4.2.6 模块化 ··· 145

第5章 南水北调工程运行安全管理标准化建设 ················· 151
5.1 南水北调工程概况 ··· 151
5.1.1 南水北调中线工程 ·· 151
5.1.2 南水北调东线工程 ·· 151
5.2 南水北调工程运行安全管理标准化建设过程 ················· 152
5.2.1 研究背景 ·· 152
5.2.2 南水北调工程运行安全标准化试点 ······················ 155
5.2.3 研究意义 ·· 156
5.3 南水北调运行安全管理标准化体系统分析 ···················· 157
5.3.1 南水北调工程运行安全管理标准化体系构建思路与方法 ···· 157
5.3.2 南水北调工程运行安全管理体系依存主体分析 ········· 159
5.3.3 南水北调工程运行安全管理标准化体系对象确定 ······ 163
5.3.4 南水北调工程运行安全管理标准化系统分析 ··········· 164
5.3.5 南水北调工程运行安全管理标准化体系结构分析 ······ 165
5.4 南水北调工程运行安全管理标准化体系拓扑图构建 ········· 168
5.4.1 拓扑图定义 ·· 168
5.4.2 南水北调工程运行安全标准化管理体系拓扑图 ········· 169
5.5 南水北调工程运行安全管理标准化建设流程 ················· 172
5.5.1 南水北调工程运行安全管理标准化建设步骤 ··········· 172
5.5.2 南水北调工程运行安全管理标准化策划阶段 ··········· 174

  5.5.3 南水北调工程运行安全管理标准化实施阶段 …………… 188
  5.5.4 南水北调工程运行安全管理标准化检查阶段 …………… 196
  5.5.5 南水北调工程运行安全管理标准化改进阶段 …………… 197
 5.6 南水北调工程运行安全管理标准化建设内容 ………………… 202
  5.6.1 运行安全目标管理体系 …………………………………… 202
  5.6.2 工程运行安全管理体系 …………………………………… 205
  5.6.3 防洪度汛安全管理体系 …………………………………… 207
  5.6.4 工程安防管理体系 ………………………………………… 209
  5.6.5 应急管理体系 ……………………………………………… 211
  5.6.6 运行安全问题治理体系 …………………………………… 213
  5.6.7 责任监督检查体系 ………………………………………… 215
  5.6.8 运行安全文化管理体系 …………………………………… 217

参考文献 ……………………………………………………………… 221

第1章 绪 论

1.1 标准化的多维度认知分析

许多标准化书籍中阐述的标准化认知,主要是作用意义的认知,例如"标准化是组织现代化生产的必要条件""标准化是实现专业化生产的前提""标准化是科学管理的基础""标准化是稳定和提高产品质量的重要保证""标准化是促进技术进步的重要手段"等。尽管这些认知没有错误,但认知的标准化偏宏观性、间接性和单一性,使标准化的学科、学术、价值、作用、效果等未能被全面展示出来。标准化需要在自身学科特性上有深入的认知,也需要在学术层面上进行系统的认知,同时需要具备对其直接价值的认知。更为关键的是,标准化还需要多维度、多方位的认知,以充分展现其科学性、有效性和实在性,进而吸引社会各界人才加入到标准化的事业,驱动各行各业重视标准化和自觉开展标准化。

1.1.1 标准化的学科体系认知

1947 年,国际标准化组织(International Organization for Standardization,ISO)成立。1952 年,建立了标准化科学原理研究常设委员会(STACO),开始标准化概念、标准化基本原理和标准化方法的研究。从 20 世纪 30 年代开始,研究标准化的学者先后发表了一些标准化的论著,这些论著发表的时间段主要集中在 20 世纪七八十年代。

标准化学科与科学的关系在于:标准化的理论和方法属于科学内容,它是具有客观性效果的"统一化"的理论和方法。在标准的内容中,有些标准内容就是科学内容。

标准化学科与技术的关系在于:在标准化的方法中,有些方法就是技术性的,如产品的设计方法、工艺方法、试验方法等,标准化方法包含了技术性内容。

标准化学科与行为学的关系在于:理论上,标准化对象的根对象是行为对象,非标准化是行为的随意化问题,标准化是行为的统一化,产品标准化是产品设计、制造行为的统一化,服务标准化是服务行为统一化,交通标准化是行驶和行走行为的统一化,因此,标准化学科与行为学有不解之缘。

标准化学科与逻辑学的关系在于：从标准化理论的研究到标准的使用，方方面面都需要应用逻辑学，尤其是在标准内容的表述上，更需具备严密的逻辑性。要明确区分因果逻辑、先后逻辑、包含与被包含的逻辑、主动与被动的逻辑，以确保标准的准确性与一致性。

标准化学科与管理学的关系在于：标准化学科在理论上是研究对行为的引导和控制。标准的编制过程是一个严格的程序过程，需要应用管理学进行协调。标准的使用，就是一个标准实施管理和监督管理的过程，就标准制定的全过程而言，其实就是一个标准的 PDAC 的管理周期，需要应用管理学知识。在 PDCA 的标准管理周期中，P(plan) 为标准制修订计划，D(development) 为标准制修订，A(application) 为标准实施，C(checks) 为标准复审。

标准化学科与其他学科之间的系统关系见表 1.1。

表 1.1　　标准化学科与其他学科之间的系统关系

学科	因素				
	标准化理和方法	标准内容	标准编写方法	标准形成过程	标准使用
科学	属科学内容	涉及内容	应用	应用	应用
技术	涉及内容	涉及内容	应用	应用	应用
行为学	涉及内容	涉及内容	应用	应用	应用
心理学	涉及内容	应用	应用	应用	应用
逻辑学	应用	应用	应用	应用	应用
修辞学	应用	应用	应用	—	应用
语义学	应用	应用	应用	—	应用
管理学	涉及内容	涉及内容	应用	应用	应用
伦理学	应用	涉及内容	—	应用	应用
哲学	涉及内容	应用	—	—	—

1.1.2　标准化的学术结构与理论认知

从学术角度来看，标准化的概念是标准化认知的核心内容，它包括了标准化的学术性关系和标准化的哲学性关系。标准化是"在一定的时域和空域中，按约定范畴实现统一化的状态"。标准化是一种"统一化状态"。标准化的"统一化状态"概念反映了人们对标准化自然的认知概念，具有本体的属性。这种认知符合学术概念具备的特征。

标准化研究时间域、空间域的统一化规律，追求规律的有效性，是一种科学范畴。威廉·R. 奥弗顿法官判定科学的标准如下：①遵循自然规律；②根据自然规律解释现象的能力；③在经验世界里是可检验的；④它的结论是暂时性的，即不必是最终的结论；⑤它是可证伪的。

标准化的学术理论建立了标准化的规律，规律对标准化现象进行了很好的解释，在实际中检验了理论的有效性，结论可不断完善，理论可证伪，从以上5个方面都符合这一科学标准。

1.1.3　标准化的价值认知

标准化的价值就是标准化能解决问题的作用，是指标准正面的作用意义（或称正作用）。价值意义通常是指有益的作用，不含危害作用和副作用（或负作用）。

随着社会和标准化学科的发展，标准化受到了社会各个方面的高度重视，关于标准化的价值认知，在前人研究成果的基础上，可提炼、归纳为以下几个方面：标准化是无序状态的秩序因素、是重复劳动的节约因素、是信息交流的畅通因素、是群体系统的系统协调因素、是技术发展的优化因素、是人类健康和环境保护因素、消除浪费的统一因素。

1.1.4　标准化的战略地位认知

标准化已成为国际上的重要共识，国际性的标准化组织已成为世界上最大技术组织群（包括ISO、IEC、ITU等），仅ISO就有163个成员国，标准化业务已成为一项具有国际地位的业务。

1988年，我国颁发了《中华人民共和国标准化法》，这标志着标准化是国家行为，标准化是国家的意志。该法规定了在国民经济建设中需要开展的标准化工作，规定了违背标准化要求的罚则。标准化的开展是关系国家资源的合理利用、关系国民健康的保障、关系环境保护以及劳动生产效率的提高。标准化是一个关系民族利益、国家利益和世界利益的事，具有国家和国际的重要地位。

1.1.5　标准化与进化机制关系认知

标准构建的是一种优化和合理的规律关系，自然界的规律也符合一种合理的内在标准关系。标准有人为设定标准和自然法则标准。人为设定标准是人们按事物利益最佳关系建立的，它可以引导事物良性发展。自然法则标准是优胜劣汰形成的，是自然界对合理关系选择的结果。生物按自然法则标准进行进化，在不断执行标准和改进标准中发展。人为设定标准建立的标准化属意识驱动的标准化，人为标准建立的速度较快。自然法则标准建立的标准化属非意识造就的标准化，它形成的过程漫长，生物的进化就是在自然法则标准的发展中进行的。自然界的标准化是选优同化的过程形成的。

标准的形成是需要斗争的,这一斗争的结果可能是进步或退步。如果标准化方案有利于产品发展、减少重复劳动、降低成本等,就会带来进步效果。如果标准限制了发挥空间,增加无效劳动、提高成本,就会导致退步。只有竞争中推进的标准化才是明智的选择。标准化的斗争是挑战传统习惯、随意性、无序化的斗争。

1.1.6　标准化与多样化关系认知

多样化有随意多样化和合理多样化。合理多样化是依赖于标准化的。标准化为合理多样化的发展提供标准化的要素和手段的支持,使多样化在低成本、高质量、高效率的基础上发展。没有标准化的随意多样化,多样化的形成速度和质量都会下降,形成的成本大大增加。工业生产没有刀、夹、量、辅、模具等标准化,就不会有合理的产品成本和多品种的快速生产能力。标准化是多样化的基础,魔方就是以元素标准化提供千变万化的多样化形式的典型例子。

1.2　标准化的发展简史

一座现代化工厂的投产,一项工程的兴建,一颗卫星的发射,一次宇宙航行的成功,无一不是成千上万的人和成百上千个企业相互配合的结果。为了使各生产部门之间互相提供的条件符合各自的要求,为了使人类的经济技术活动遵循着共同的准则,为了把整个社会的各个生产环节的动作协调起来,为了把人们创造的成功经验加以积累和推广,为了使复杂的管理工作系统化、规范化、简单化,为了在人类生活和经济技术活动中建立起正常的秩序,使社会生产更好地满足人民生活的需求,一门新的学科——标准化发展起来了。

标准化产生和发展的历程,大体经历了以下几个重要阶段,如图1.1所示。

1.2.1　远古时代人类标准化思想的萌芽

当人类尚处于茹毛饮血的时代,生活方式同周围其他动物相差无几。然而,经过长期与大自然的抗争、伴随着群居生活经验的积累和大脑的发达,人类最终学会了使用木棒、石块等作为狩猎和防御的工具。由于这些因素的推动,人类的吼叫声也发展成为清晰易懂的声音,这便是人类最原始的语言。人类用语言相互传递信息,将各个个体行为链接为群体行为,大大增强了对恶劣生存环境的抵抗力,同时语言的交流使个体中的经验互补、信息互补,个体的治理和技能不断提高。语言成为交流思想感情和传达信息的手段,在一定人群内可交流的语言的发音和含义关系必须是统一的,这些声音都能为大家所理解和公认,因此,语言就

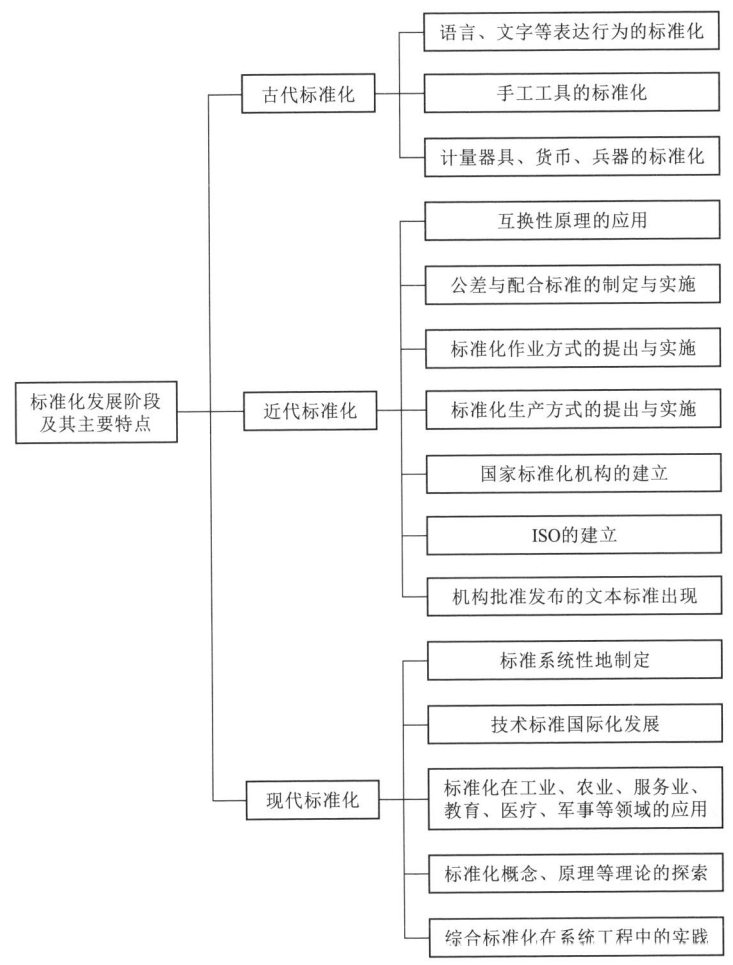

图 1.1 标准化发展阶段图

是一定范围内发音和含义的标准化状态,这应该是人类建立最早的标准化状态。在这种原始语言的基础上,人类又创造了符号、记号、象形文字,如图 1.2 所示。经过漫长的岁月,这些元素逐渐发展成今天的书面语言。虽然这种标准化仍处于萌芽阶段,但的确是人类第一次伟大的标准化创举。

史前时代早期标准化的最明显例证是不论从欧洲、非洲还是亚洲出土的石器,其样式和形状都极其相似。到了新石器时代,又出现了磨制石器,与打制石器相比,比例更加合理,形状、用途趋向单一,刃口更加锋利。这是人类工具发展史上的一次突破,也是工具标准化最早的雏形。

1.2.2 建立在手工生产基础上的古代标准化

人类有意识地制定标准,是由社会分工所引起的。社会分工引起的直接结果

图 1.2　古埃及象形文字

是生产的发展和产品的交换。不管最初的交换方式多么简单，它一开始就遵循一条客观法则，即等价交换原则。为了体现交换过程中的等价原则，就必须对交换物进行计量，或者以长短，或者以多少，或者以轻重进行定量。这就是最初的计量器具——度、量、衡产生的社会经济原因。

计量器具一开始是被用作交换和分配社会产品的衡量准绳的，它从本质上起着标准的作用。虽然最初人们建立的"标准"比较粗略，在不同时期里用麦粒、黍粒、竹筒、手指、脚、前腕、两臂等做过计量单位，但随着生产的发展，人们不断地对计量单位进行改革和统一，度量衡的统一和货币的统一是商品交换的需要和国家制度下政治的需要，标准化开始被理性应用。

人类的劳动是从制造工具开始的。到了手工业时代，劳动工具已经由石器逐渐过渡到青铜器，甚至出现了最初的铁器。我国商周时期的青铜器，无论其冶炼技术还是产品加工的精美程度，都可以作为这一时期科学技术和标准化发展水平的标志，商周时期的青铜器如图 1.3 所示。

图 1.3　商周时期的青铜器

1.2.3 以大机器工业为基础的近代标准化

近代标准化是在大机器工业的基础上发展起来的,生产和科学技术的高度发展,不仅为标准化提供了大量的经验,还提供了系统的实验手段,从而使标准化活动进入了以严格的实验数据为根据的定量化的阶段。在近代,世界各国的标准化迅速发展的主要原因和过程如下。

(1) 提高生产率的需要。蒸汽机的发明带来了西方的第一次工业革命,用蒸汽动力的设备减轻了体力劳动的强度,使工作节奏加快,社会进入了真正意义上的工业化时代。此时,由于竞争的驱使,各产业部门都在迫切寻求提高生产率的途径。1798 年,美国人艾利·惠特尼(Eli Whitney)在制造武器过程中运用样板和量规成批地制造了具有互换性的零部件,为大量生产开辟了一条新途径。此后,螺纹、各种零件和材料等也先后实现了标准化,成百倍地提高了劳动生产率。

在一系列标准化和科学管理成就的基础上,美国福特汽车公司在 1914—1920 年间,创造了汽车制造的连续生产流水线,采用标准化基础上的流水作业法,促进了大规模流水生产的发展,极大地提高了生产效率。

(2) 扩大市场的需要。工业化初期,市场狭小,当时的工业标准只是对当地用户和有关工厂生产能力的反映,适用范围有限。随着运输业的发展,市场和交换范围逐渐扩大,不同地区生产的同一用途的材料和零件互不统一,买家不得不经过修整以后才能使用,迫切要求在更大范围内开展标准化。

(3) 调整产品结构,实现生产合理化的需要。两次世界大战以及战后的复兴都对标准化提出迫切的要求。第一次世界大战期间,物资奇缺,美国军工局通过严格的标准化对产品品种规格加以限制,取得了显著成效。战后经济恢复时期又出现了任意增加产品花色品种,严重影响生产率提高的问题。对此,美国商务部所属的简化应用局发起了一场全国性的生产简化运动。第二次世界大战期间,由于军需品的互换性很差,规格不统一,致使盟军的供给异常紧张,许多备件要从美国运往欧洲战场,造成极大损失。为此,军需部门再度强调标准化并相应地发展了包括运筹学、价值分析、线性规划和统计质量管理等新技术。在战后重建的狂热中,产品品种、规格再度泛滥,许多国家都把制定标准化活动和压缩不必要的品种列为重要任务。国家标准化和国际标准化成为人类社会不可缺少的因素。

1.2.4 以系统理论为指导的现代标准化

20 世纪 60 年代,随着新技术革命的深入发展和电子计算机的普及应用,世界范围内正在迅速发展的信息技术革命和以世界贸易组织为标志的经济全球化,对人类社会的生产和生活产生具有重大影响的全面变革。当今的世界,无论从技术、经济还是社会的任何一个角度观察,都会发现一个引人注目的趋势——当代人类及其社会正在为跨入这个新时代而进行科技知识和经济实力的准备,在一些高新技术发展的前沿地区和国家,同样也在为这个新时代的标准化做战略准备,就世界范围来说,标准化的崭新时代已经到来。

在工业现代化进程中,由于生产和管理高度现代化、专业化、综合化,这就使现代产品或服务展现出明显的系统性和社会性,一个产品或一项工程往往涉及多个行业、多个组织和多种科学技术,如美国的"阿波罗计划""曼哈顿计划",中国的"嫦娥工程"等,它们的联系网络遍及全国,甚至全世界。国际贸易的蓬勃发展又为在国际上实现资源优化配置提供了有利条件,从而使标准化活动更具有现代化的特征。

尽管当前对这一时代的标准化特征尚未有明确的定义,但结合当今世界经济与技术发展的现状和趋势,标准化已经表现出以下特点。

(1)系统性。在现代社会,由于生产过程高度现代化、综合化,一项产品的生产或一项工程的施工,往往涉及几十个行业、成百上千个企业和各种科学技术,它的联系渠道遍及全球,标准化工作靠制定单个标准已经远远不够了。因此,系统理论已成为现代标准化的基础。

在系统理论的指导下,一方面,人们开始把标准放在系统的有机联系中来考虑,再不是一个一个孤立地制定标准,而是从系统的角度,同时制定一整套相关的标准,在这个基础上建立了综合标准化的理论和方法;另一方面,用动态的观点考察和处理标准系统,产生了动态标准化和超前标准化。随着优先数和优先数系先后被用于标准化,以及标准化对象参数最佳化、参数系列最佳化和可靠理论的研究,标准化越来越广泛地使用数学工具。在对标准中的指标进行定性和定量分析时,不仅要有纵向分析,还要有横向比较,也就是要权衡利弊进行系统的分析,这是它与传统标准化的实质性区别。可见,现代标准化是以系统理论为指导的,这是现代科学技术高度融合产生的必然结果。

(2)国际性。从标准化的领域和范围看,国际标准化占主导地位,经济发展的国际化趋势,可以视为人类社会发展不可阻挡的潮流。国际贸易的扩大、跨国公司的发展、经济的全球化,都直接影响着世界各国的标准化。20世纪60年代以后,有组织的国际标准化活动迅速发展,采用国际标准已成为普遍现象。此外,当前世界经济全球化的大气候也决定了标准的国际化趋势原因有以下两点:一是跨国公司大量涌现、迅速发展,已成为国际经济活动的最主要力量,比如美国电报电话公司思科、爱立信、摩托罗拉等九家跨国公司控制了世界电信设备生产份额的90%;二是国际经济区域化、集团化。其中最引人注目的是欧共体建成的一个共同市场,其特点是在欧共体内人员、资金、商品可以自由流动,逐步实现欧洲经济的一体化。在此进程中急需解决的重大问题之一就是标准的问题，而标准的国际化则是最为有效的途径之一。这种标准的国际性，不仅是国家间经济贸易交往的必然要求，也是减少或消除贸易壁垒，促进国际经济发展的必要条件。

（3）时代性。随着工农业生产的现代化和社会化，第三产业蓬勃兴起，科学技术的发展和新技术革命不断深入，现代标准化所面对的现代社会，同工业化时代有着重大的区别，标准化目标的重点开始转向高科技领域，标准化必须顺应时代的潮流，符合时代的要求，才能更好地发挥出应有的作用。

现代标准化必须以现代技术为基础并为现代科学技术的发展服务。进入21世纪，在标准化活动的手段方面，我国已全面采用电子计算机和信息网络实施标准信息化管理，实现了标准检索查询、信息处理、标准化流程管理的现代化；现代试验设备、先进的检测仪器以及模拟仿真等先进技术在标准的研究、制定与实施过程中已经普遍应用。

1.2.5 中国标准化发展概况

20世纪30年代，在国际上合理化、标准化浪潮推动下，中华民国政府实业部（经济部前身）于1931年3月草拟了《工业标准委员会简章》，于同年5月3日由行政院公布实施，并于12月正式成立工业标准委员会。1940年改由全国度量衡局兼办标准事宜，正式推行工业标准，成立专门标准起草委员会4个，编写标准草案877个，并收集了一些国外标准。1947年全国度量衡局与工业标准委员会合并，成立中央标准局（属经济部）。截至1947年，共编写标准草案1500余个，但经审定公布的标准只有79个（代号CS）。

中华人民共和国成立后，党和政府十分重视标准化事业的建设和发展。1949年10月，成立了中央技术管理局，内设标准化规格化处；当月，中央人民政府政务院财政经济委员会便审查批准了中央技术管理局制定的当时被称为"中华人民标准"的《工程制图》，这是中华人民共和国成立后颁发的第一个标准。为了恢复经济、发展生产和对外贸易，国家有关经济部门也分别制定了一些产品标准和进出口产品检验标准。1950年，重工业部召开了首届全国钢铁标准工作会议。1952年，颁发了我国第一批钢铁标准。化工、石油、建材、机械等部门也都开始颁发标准。

1955年制定的发展国民经济的第一个五年计划中，提出了设立国家管理技术标准的机构和逐步制定国家统一的技术标准的任务。1956年，国务院科学规划委员会制定的12年科学技术发展规划中明确指出，"制定和推行国家统一的、先进的技术标准，是迅速发展国民经济、保证实现工业生产计划的必要措施之一"，并指出，"国家标准具体地体现了国家的技术政策，是社会主义工业建设的先进标志……为了使我国社会主义建设走上先进的生产道路，必须从速制定国家标准，并贯彻实施"。同年，决定成立国家技术委员会（后改为国家科学技术委员会）。1957年，在国家技术委员会内设标准局，开始对全国的标准化工作实行统一领导。1958年，国家技术委员会颁发了第一号国家标准《标准格式与幅面尺寸（草案）》（GB 1—58）。第一个五年计划期间，各主要工业部门也先后建立了标准化管理机构，加强了标准化工作的领导和管理。这一时期主要是引进苏联标准以解决大规模经济建设的急需，同时也结合我国具体情况制定了大量的标准。

1961年，开始执行"调整、巩固、充实、提高"的方针，标准化工作得到加强和发展。1962年，国务院发布了《工农业产品和工程建设技术标准管理办法》（以下简称《管理办法》），这是我国第一个标准化管理法规，对标准化工作的方针、政策、任务及管理体制等都做出了明确的规定。1963年4月召开了第一次全国标准化工作会议，编制了1963—1972年标准化发展10年规划。规划中提出要建立一个以国家标准为核心，适应我国资源和自然条件，充分反映国内先进生产技术水平、门类齐全和互相配套的标准体系。1963年9月成立国家科委标准化综合研究所，同年12月成立技术标准出版社，到1966年已颁布国家标准1000个。这一时期我国的标准化事业有了较快的发展，并积累了自己的经验。一些地方和部门的标准化工作同质量工作相结合，有力地促进了产品质量的提高；与生产专业化相结合，取得了明显的经济效益；与设计工作相结合，推广了产品系列化和零部件通用化，促进了产品品种的发展。在标准化管理方面，提出了正确的标准来自实践，要面向生产、发动群众、突出重点、讲求实效和在确定标准指标时做到"宽严适度、繁简相宜"等原则，这都是这一时期广大群众标准化实践的经验总结。这一切都为第三个五年计划时期标准化的进一步发展打下了基础。

1978年5月国务院批准成立了国家标准总局，加强了对国家标准化工作的管理。1979年召开了第二次全国标准化工作会议，在总结经验的基础上，提出了"加强管理，切实整顿，打好基础，积极发展"的方针。同年7月31日国务院批准颁布了《中华人民共和国标准化管理条例》（以下简称《管理条例》），这个条例是在总结我国30年来标准化工作正反两方面经验的基础上，根据工作重点转移到社会主义现代化建设上来这一新形势对标准化工作提出的新要求、新任务而制定的。它是1962年《管理办法》的继续和发展。《管理条例》体现了标准化工作要为发展国民经济、加速实现四个现代化服务这一指导思想。这一时期不仅标准增长速度加快，而且标准化活动领域也在不断拓宽，最突出的是标准化活动扩展到我国的经济管理和行政管理领域，开始制定各类管理标准，在企业挖潜、革新、改造方面，在技术引进与产品出口贸易方面，在节约能源方面，在产品质量管理和科学管理方面，都发挥了重要作用。

1988年7月国务院决定成立国家技术监督局统一管理全国的标准化工作。1988年12月29日通过了《中华人民共和国标准化法》（以下简称《标准化法》），并于1989年4月1日起施行。《标准化法》的颁布，对于推进标准化工作管理体制改革，发展社会主义市场经济有着十分重大的意义。

1990年4月6日，国务院依据《标准化法》制定发布了《中华人民共和国标准化法实施条例》（以下简称《实施案例》），对标准化工作的管理体制、标准的制定和修订、强制性标准的范围和法律责任等条款做了更为具体的规定，进一步充实完善了《标准化法》的内容，成为《标准化法》的重要配套法规。

2001年4月，国务院批准成立国家质量监督检验检疫总局，同时批准成立国家标准化管理委员会统一管理全国标准化工作，成立国家认证认可监督管理委员会统一管理全国合格评定工作。

1991年5月7日，国务院依据《标准化法》发布了《中华人民共和国产品质量认证管理条例》，2003年9月3日国务院颁布《中华人民共和国认证认可条例》，对认证认可工作进行了全面规范，使我国的认证工作走上依法开展的轨道。

2011年制定并开始实施《标准化事业发展"十二五"规划》，2012年国家标准化管理委员会提出"系统管理、重点突破、整体提升"的工作方针，立足于战略思维，使标准化工作紧贴经济技术发展中的重大关键问题；实施系统管理，倡导系统方法，推行综合标准化试点，我国标准化工作步入了具有历史意义的战略转型期。

到2012年年底，现行国家标准总数已达到29582项，累计备案行业标准51023项。我国的标准化事业已经达到了相当的规模，有了较为雄厚的基础。标准化研究机构、认证机构、产品质量监督检验机构以及全国性的标准化技术委员会都有较快的发展。中国标准化研究院和中国标准化协会在标准化战略、标准化理论研究以及标准化知识普及等方面，发挥着越来越重要的作用。

我国的标准化积累了半个世纪的实践经验，在已有成就的基础上，必将在今后的社会主义现代化建设中发挥更大作用，为我国经济振兴，为改革开放大业做出新贡献。

1.3　标准及标准化概述

1.3.1　"标准"及"标准化"的词源

如今被广泛使用的词语"标准"与"标准化"，经历了漫长的历史演变。深入研究其发展史，对进一步探索"标准"的本质内涵具有重要启迪。

1.3.1.1　词语中"标准"的形成与普及

如今我们熟知的"标准",在我国古代汉语里并不是放在一起作为一个词语出现和使用的,而是分别作为单词使用。"标"字最初取木之末端、末梢,即树梢的含义,由于树梢往往在树的最顶端,容易被人们发现和作为方向指引,所以"标"字逐渐衍生出标的(目标)、标旗(标识)等含义,后来又被逐步抽象成典型代表、标志、榜样的含义;而"准"字最初取水平为准、绳直为准,即水平、直线的意思,而人们确定水平、直线往往是用来度量别的事物是否平直的,因而"准"又逐渐衍生出判断实际物体平直的水平线、基准的意思,以及对人的行为规范进行约束的准则的意思。

古汉语中,汉字大部分都是被单独使用的,较少以词组形式出现。现代汉语的词组是将词组中的每个字组合在一起作为一个有机整体来使用和释义,而不考虑其中单个字的含义,例如"妻子"在现代汉语中是指丈夫的配偶;古代汉语则不同,因为古代汉语习惯使用单字单词,因而经常会将具有不同含义的单字连在一起使用,不过强调的仍然是每个字各自的意思,而不是词组的意思。但是多个字连在一起使用的时候,也会产生单个字所没有或比单个字更加丰富、更加有特色的含义或语言效果,因而当这些连词使用的频次增多时,人们就会越来越重视词组所表示的整体含义而忽略了每个字单个的含义,这样词组就逐渐演变成一个有自身含义的单词,而不是一个简单的连词,今天很多的词汇就是这么逐渐演变而成的。

按照这种古代汉语与现代汉语的词组演变过程推理,大概可以得出这样的结论:最初"标准"的出现也有可能是以"标"与"准"的连词形式出现的,即说一个事物是什么的标准,就是表示此事物不仅是同类事物的"标"(典型代表),还是同类事物的"准"(基准、准则),但是从哲学和逻辑的角度讲,当一个事物既是同类事物的"标",又是同类事物的"准"时,就是说这个事物既具有同类事物的典型特征,同时还是判断同类事物范畴的基准或同类事物运动变化所遵循的准则,这样的事物就基本上可以被抽象成本质规律了。在生活中则可以被理解为此事物是同类事物中最好的、最接近于本真的、最典型的、最规范的、最正确的等。所以当人们将"标"与"准"连在一起使用并赋予同一个对象时,那么"标准"所表达的意思在思想认识上与语言效果上均会产生截然不同的新的含义,从而使"标准"这个词得到了升华,从一个简单的连词演变成了一个独特而又抽象的词组了。从另一个角度讲,当人们说一个事物是什么什么的标准,例如道德标准,实际上是一种基于判断的认识结果,而正是"标准"这种带有判断性认识的天然属性,使得人们自然而然地会给"标准"赋予一种比较的色彩,这也许正是"标准"一词能够进入技术领域并作为人们从事技术活动的依据或准则的源头。

据目前专家对历史文献的考证,将"标"和"准"两个词放在一起使用,最早见于东晋孙绰(314—371年)所著的《丞相王导碑》。孙绰在《丞相王导碑》中有这样一句话:"信人伦之水镜,道德之标准也。"到了唐代,"标准"一词已经广泛使用。

1.3.1.2 技术领域中的"标准"

虽然现代标准源于西方工业社会,但是我国早在古代就已经将"标准"一词运用到技术领域中了。据考证,"标准"一词在古代技术领域的使用,初见于魏。《全后魏文》中说到"天道至远,非人情可量;历数幽微,岂以意辄度。而议者纷纭,竞起端绪,争指虚远,难可求衷,自非建标准影,无以验其真伪"。所谓"标准影",是指用日晷观测的不同季节的标准日影,这里"标准"一词的内涵与现代技术标准的含义十分接近。我国古代除了在技术领域中使用"标准"一词外,事实上也产生了大量技术标准并形成了书籍而得到传承,只不过这些古籍通常使用"法式""程式""则例""准程"等称谓,使得大量古代标准淹没于浩瀚的古籍文献之中。其中具有代表性的古代标准有宋崇宁二年(1103年)李诫修撰的《营造法式》,清乾隆四十二年(1777年)金简编撰、皇帝御批出版的《钦定武英殿聚珍版程式》等。通过对史、经、集等常见古籍的研究分析发现,古籍所记载的技术文献相当一部分属于现在技术法规、强制性标准等范畴,这些文件通过诏书、朝廷法令、律令以及则例等形式发布,确保了实施推广的权威性和规范性。

1.3.1.3 词语"标准化"来源

虽然"标准"一词在中国古代很早就出现并被广泛使用,但是"标准化"一词却没有发现相关的古代文献记载。中文"标准化"一词的出现应该产生于清末和民国年间,伴随西方科技义化大量涌入中国而产生的,具体情况可能如下:

英文词汇"standard"与中文中的"标准"所表达的含义极其相似,都是规格、行为规范、榜样、水平等意思。因此,"standard"在近代被翻译成"标准"一词。有趣的是,"standard"一词最早出现在中世纪英语(约476—1453年)中,最初是指挂在一根杆上的旗帜,作为集会地点;一种作为测量单位或衡量平直度的权威模具,这与我国古代汉语中的"标"与"准"的含义极其类似。

"标准化"一词源于对英文单词"standardization"的翻译。之所以翻译成"标准化",是因为"standardization"是"standard"的派生词汇,而"standard"和中文的"标准"一样,二者意思基本相同,而且在英文中的使用十分广泛,所以从中西之间语言交流要早于中西之间技术交流的角度来看,是"标准"与"standard"之间先建立对等的语义关系,而"standardization"作为"standard"的派生词出现时,按照中英文之间的翻译习惯,在中文中采用了"标准化"

这一词汇。

由于"标准化"的概念是在西方工业技术革命背景下产生的,其概念在当时所指的实际对象也主要是通过协商一致制定和使用一些工业和工程领域的技术标准,并实现工业产品在规格上的统一进而带来产品和过程的简化。因而"标准化"在当时人们的认识下特指制定实施工业技术标准的一类活动,这一含义进而被引入中国并沿用下来。

"标准化"一词具体进入中国的过程,还有一种可能是"标准化"一词来源于日本,而不是我国直接从英文中翻译而来。中文现代科技词汇的产生过程就是我国逐步学习西方科技知识的过程。众所周知,1840年鸦片战争之后,西方列强侵略我国的同时也带来了西方的科技文化知识,引起当时不少有识之士开始学习西方科技文化知识。对于最早学习西方科技文化知识的中国人而言,需要跨越的第一道障碍就是语言的不通。在当时打通这种障碍除了国人研读国外科技书籍或远赴重洋留学等传统途径之外,还有一条重要的途径就是从日文中引入。由于日本开始学习西方科技文化知识的时间早于中国,因而在科技语言转化上,西方科技语言转化为日文的时间和范围也早于向中文的转化。而日文又基本上采用的是汉字,并且具有基本相同的含义,中日之间交流在语言上又比同西方国家的交流容易得多,因而在中国人开始学习西方科技知识之时,借鉴参考日文去学习和理解西方科技知识是一条重要的捷径。当时中日之间的交流非常频繁,去往国外留学的中国人大部分都是去日本留学,所以我国早期不少科技词汇都是参考日文转化而来的,这也是现在中文和日文许多科技词汇,特别是关于传统工业方面的科技词汇,都使用相同汉字的原因。所以在当时的历史条件下,"标准化"一词作为当时主要用于工业领域的词汇,很有可能也同其他科技词汇一样,是从日本引入中国的。

1.3.2 标准及标准化的概念范畴

以往人们探究标准与标准化的概念,都是站在标准化工作的专业角度进行探讨,但就标准与标准化的概念本身而言,它并不是标准化工作专有的名词,生活中标准与标准化是使用频率非常高的词语,自然界中也处处存在着标准化现象。为什么标准化专业活动与人们日常语言中会使用同一词语?自然界中的标准化现象又与人类的标准化活动有什么联系?这都是以前人们不曾关注过的,但正如任何历史巧合都有其必然性一样,对语言、专业、自然三个范畴中的标准与标准化的概念进行分析研究,对于深刻理解标准与标准化的本质内涵以及统一其概念与定义具有重要的意义。

1.3.2.1 语言范畴中的标准与标准化概念

标准与标准化在汉语中的使用十分普遍,尤其是标准一词有着比较悠久的历史。据文献考证,标准一词最早出现于东晋时期,到唐朝时已被广泛使用于社会生活各个领域。现在像四项文化、文学艺术、法律制度、科学及工程技术等领域无不使用标准与标准化这两个词语。在众多用法中,归结起来,标准主要有名词和形容词两种词性,标准化主要有形容词和动词两种词性。标准的名词词性是指衡量事物的准则,也引申为榜样、规范,如"这就是我们的标准""就按照这个标准去做"等;形容词词性则是指事物符合要求的状态,如"你的发音很标准""标准身材""标准时间"等。标准化的形容词词性是指事物整齐、有序、统一的状态,如"办公用品的摆放是标准化的";动词词性是指事物达到有序状态而采取的一系列规范化流程或活动,或是指事物符合标准的活动,如"政府采购要标准化"。

从上述分析可以看出,标准与标准化在语言范畴中的含义与我们所熟知的专业范畴中的含义有所不同。尽管目前无从准确得知,最初人们将标准与标准化从语言范畴引入专业范畴是出于何种考虑,但可以看到,标准和标准化概念在语言范畴中的使用远超目前标准化工作者所认知的内涵和使用范围,有着更为深入和宽泛的演绎和应用。

1.3.2.2 专业范畴中的标准与标准化概念

在标准化业内,人们对标准与标准化的定义一直存在争议,核心焦点是关于广义和狭义概念之争。狭义的标准是指 ISO 标准化组织所定义的标准,也即目前标准化工作者所致力的工作对象。狭义的标准化对应于狭义的标准,指 ISO 标准化组织所定义的标准化,即制定、实施标准的活动。广义标准包括语言、文字、法律、道德规范以及狭义的标准。对于广义标准的范围目前已基本达成共识,但对于广义标准化的概念尚未形成统一的认识,主要有两种观点:一种是对应于广义标准,指制定、实施广义标准的活动;另一种是指事物所达到的规范、有序、统一的状态,比前一种广义标准所指的范围更广,如我们常说的"产品生产实现了标准化"。

按照标准与标准化的广义和狭义概念的划分逻辑,当前学界对标准化发展史的认定与阶段划分存在一定的问题。

目前学界普遍认为,标准化的历史最早可追溯到人类诞生的早期,即远古时代,并将标准化发展史划分为远古时代、古代(也有人将远古时代和古代合在一起视为一个发展阶段)、近代和现代四个发展阶段。远古时代标准化是指在原始社会时期人们在生产生活中所进行的标准化实践,主要表现为语言、文字的形成和石器样式及其制作过程的趋同化;古代标准化主要是指农业生产时代,人们在货币、计量单位统一,手工和农业生产,建筑与军事活动以及知识传播等过程中所开展的标准化活动;近代标准化是指从工业革命开始到 20 世纪初期,在大工业生产过程中所开展的制定、发布标准的活动;现代标准化是指从 20 世纪初期至今，标准化活动被全面、系统地开展，并逐渐从工业生产领域延伸到社会经济的各个领域。

将各历史阶段的标准化与上述广义和狭义概念进行对比便可发现，远古时代和古代标准化仅是指广义的标准化，因为远古时代和古代标准化以出现语言文字、手工工具制作以及计量单位实现标准化等为标志，这些显然都不是狭义标准化所指的内容。狭义标准化真正的起源是在近代，即以工业革命后发布第一份标准、建立正式的标准化组织等为标志。此外，即使按广义标准化来看待标准化发展史，对于广义标准化发展史的描述也是不完整的。因为在目前的标准化发展史中，仅在古代描述了广义标准化的发展，到了近代和现代都仅针对狭义标准化，未提及广义标准化。标准化发展史描述不准确、不清晰和不完整的问题，导致了一个逻辑问题的出现，即每当谈及标准化发展史，往往是笼而统之地阐述，明明针对的是狭义标准化，却将广义标准化的开端移花接木于狭义标准化的起源。究其原因，还是标准与标准化的广义和狭义概念无法达成一致所造成的。

1.3.2.3 自然范畴中的标准与标准化概念

语言范畴和专业范畴中的标准与标准化都是存在于人类社会之中的标准化，在自然界之中同样存在着标准化现象。自然界的标准化现象是一种纯客观、纯物质的运动，是自然界呈现出来的种种统一、有序的状态及其进化过程，是自然界亿万年"修炼"的成果，如蜂房的结构、雪花的形状等。这与人类在思维意识指导下所有意或无意开展的标准化迥然不同，但却有殊途同归和异曲同工之妙。不论是哪种情况，自然范畴中的标准化都为我们研究标准化提供了一种更具有普遍意义的范式，这种范式在一定程度上超越了技术的范畴，上升到了客观规律的哲学层面。

综上所述，语言、专业、自然三个范畴中的标准与标准化的含义虽然各有不同，但它们都折射出了"统一""相同""最佳"等要素的影子，也正是这些共同要素的存在，造成了人们对标准化最朴素的认识，并将各个范畴中的此类现象用相同的概念"标准与标准化"进行表达。

1.3.2.4 标准与标准化的辩证关系

一般认为，谈标准化就是在谈标准，二者是一种等价关系，其实不然，二者并非等价关系。首先，从最基本的层面上——标准与标准化的定义来看，标准是名词，狭义的标准指的是一种"特殊的文件"，广义的标准还包括语言、文字、道德规范等；而狭义的标准化指的是制定并实施狭义标准的活动，广义的标准化不仅包括制定并实施广义标准的活动，还包括事物所达到的一种规范、有序、统一的状态。其次，有了标准化并不一定等于有了标准。比如，从自然界的标准化现象可以看出，自然界虽然存在标准化，但并不存在标准。从上述分析可以看出:"标准"与"标准化"两个概念既有区别又紧密相连,二者存在以下关系。

(1) 标准只是构成标准化的充分条件。标准化作为一种普遍的客观规律,具有非常广泛的内涵,它既存在于自然界之中,也存在于人类思维、生产、生活的各个方面。在没有标准的条件下,人们在生产、生活中同样可以通过一些习惯、经验或管理等途径实现标准化。这一点从人类古代的标准化活动中也得到了充分体现,例如古代手工业生产的标准化,完全是依靠劳动经验或诸如《考工记》《齐民要术》《营造法式》等一些典籍来实现的。因此,标准只是构成标准化的充分条件,而非必要条件。

(2) 标准是最具标准化自身特色的体现形式。只有在人类有意识地开展的标准化活动中才有标准,人类有意识地开展的标准化活动必须要具备三个构成要素:一是必须要有参照主体;二是必须要有唯一确定的参照对象;三是参照主体必须以参照对象为基准向其不断逼近并且最终与参照对象达成统一。以上三个要素缺一不可。显而易见,标准在人类标准化活动中扮演了这种参照对象的角色,不过这种参照对象可以通过很多形式来表现,标准只是其中最具有标准化自身特色的一种表现形式而已。

(3) 制定和实施标准是实现标准化的最佳途径。实现标准化的途径可以有很多种。例如自然界的标准化就是物质在自然规律的作用下,通过自身的演变进化,缓慢地趋于统一;远古时期,人类从实践活动中获取经验,制造出标准化的石器;秦始皇通过颁布法令实现文字与度量衡的统一;福特通过创新管理与生产方式开创了现代工业基于标准化的流水生产线等。但是,现代工业生产的大量实践证明,当面对复杂系统时,制定标准和实施标准则是实现标准化的最佳途径。这是因为标准是思维意识统一的物化形式,而在这种思维意识的统一过程中,不仅标准化的目的和对象最明确,有利于寻找到一条效率最高、效果最佳的标准化路径,而且人的主观能动性会确保最终所选择的标准化路径,是在其认知范围内最接近于理论、具有最优值的最佳途径。

(4) 标准让标准化成为一种专业活动。正是因为人们在制定标准和实施标准的过程中,标准化目的最明确且最具标准化的独特特性,才使得标准化——这一普遍存在于自然界和自人类诞生以来便和人类生产、生活息息相关的活动——从人类的其他生产实践活动中分离出来,发展成为一种独立的专业活动。这也是为什么人类开展标准化活动的历史可以追溯到人类起源,但专业的标准化活动直到近一二百年才形成。"标准"和"标准化"是标准化学科中最基础的、也是最核心的概念,是标准化学科理性思维与理论构建的基础。正所谓概念是思维的细胞,准确把握二者的概念,探究二者之间的辩证关系,有助于以更加客观、普遍的眼光深入审视标准化的本质,探索蕴含其中的丰富理论。

1.3.3 标准的概念

1.3.3.1 各方对标准的定义

标准概念是标准化最基本的概念,是标准化概念的根,因此,标准概念在标准化学科理论建设中具有重要地位。世界上的标准化专家、ISO、一些国家、技术机构等分别对标准概念进行了研究和定义,其中具有影响性和代表性的标准概念的定义如下。

美国标准化专家盖拉德(Gailard)对标准概念的定义为:"标准是对计量单位或基准、物体、动作、程序、方式、常用方法、能力、职能、办法、设置、状态、义务、权限、责任、行为、态度、概念或想法的某些特征给出定义,作出规定和详细说明。它是为了在某一时期内运用,而用语言、文件、图样等方式或模型、标样及其他表现方法所做出的统一规定。"

国际标准化组织原理委员会(ISO/STACO)对标准概念的定义为:"标准是经公认的权威当局批准的一个个标准化工作成果。它采用的形式是文件形式,内容是记述一系列必须达到的要求;规定基本单位或物理常数,如安培、米、绝对零度等。"

日本工业标准(《品质管制术语》JIS Z 8101)对标准概念的定义为:"为了使人们之间能公正地得到利益或方便,出于追求统一和通用化的目的,而对物体性能、能力、配置、状态、动作、程序、方法、手续、责任、义务、权限、概念等所作出的规定。"

德国国家标准《Normungsarbeit》(DIN 820—1960)对标准概念的定义为:"标准是调节人类社会的协定或规定。有伦理的、法律的、科学的、技术的和管理的标准等。"

1983年,ISO指南第2号对标准概念的定义为:"适用于公众的,由有关各方合作起草并一致或基本上一致同意,以科学、技术和经验的综合成果为基础的技术规范或其他文件,其目的在于促进共同取得最佳效益,它由国家、区域或国际公认机构批准通过。"

1983年,我国国家标准《标准化基本术语 第一部分》(GB 3935.1—1983)对标准概念的定义为:"对重复性事物和概念所做的统一规定。它以科学、技术和实践经验的综合成果为基础,经有关方面协商一致,由主管机构批准,以特定形式发布,作为共同遵守的准则和依据。"

1996年,我国国家标准《标准化和有关领域的通用术语 第一部分:基本术语》(GB/T 3935.1—1996)等同采用1991年ISO/IEC指南第2号对标准概念的定义,标准概念定义的内容为:"标准是为在一定范围内获得最佳秩序,对活动或其结果规定共同和重复使用的规定、指南或特性的文件。该文件经协商一致制定并经一个公认机构的批准。注：标准应以科学、技术和经验的综合成果为基础，并以促进最大社会效益为目的。"

ISO/IEC 指南第 2 号 1996 年版对标准概念的定义在 1991 年版的基础上做了小的修改，1996 年版原版英文版的定义内容为：

"Document, established by consensus and approved by a recognized body, that provides, for common and repeated use, rules, aimed at the achievement of the optimum degree of order in a given context.

NOTE: standard should be based on the consolidated results of science, technolo-gy and experience, and aimed at the promotions of optimum community benefits."

2002 年，我国国家标准《标准化工作指南 第 1 部分：标准化和相关活动的通用词汇》（GB/T 20000.1—2002）等同采用 1996 年 ISO/IEC 指南第 2 号对标准概念的定义，标准概念定义的内容为："为了在一定的范围内获得最佳秩序，经协商一致制定并由公认机构批准，共同使用的和重复使用的一种规范性文件。注：标准宜以科学、技术和经验的综合成果为基础，以促进最佳的共同效益为目的。"

世界贸易组织技术性贸易壁垒协议（WTO/TBT）对标准概念的定义为："标准是被公认机构批准的、非强制性的、为了通用或反复使用的目的，为产品或其加工或生产方法提供规则、指南或特性的文件。"

在标准概念的定义上有过许多不完全一样的认识，后来许多国家对标准概念的定义几乎都等同采用了 ISO/IEC 指南第 2 号对标准的定义。ISO/IEC 在标准定义 1996 年版后的新版本是 2004 年版，该版本与 1996 年版相同。

1.3.3.2 标准的广义概念

从 20 世纪 50 年代开始，国际上的标准化专家学者和许多标准化机构纷纷开展对标准概念的定义，这些标准概念定义尽管历时半个多世纪的不断修改和完善，但始终没有跳出以标准制定工作方式定义标准概念和以机构管理的标准作为标准概念定义的"圈子"。标准这个词在社会生活中到处应用，许多应用标准的地方都不包含"批准的文件"这个特点，难道说没有"批准的文件"这个特点的标准就不能称为标准吗？实际上，ISO 定义的标准概念，在标准化的时间关系上只是很小的一段，在标准化的空间关系上也是很小的一部分。标准的概念应该是一个宽泛的范围，可以把标准从管理关系上分为两大类：一类是有机构管理的标准，如国际标准、国家标准、行业标准、地方标准、企业标准等；另一类是非机构管理的标准，如技术协议、联盟协定、公众认可的标准等。如果标准只有机构管理的标准，将会造成发展的阻碍，一是难以满足社会各方面对标准的巨大需求和应用；二是会限制标准形式和方式的由衷创造，限制标准化的繁荣发展。标准和标准化一样,拥有了机构管理的标准概念定义时,更需要广义的标准概念。以拓宽标准的建立和应用的范围,使标准能在有限规模的标准化机构之外得到更多关注并有更大的发展和应用空间。广义标准概念的建立,还可以解决现行标准化机构对标准概念定义的局限性问题,使标准的外延能够根据需要充分地扩展和应用,调动全社会关心标准化和应用标准化的积极性。广义标准概念可包括所有的标准概念。因此,广义标准概念的建立不仅不会排斥机构管理标准关系的发展,而且还会在更大范围确认标准并给予名分。

建立广义的标准概念,要深入认识到标准的本质和精髓,需要选用包含标准要义的词句,用覆盖性广和精炼的文字来表达。用以表达标准要义的词句有哪些呢?在人们心目中,标准包含的意思有基准、标杆、样板、准则、规则、依据、尺度等,标准具有公平、公正、透明、客观尺度等特点,是人们向往的追求、理想境界、认同的约束,实施标准的效果具有统一、一致、规范、秩序等状态。标准包括客观和主观建立的,主观建立的标准虽是以主观认同建立,但主观建立的过程一旦完成,它就成为不能随意改变的客观关系,是人们自觉共同遵守的规定。标准要有基准、标杆、准则等作用,就要能被共同认可。共同认可的前提是认可的内容具有明显的优越性和自愿追求性。广义标准的概念应消除机构对标准概念定义的标准目的的局限性、标准形式的局限性、标准用途的局限性、标准管理模式的局限性和标准内容来源的局限性等,要做到以标准的本质关系来定义。

广义标准的概念包含狭义标准的概念,它是最广泛包容的标准概念,适用于以各种形式表现的标准和以各种方式形成的标准,包括了自然形成的标准和人类建立的标准。人类建立的标准又包括机构管理的标准和非机构管理的标准,机构管理的标准包括文本标准和实物标准等。

1.3.3.3 标准的狭义概念

广义标准包含客观建立的和主观建立的。我们使用最多的是主观建立的标准,将主观建立的标准称为狭义标准。具有特定格式的文字型的文件标准是标准的一种典型类型,这种类型是当今标准制定和使用的主要类型,由于这种类型的标准只是狭义标准中的一种,将它称为狭义文本标准。过去专家学者、国际机构、国家机构对标准概念的定义可认为是对狭义文本标准概念的定义。但是,这些定义无法使大家满意,它们仍然存在着作为狭义文本标准概念的局限性,不适合直接用作狭义文本标准概念的定义。这些标准概念定义的局限性主要有标准目的的局限性、标准用途的局限性、标准类型(技术标准)的局限性、标准机构的局限性等。因此,狭义文本标准的概念需要有新的定义,以对规范性文件这种狭义文本标准有很好的包容性。

对于常见的文本标准类型,从标准概念应具有广泛适用性和学术性的角度出发,也应建立新的标准概念的定义。这类标准是标准大家族中的一员,是当今比较活跃和使用最多的一种标准，可将其命名为狭义文本标准。狭义文本标准概念定义为：为统一化而协商同意，由认可机构批准的规范性文件。

在狭义文本标准概念的定义中：以"统一化"定位标准制定的目的，突出了标准的本质要求特征；标准的形成过程采取"协商同意"方式，说明了标准建立的平等关系，狭义文本标准是由"认可机构"批准的，具有特定的形成程序环节和认可环节，是机构管理的对象；"认可机构"是个宽泛的机构概念，可以是政府机构、政府认可的机构、团体认可的机构、联盟认可的机构、企业认可的机构和伙伴认可的机构等。可以是官方性的和非官方性的；狭义文本标准是模式化的文件，文件具有特定的外观形式，采用规范性表述模式；狭义文本标准是文字、表格、图样、图形表达的，是表述性的文件。狭义文本标准实际上相当于一种典型性的标准，它有明确的标准标记和特定格式，有专门的机构来管理，有很宽的应用面和重复使用率。由于狭义文本标准已发展成为主流性的标准，似乎成了标准的形象代表，所以，也可将狭义文本标准简称为"标准"。狭义文本标准是特定的标准类型，它不包括其他非机构管理的规范性文件式标准。

狭义文本标准的定义在大部分内容上与行政文件和法规的有类似关系，但又有很多不同之处。它们间最主要的区别在于：狭义文本标准是基于相关方协商同意的，法规、行政文件不是以相关方同意为基础的，而是以政府意志或管理者意志为基础的，用于特定的控制和管理意图；标准的内容比较稳定，而文件的有效性附属于颁发机构，不会因管理者和机构的变更而变更；标准能公开获得，具有获得的公平性，文件只能在发放的范围内限定获得。在行为的引导上，标准和法规之间存在鲜明的区别：法规条款一般是用于阻止行为的，是行为"远离"性的，是"高压电"，是禁止碰的；标准的条款一般是鼓励实现的，是行为"亲近"性的，但也有如安全、环保等是具有控制属性的标准条款。

1.3.3.4　标准的分类

根据标准的性质可将标准分为技术标准、管理标准和工作标准。

（1）技术标准。技术标准是对标准化领域中，需要协调统一的技术事项所制定的标准。它是根据生产技术活动的经验和总结，作为技术上共同遵守的法规而制定的各项标准，如为科研、设计、工艺、检验等技术工作，为产品或工程的技术质量，为各种技术设备和装备、工具等制定的标准。技术标准是一个大类，可以进一步分为：基础技术标准，产品标准，工艺标准，检测试验标准，设备标准，原材料、半成品、外购件标准，安全卫生环境保护标准等。

（2）管理标准。管理标准是对标准化领域中，需要协调统一的管理事项所指定的标准。它是为正确处理生产、交换、分配和消费中的相互关系，使管理机构更好地行使计划、组织、指挥、协调、控制等管理职能，有效地组织和发展生产而制定和贯彻的标准，并把标准化原理应用于基础管理，是组织和管理生产经营

(3) 工作标准。工作标准是对标准化领域中，需要协调统一的工作事项所制定的标准。它是对工作范围、构成、程序、要求、效果和检查方法等所做的规定，通常包括工作的范围和目的、工作的组织和构成、工作的程序和措施、工作的监督和质量要求、工作的效果与评价、相关工作的协作关系等。工作标准的对象主要是人。

1.3.3.5 标准的分级

标准分级就是根据标准适用范围的不同、将其划分为若干不同的层次。对标准进行分级可以使标准更好地贯彻实施，有利于加强对标准的管理和维护。

1. 国内标准的分级（标准的代号和编号）

根据《标准化法》的规定，我国标准分为国家标准、行业标准、地方标准和企业标准四个级别。

(1) 国家标准。国家标准是对关系到国家经济、技术发展的标准化对象所制定的标准，它在全国各行业、各地区都可适用。国家标准是由国家标准化机构通过并公开发布的标准。

下列需要在全国范围内统一的标准化对象应制定国家标准：

1）互换、配合、通用技术语言要求。
2）保障人体健康和人身、财产安全的技术要求。
3）基本原料、材料、燃料的技术要求。
4）通用基础件的技术要求。
5）通用的试验、检验方法。
6）通用的管理技术要求。
7）工程建设的勘探、规划、设计、施工及验收等的重要技术要求。
8）国家需要控制的其他重要产品的技术要求。

国家标准是我国标准体系中的主体。国家标准一经批准发布实施，与国家标准有重复的行业标准、地方标准即行废止。

国家标准的编号由国家标准代号、标准发布顺序号和发布的年号组成。国家标准代号由大写的汉语拼音字母构成，如强制性标准的代号为"GB"，推荐性标准的代号为"GB/T"，国家军用标准的代号为"GJB"，国家标准指导性技术文件的代号为"GB/Z"。

(2) 行业标准。对于需要在某个行业范围内全国统一的标准化对象所制定的标准称为行业标准，即由行业机构通过并公开发布的标准。《标准化法》规定："对没有国家标准而又需要在全国某个行业范围内统一的技术要求，可以制定行业标准。"行业标准由国务院有关行政主管部门编制计划、组织草拟、统一审批、编号、发布，并报国务院标准化行政主管部门备案。行业标准是对国家标准的补充，它在相应国家标准实施后，自行废止。

下列标准化对象应制定行业标准：

1）专业性较强的名词术语、符号、规划、方法等。

2）指导性技术文件。

3）专业范围内的产品，通用零部件、配件、特殊原材料。

4）典型工艺规程、作业规范。

5）在行业范围内需要统一的管理标准。

行业标准的编号由行业标准代号、标准发布顺序号和发布的年号组成。行业标准代号由国务院标准化机构规定，不同行业的代号各不相同。行业标准同样分强制性标准和推荐性标准。推荐性标准的代表较之强制性标准多一个"/T"。如机械行业的强制性标准代号为JB，而推荐性标准代号则为JB/T。

（3）地方标准。地方标准是在国家的某个地区通过并公开发布的标准。在我国也意味着是在某个省（自治区、直辖市）范围内需要统一的标准。对没有国家标准和行业标准而又需要在省（自治区、直辖市）范围内统一的工业产品的安全和卫生要求，可以制定地方标准。地方标准由省（自治区、直辖市）人民政府标准化行政主管部门编制计划，组织草拟，统一审批、编号、发布，并报国务院标准化行政主管部门和国务院有关行政主管部门备案。地方标准不得与国家标准、行业标准相抵触，在相应的国家标准或行业标准实施后，地方标准自行废止。

根据《标准化法》规定，制定地方标准的对象需要具备三个条件：①没有相应的国家标准或行业标准；②需要在省（自治区、直辖市）范围内统一的事物；③工业产品的安全卫生要求等。

地方标准的编号由地方标准代号、标准发布的顺序号和发布的年号组成。强制性地方标准代号由汉语拼音"DB"加上省（自治区、直辖市）行政区划代码前两位数字加斜线组成；若再加上"T"则组成推荐性地方标准代号。如江西省强制性地方标准代号为DB36；而推荐性标准代号则为DB36/T。

（4）企业标准。企业标准是由企业通过且供该企业使用的标准，也是指由企业制定的产品标准和为企业内需要协调统一的技术要求和管理、工作要求所制定的标准。它由企业法人代表或法人代表授权的主管领导审批发布，由企业法人代表授权的部门统一管理，在本企业范围内使用。企业内所实施的标准一般都是强制性的。

企业生产的产品在没有相应的国家标准、行业标准和地方标准时，应当制定企业标准，作为组织生产依据。在有相应的国家标准、行业标准和地方标准时，国家鼓励企业在不违反相应强制性标准的前提下，制定充分反映市场和消费者要求的，严于国家标准、行业标准和地方标准的企业标准，在企业内部适用、企业的产品标准,应在发布后 30 日内办理备案。一般按企业的隶属关系报当地标准化行政主管部门和有关行政主管部门备案。

企业标准的编号由企业标准代号、标准发布的顺序号和发布的年号组成。企业标准代号由汉语拼音字母"Q"加斜线再加上企业代号组成。企业代号可表示为汉语拼音字母或阿拉伯数字或两者兼用,具体办法由当地行政主管部门规定。

2. 国外标准的分级(标准的代号和编号)

这里所谓的国外标准不是指某个国家的标准,而是指国际共同使用的标准。国外标准的级别有两个,即国际标准和国际区域性标准。

(1) 国际标准。国际标准是由全球性的国际组织制定的标准,主要是由 ISO、IEC 和 ITU 所制定的标准。此外,像食品法典委员会(CAC)、国际铁路联盟(UIC)、国际计量局(BIPM)、世界卫生组织(WHO)等专业组织制定的、经 ISO 认可的标准,也可视为国际标准。国际标准为世界各国所承认并在各国间通用。

国际标准的编号由国际标准代号、标准发布的序号和发布的年号组成。如国际标准化组织所发布的标准,其代号 ISO,如《质量管理体系要求》(ISO 9001—2008);国际电工委员会所发布的标准,其代号为 IEC,如《电工技术文件编制 第 1 部分:规则》(IEC 61802.1—2008)。

(2) 国际区域性标准。国际区域性标准是指由区域性的国家集团的标准化组织制定和发布标准,在该集团各成员国之间通用。这些国家集团的标准化组织的形成,有的是由于地理上毗连,如泛美技术标准委员会(COPANT);有的是因为政治上和经济上有共同的利益,如欧洲标准化委员会(CEN)。它的出现对国际标准化既可能产生有益的促进作用,也可能成为影响国际统一协调的消极因素。

1.3.4 标准化的基本概念

标准化作为一门独立的学科,具备特有的概念体系。标准化概念是人们对标准化有关范畴本质特征的概括。研究标准化的概念,对于标准化学科的建设和发展以及开展和传播标准化的活动都有着重要的意义。在标准化的概念中,标准化、标准化层次和标准化系统是该学科的最重要的三个概念。

1.3.4.1 标准化的定义

关于标准化的定义,国际标准化组织和有关国家及组织给出的定义各有不同,其中具有代表性的定义有以下几种:

(1) 桑德斯定义。桑德斯在 1972 年发表的《标准化目的与原理》一书中把"标准化"定义为:"标准化是为了所有相关方面的利益,特别是为了促进最佳的全面经济,并适当考虑产品的使用条件和安全要求,在所有相关方面的协作下,进行有秩序的特定活动而制定并实施各项规定的过程"。"标准化是以制定和贯彻标准为主要内容的全部活动过程"。"标准化以科学、技术与实践的综合成果为依据,它不仅奠定当前的基础,而且还决定了将来的发展,它始终和发展的步伐保持一致。"

(2) 日本工业标准定义。日本工业标准 JIS Z 8101《品质管制术语》中把"标准化"定义为:"制定并贯彻标准的有组织活动。"而"标准"的定义是:为了使人们之间能公正地得到利益或方便,出于追求统一和通用化的目的,而对物体性能、能力、配置、状态、动作、程序、方法、手续、责任、义务、权限、概念等所作出的规定。

(3) 国际标准定义。国际标准化组织与国际电工委员会(IEC)在 1996 年联合发布的 ISO/IEC 第 2 号指南[《标准化与相关活动的通用词汇》(第七版)]中,把"标准化"术语及其定义列在第一位。"标准化"是对实际与潜在问题作出统一规定,供共同和重复使用,以在预定的领域内获取最佳秩序的活动。实际上,标准化活动由制定、发布和实施标准所构成。标准化的主要作用在于改进产品、过程和服务的实用性,以便技术协作,消除贸易壁垒。

尽管上述定义文字表述各不相同,但内涵基本一致,揭示出了"标准化"这一概念的含义:标准化不是一个孤立的事物,而是一个活动过程,主要是制定标准、实施标准进而修订标准的过程。这个过程也不是一次性的,而是一个不断循环的、螺旋上升的运动过程。每完成一个循环,标准的水平就提高一步。标准化根据客观情况的变化,不断地促进这种循环过程的进行和发展。

标准化是标准活动的成果,标准化的目的和作用都要通过制定和实施标准来具体体现。所以,制定各类标准、组织实施标准和对标准的实施进行监督或检查构成了标准化的基本任务和主要活动内容。

标准化的活动效果只有在标准被社会实践中实施后才能体现,绝非制定一个标准就可以了事。即便有再多、再完善的标准,若未得到应用,仍无法产生任何实际效果。因此,在标准化的"全部活动"中,实施标准是不容忽视的环节。若这一环节中断,标准化循环发展过程也将随之中断,那就谈不上标准"化"了。

标准化的对象和领域随着时间的推移不断扩展和深化。如过去只制定产品标准、技术标准,如今还需制定管理标准、工作标准;过去主要在工农业生产领域,如今已经扩展到安全、卫生、环境保护、人口普查、行政管理等领域。这充分说明标准化正在随着社会客观需要不断发展和深化着,并且有相对性,主要表现在标准化与非标准化的互相转化上,非标准化事物中包含着标准化的因素,标准的事物中也允许非标准的因素存在,使其适应社会多样化需要。

标准化活动是建立规范的活动。定义中的所说的"条款",即规范性文件内容的表述方式。标准化活动所建立的规范具有共同使用和重复使用的特征。条款或规范不仅针对当前存在的问题,而且针对潜在的问题,这是信息时代标准化的一个重大变化和显著特点。

标准化是一项有目的的活动。标准化可以有一个或更多特定的目的,以使产品、过程或服务具有适用性。这样的目的可能包括品种控制、可用性、兼容性、互换性、健康、安全、环境保护、产品防护、互相理解、经济效益、贸易等。一般来说,标准化的主要作用,除了达到预期目的之外,还包括防止贸易壁垒、促进技术合作等。

1.3.4.2 标准化的层次

标准化层次是指"标准化所涉及的地理、政治或经济区域的范围"(ISO/IEC 第 2 号指南),该指南还明确注明:"标准化可以在全球或某个区域或某个国家层次上进行,也可以在某个国家的某个地区内,在一个行业或部门,地方层次上,行业协会或企业层次上,以及一个单位的车间或业务部门进行。"

根据 ISO/IEC 第 2 号指南中对标准化层次的定义和注释,一般可把标准化分为以下六个层次:

(1) 国际标准化。国际标准化是指所有国家的有关机构均可参与的标准化。它是在 19 世纪后期从计量单位、材料性能与试验方法和电工领域起步的。20 世纪 40 年代后,第二次世界大战结束,伴随着 ISO 的成立,国际标准化也随着社会科技进步与经济发展起来,国际标准的范围从基础标准如术语标准、符号标准、试验方法标准逐步扩展到产品标准,从技术标准延伸到管理标准(如 ISO9000 族标准)。1979 年关税贸易总协定(GATT)东京回合谈判达成的"贸易技术壁垒协议(TBT)",使国际标准化的权威性得到空前提高,采用国际标准成为各国标准化的基本战略。

(2) 区域标准化。区域标准化是指仅由世界某一地理、政治或经济区域内国家的有关机构参与的标准化。由于世界各地区民族不同,习惯风俗各异,经济技术水平不一,为了维护与保障某一地理、政治或经济区域内的民族利益,促进该区域的经济发展,消除区域内的贸易技术壁垒,欧洲、亚洲、美洲、非洲区域先后成立了区域标准化机构,如欧洲标准化委员会(CEN)、亚洲标准咨询委员会(ASAC)、泛美技术标准委员会(COPANT)、非洲地区标准化组织(ARSO)等。区域标准化机构主要负责协调本区域各国的标准化工作,开展区域标准化活动。有的还组织制定与实施区域标准,如欧洲标准化委员会和欧洲电工标准化委员会就是一个典型,它也是最有成效的区域标准化机构。

(3) 国家标准化。国家标准化是指在国家层次进行的标准化。它的主要任务是依据本国技术、经济与政治管理需要制定标准化法律、法规、规章和方针政策，组织制定与实施国家标准、以建立文明秩序，促进科学技术、经济、贸易的发展，维护国家和人民权益。由于各国政治、经济制度不同，各国标准化组织的性质与活动方式也各有不同。

（4）行业标准化。行业标准化是指在国家内某一行业标准化机构或行业协会开展的标准化活动。它既符合行业管理的客观需求，又是国家标准化的基础与补充，并可以有效地指导本行业的企业标准化。必要时，还可参与某一领域的国际标准化或区域标准化的活动，成为其重要组成部分。如美国铝业协会（AA）、美国石油学会（API）、美国消费电子协会（CEA）开展铝业、石油和电子行业的标准化活动。

（5）地方标准化。地方标准化是指在国家的某一地区层次上进行的标准化。在一些地域辽阔的国家，如美国、俄罗斯、中国都有地方标准化，它适应当地政治、经济与人民生活的客观需要，并且是国家标准化的重要基础和补充，也能指导和促进本地区企业标准化的有效开展。在农林业、旅游业以及其他具有地方特色的领域，地方标准化显得尤为重要。

（6）组织标准化。组织标准化是指在公司（企业或产业联盟）、事业单位（学校、医院等）、研究机构、慈善机构、代理商、社团（协会、学会）层次上进行的标准化，它包括以上组织及其内部各子系统的标准化。

组织标准化是发生在组织层次的标准化，在整个标准化层次中是最基本、最重要的。它既是组织进行科学管理的重要基础，也是国际标准化、区域标准化、国家标准化、行业标准化、地方标准化的基础和落脚点。

组织标准化与企业标准化属于同一层次的概念，不存在根本性的区别。组织标准化的对象更为广泛，而企业标准化是为了在企业的生产、经营、管理范围内获得最佳秩序，是实际的或潜在的问题制定共同使用和重复使用的规则的活动。它包括各类企业及其内部各部门、各车间乃至各班组的标准化，既是企业科学管理的重要基础，也是组织标准化的主体。

1.3.4.3 标准化系统

系统是同类事物按一定关系组成的整体。标准化系统就是标准化事物按一定内在关系组成的整体。

从标准化的定义及其实践工作可知，与标准化相关的事物主要有问题、活动、标准、机构、法规或制度、资源等。

（1）问题，即标准化课题。它是依存主体的标准化对象，无论是实际问题还是潜在问题，都可以成为标准化的对象。

（2）活动，即标准化活动过程。它是组织制定与实施标准、修订标准以及再实施标准并对标准的实施进行监督或检查的活动过程，它是标准化的主线。

（3）标准，即标准化活动的成果。它也是标准化活动过程的结果，构成标准化系统的标准应组合成标准体系。

(4) 机构,即标准化组织。它是开展标准化活动的组织保证。

(5) 法规或制度,即开展标准化活动的法定程序。

(6) 资源,即开展标准化活动所需的人力、财务、信息和物力等。人力资源就是标准化专业人员,它是开展标准化活动的关键要素;没有标准化专业人员,就不能开展标准化活动。物力资源则是指与开展标准化活动有关的各类物质条件、即各类设施、设备等。

因此,可以为标准化系统确定一个科学的定义:它由开展标准化活动所需的问题、活动、标准、法规或制度以及资源构成的有机整体。有些情况下,可以将标准化系统分为三个部分:标准化课题(即依存主体对象)、标准化工作体系和标准体系。标准化课题是建立标准化系统的前提,标准化工作体系是标准化系统的运行主体,而标准体系则是标准化系统的运行结果。依据标准化层次,可以把标准化系统分成国家标准化系统、行业标准化系统、专业标准化系统、地方标准化系统、组织标准化系统等;依据标准化对象,又可以把标准化系统分为产品标准化系统、工程标准化系统、信息标准化系统、能源标准化系统等。

在一个组织标准化系统内,又可以分为基础标准化工作系统、技术标准化系统(如工艺标准化系统、设备标准化系统等)、管理标准化系统、工作标准化系统等。

1.3.5 标准化学科

随着社会文明的进步和发展,标准化经历了一个从不自觉到自觉,从一种单纯的技术和管理优化方法到一门有其特有领域的学科的漫长而光辉的发展历程。

1.3.5.1 标准化学科在科学体系中的位置及其性质

(1) 标准化学科在科学体系中的位置。1992 年 11 月,国家技术监督部门发布了由中国标准化与信息分类编码研究所、西安交通大学、中国社会科学院、中国科学院、国家科学技术委员会、国家教育委员会、国家统计局、中国科学技术学会、国家自然科学基金委员会等部门起草的国家标准《学科分类与代码》(GB/T 13745)。

这项国家标准按照科学性、实用性、简明性、兼容性、扩延性和唯一性原则,依据科学研究对象、本质属性或特征、研究方法、派生来源和研究目的与目标等五个方面,对各类学科设立了 62 个一级学科,676 个二级学科和 2382 个三级学科。标准化科学技术即标准化学被定位在工程与技术基础学科中的二级学科(代码为 41050)。现代标准化已经构成了有理论观点、特定对象、具体内容及表现形式的学科。

从认识世界的哲学，到改造世界的管理工程与技术科学，人类各类学科可以大致上有一个序列，标准化学科在学科体系中的位置如图1.4所示。

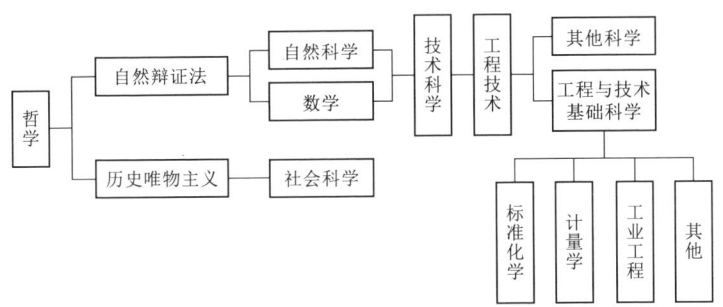

图1.4 标准化学科在学科体系中的位置

（2）标准化学科的性质。标准化是一门综合性的边缘学科，具有非常鲜明的综合学科的特点。

1）标准化具有技术学科的属性。标准化学科是研究标准化的全过程及其规律的学科，而大量的标准化工作是制定和贯彻实施各类技术标准。要制定好这些技术标准，必须深入研究标准化对象，熟悉它们各方面的性能，把握其内在的技术规律，并进行一定的科学实验。因此，一项技术标准实际上是若干与此相关的科学技术研究的成果。从这个意义上说，标准化学科具有很强的自然科学和技术科学的属性。

2）标准化具有社会学科的属性。标准化是一门管理技术，是组织生产的重要手段。因此，在研究标准化学科的过程中不可能不涉及人的因素以及人与人之间的关系，为此它要以管理科学中的其他学科理论为基础，而其本身又是管理科学的一个组成部分。所以，标准化学科又具有社会科学的属性。

3）标准化同许多学科存在关联性。标准化学科的研究领域和内容十分广泛，使它同许多门学科产生紧密联系。

不同行业的标准化要求应用不同专业的技术，因此，它与各工程技术学科都有直接联系，需要基于这些领域的技术和知识。标准化活动通常发生在生产、管理和科学实验过程中，因此必须与这些过程协调一致。这也意味着在标准化活动中，需要掌握和运用生产组织学、技术经济学和企业管理学等领域的知识。

现代标准化需要应用数学方法并使用电子计算机进行管理，特别是要以系统观点为指导，运用许多新学科所提供的理论和方法。

为了正确认识标准化活动过程的规律，并解决这一过程中出现的一系列问题，需要运用社会科学和自然科学的知识和研究成果。但是，作为标准化学科的理论基础，主要是技术学科和管理学科。它不同于一般的工程技术学和经济管理学，它把两类科学的理论和方法有机地结合在一起，以系统理论为指导，形成一门具有自己特色的新兴学科。由此可见，标准化学科带有非常鲜明的综合学科特点，所以标准化是一门很重要的横断学科，亦可称综合性的边缘学科和基础学科。

1.3.5.2 标准化的学科体系

标准化作为一门学科，它与具体的标准化工作有所不同、它的研究范围包括标准化的全过程及其规律，标准化的作用机理、原理、方法和应用问题。

标准化的学科体系主要由以下三大部分组成：

（1）标准化原理。主要包括标准化的基本概念、基本规律、基本理论和标准化的经济效益。

（2）标准化方法。主要指在标准化原理指导下，如何应用标准化的方法来达到标准化的目的，包括标准的制定、修订和贯彻实施。

（3）标准化管理。这一部分主要研究如何运用标准化手段来进行宏观经济和微观经济的科学管理，同时也研究标准化工作的自身管理问题，包括企业标准化、产品质量监督与认证、国际贸易与标准化、标准情报工作和标准化工作的组织等。

在这三大组成部分中，标准化原理是整个标准化学科的基石，标准化方法是建立在整个理论基石上的框架、而标准化管理则是原理和方法的实际应用。它们是相对独立的，每一部分都可以发展成一个独立的研究分支，但它们又是相互联系的，管理需要以方法作为手段，方法又要以原理作基石，而方法和管理的实际应用又反过来推动原理的发展。这相互独立又相互联系的三部分共同组成了标准化学科的完整体系。

1.3.5.3 标准化学科的研究对象和内容

标准化的研究对象、内容和目的，即标准化领域，指的是"一组相关的标准化对象"。目前，随着标准化学科涉及的领域越来越广泛，标准化的研究对象和内容也越来越多，主要包括：

（1）标准化的基本概念、发展历史及研究标准化活动实践中的基本原理、原则和方法。

（2）标准化活动的一般程序和环节的内容。包括从制定标准化规则与计划，到标准的制定、修订、贯彻执行、效果评价、监督检验和信息反馈等活动。探索这些活动环节的一般特点和规律，以及各环节之间的联系，是标准化活动符合客观规律，取得良好的社会和经济效益的前提。

（3）研究对标准化活动的科学管理。包括管理机构体制、方针政策、规章制度、信息系统的建立和规划、计划、人才培训、国际合作、知识普及、科学研究的组织等一整套对标准化活动过程实行科学管理的内容。

（4）标准化系统的构成要素和运动规律，如标准分类、标准体系、标准化体系结构与功能，以及对标准体系进行管理的理论和方法。

（5）研究标准系统的外部联系。这种联系是多方面的，有企业之间、部门或行业之间以及国际之间的联系；有与法律法规、企业的经营管理、国家经济建设、环境保护、人民生活的联系等等。这些联系构成了标准化发展的外部动力。

（6）标准化学科与其他学科的关系等。

标准化学科的上述内容，综合起来便构成了有理论观点，有特定对象，有具体形式、内容和科学方法的标准化学科体系。其任务在于指导标准化活动过程沿着科学的轨迹向前发展，实现标准化活动科学化，这正是标准化学科的研究目的所在。

1.3.6 标准化的经济效果评价

所有人类的社会实践活动都会产生效果，这些效果有些是积极的，有些则是消极的。标准化作为一项渗透到人类活动各领域的社会实践，必然会产生其相应的效果，如技术效果、经济效果、社会效果、军事国防效果等。国内外的标准化实践已充分证明除了安全、卫生、环境保护标准及某些基础标准、方法标准较难计算直接的经济效果之外，其余标准贯彻实施之后都可以计算出经济上的积极效果。标准化所获得的技术效果和社会效果又能间接地转化为社会经济效果。因此，获取全面的最佳的标准化经济效果是我们积极推行标准化工程的目的。标准化经济效果的研究是标准化工程的重要组成部分，内容十分丰富，本节对标准化经济效果评价的基本术语、标准化经济效果评价的原则、评价标准化经济效果的程序以及评价和计算经济效果考虑的主要因素进行介绍。

1.3.6.1 标准化经济效果评价的基本术语

本书介绍的标准化经济效果评价原则适用于评价国家标准、行业标准、地方标准和企业标准及采用国际标准和国外先进标准的经济效果。在标准化经济效果评价中会涉及一些相应的术语，准确了解这些术语的基本定义是做好经济效果评价的重要基础，包括：

（1）标准化经济效果。

定义：制定（含修订，下同）和实施标准所获得的有用效果与所付出的劳动耗费之比。其表达式为

$$标准化经济效果 = \frac{标准化有用效果}{标准化劳动耗费}$$

由表达式可以看出，标准化活动的目的是以尽可能少的标准化劳动耗费，取得尽可能多的标准化有用效果，从而实现较大的标准化经济效果。标准化经济效果是一个相对值，是比值，只有当这项比值大于 1 时，标准化活动才有经济效果。

（2）标准化劳动耗费。

定义：制定和实施标准所付出的活劳动与物化劳动耗费的总和，即标准化投资。

活劳动耗费以工资（元）或单位时间的工资（元/时）表示，而物化劳动耗费以原材料、燃料、动力等物资耗费数量乘以相应的物资单价来表示，这样劳动耗费的总和就可以用统一货币量来衡量。

劳动耗费的指标很多，具体如原料、材料、燃料、动力费，固定资产折旧费，设计费，试验、检验费及工时费等。一般人们又把它们分为标准化基本建设投资和标准化实施费用，前者是实施标准以前支出的费用，后者是标准实施后，进行生产所耗费的资金。这种费用会连续不断地支出，一直到该标准修订或废除时为止。

（3）标准化有用效果。

定义：实施标准所获得的节约或其他有益效果。

它的表现是多方面的，如提高劳动生产率，改善劳动条件，减轻工人劳动强度，节约劳动耗费，巩固国防能力，改善人类生活、工作环境等，有些有用效果可以用数量来表示，有些则难以用数量表示。即使是可以用数量表示的有用效果，也并非总能以货币来表示。

在进行标准化有用效果分析时，应注意两点：①要全面评价标准化有用效果，不要忽略定性的有用效果；②凡能用货币表示的有用效果尽量采用货币单位，以便进行标准化经济效果的定量计算。

（4）标准化经济效益。

定义：制定和实施标准所获得的有用效果与所付出的劳动耗费之差。其表达式为

$$标准化经济效益 = 标准化有用效果 - 标准化劳动耗费$$

表达式表明标准化经济效益是个差值，是个绝对值，只有当标准化有用效果的数值大于标准化劳动耗费的数值时，才可获得标准化经济效益，即标准化活动具有经济效益。

由此可以看出，标准化经济效果和标准化经济效益是两个相互联系，但又有所区别的概念。前者体现了标准化活动的效率，后者却是标准化活动的净收入。

（5）基准年、评价年。

基准年定义：评价标准化经济效果时，作为比较的基准年度。

评价年定义：评价标准化经济效果时，与基准年进行比较的各年度。

评价标准化经济效果，需要把标准化前后，即"基准年"与"评价年"的各项技术经济指标进行比较，这里就有"基准年"的选择问题，如选择不当，将影响评价的客观性和准确性。一般应选择新标准实施前所达到的实际技术经济水平作为基准，这样比较符合客观实际情况，较为合理，也能真正地揭示出新标准的优越性。

1.3.6.2 标准化经济效果评价的原则

关于评价、论证标准化经济效果的原则，我国标准有以下规定。

（1）评价标准化经济效果的原则。评价标准化经济效果应：①充分考虑现代科学技术的发展和我国的国情；②与我国的经济管理预警及核算制定相结合；③着眼于生产领域和非生产领域的效果；④依据准确可靠的数据，并避免同一效果在不同环节上的重复计算；⑤集中分析效果显著的项目，注意受标准化影响而扩展的效果项目；⑥通俗、实用、简便易行。

（2）标准化经济效果的论证原则。标准化经济效果的论证，应遵循以下原则。

1）各部门、单位在按标准体系确定计划项目时，除考虑标准配套和技术先进性外，应预测其经济效果，优先列入经济效益高、投资回收期短的项目。

2）在起草国家标准、行业标准、地方标准、企业标准及采用国际标准和国外先进标准前，应作技术经济分析，估算实施标准后可能获得的经济效果。特别是制定和实施投资较多的标准，更应详细地进行技术经济论证，并将论证结果列入标准编制说明中。

3）在编制标准草案时，对所采取的每一决策，如参数数值、选择的参数系列、试验方法、结构、包装方法等，必须通过论证检查经济的合理性，将其作为衡量技术完善程度和可行性的重要依据。

4）进行标准化经济效果的论证，要对标准化投资、实施标准将取得的各种节约、产品年产量、年生产成本、流动资金、固定资金及市场和价格的变化等进行预测计算。

5）凡不能定量计算效果的标准化项目，在列入规划、计划之前，应以文字叙述或图表形式定性地阐述实施该项目后可产生的效果。

1.3.6.3 评价标准化经济效果的程序

评价标准化经济效果，一般可按照以下程序进行：

（1）分析标准化项目实施后的典型效果因素。一项标准的实施可能在某一方面或者某几方面产生效果，所以需要针对该项标准实施前后所发生的变化情况，正确分析这些变化中哪些是由标准化活动带来的，哪些不是由标准化活动产生的。典型效果因素主要包括标准化投资、生产成本、标准化总节约、投资回期、追加投资回收期、标准化经济效果系数等。

（2）选择评价的基准并确定基准年度。评价标准化经济效果、需要将标准化前后"基准年"和"评价年"的各项技术经济指标进行比较。如果被比较的基准选择不当，将影响评价的准确性和可靠性。应选择已经达到的实际技术经济水平，而不是以原标准的水平作为评价的基准。具体在选择时应遵循以下原则：

1）初次制定的新产品和新工艺标准时，以一个在结构、工艺特性和技术指标上相似的产品的实际生产水平为基准；

2）修订产品标准时，以原标准达到的全行业的平均实际生产水平为基准；

3）修订标准如只涉及一个企业时，以该企业原标准达到的实际生产水平为基准。

（3）根据典型效果，分别选择建立相应的计算公式。国家标准GB/T 3533.1—2009《标准化经济效果评价 第1部分：原则和计算方法》对实施各类标准获得的年节约的主要公式作了规定，在计算某项标准化活动所产生的年节约时，可根据该项标准在具体方面所带来的实际节约情况，选择相应的计算公式。

（4）收集"基准年"和"评价年"的有关基础数据。在评价标准化经济效果时，为了不漏掉重要的效果项目，可制定标准化经济效果评价体系表，供收集数据时参考。体系表中的项目可根据评价时的具体情况来确定。此外，在进行数据收集时应遵循以下原则：

1）只收集因标准化引起变化的数据资料；

2）贯彻标准的数据资料须在研制、生产、流通、消费及有关的环节中收集；

3）应尽可能地利用各有关部门和企业现有的统计资料，并根据标准化工作的需要，逐步建立健全标准化统计制度。

（5）建立评价指标体系。开展标准化活动会产生多方面的经济效果，仅用一个或少数的几个指标，只能从一个方面或少数的几方面对标准化经济效果进行评价。为此，要建立一套指标体系，才能全面、客观地对标准化经济效果进行评价。

（6）根据计算结果进行评价并作出结论。在收集标准化经济效果的数据资料时，应分别填写标准化年节约因素调查表和标准化投资统计表。而在评价、论证与计算标准经济效果时，则应分别填写贯彻标准获得的年节约计算表和标准化经济效果汇总表。

1.3.6.4 标准化经济效果考虑的主要因素

标准化经济效果考虑的主要因素如图1.5所示。

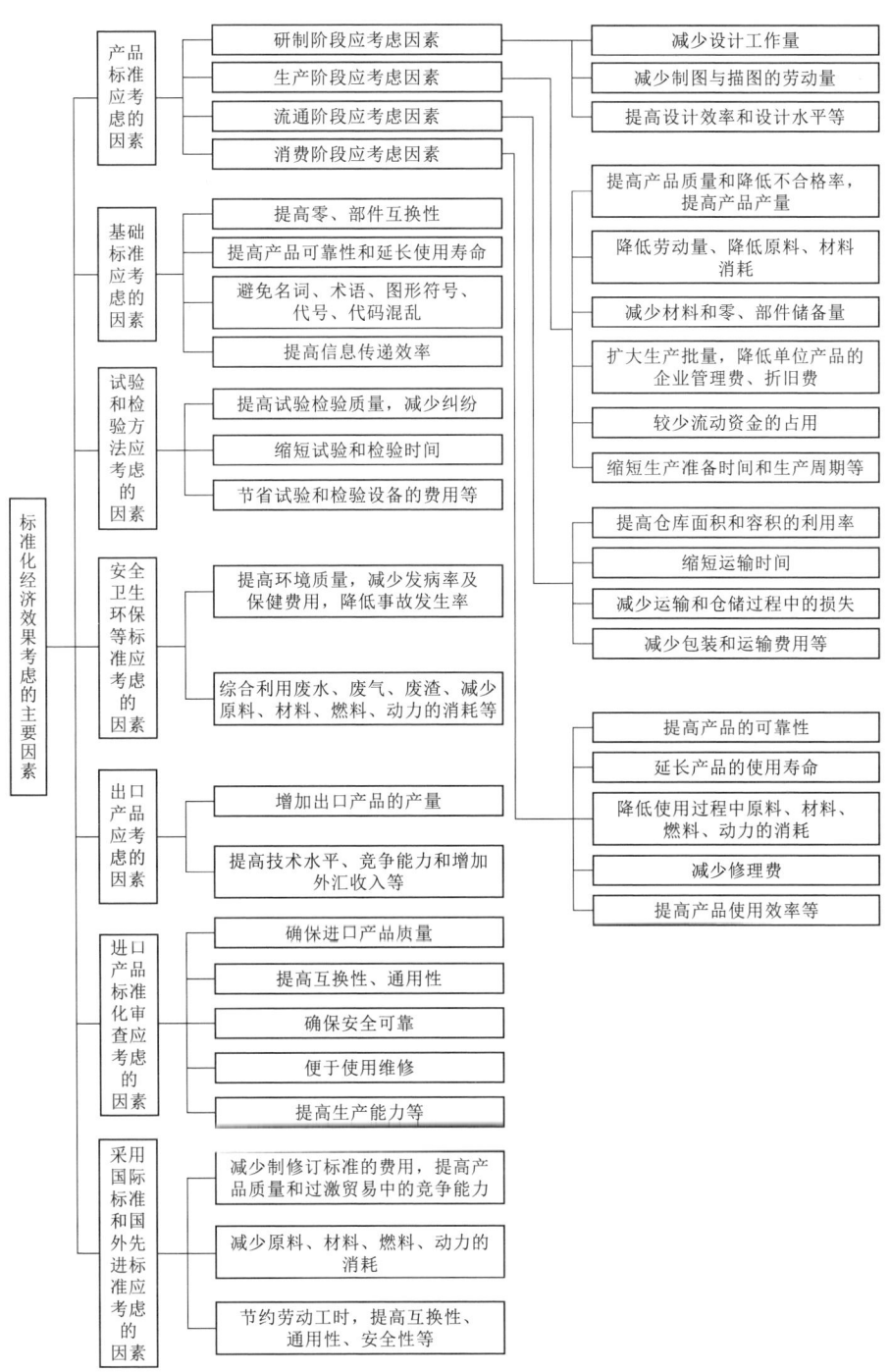

图 1.5 标准化经济效果考虑的主要因素

第 2 章　标准化运行管理体系

2.1　中国标准化法律法规

2.1.1　标准化法律法规概述

标准是为了在一定的范围内获得最佳秩序，经协商一致制定并由公认机构批准，共同使用的和重复使用的一种规范性文件，以科学、技术和经验的综合成果为基础，以促进最佳的共同效益为目的。

标准化是为了在一定范围内获得最佳秩序，对现实问题或潜在问题制定共同使用和重复使用的条款的活动，主要包括编制、发布和实施标准的过程。标准化是现代化生产的必要条件，科学管理的基础，扩大市场的手段，科学技术转化的平台，推动贸易发展的桥梁和纽带。

在市场经济运行中，包含有市场主体和市场客体两个部分。所谓市场主体指的是"谁"，由"谁"来运作市场，也就是法人和自然人。他们是市场行为的发起者、组织者和操作者；市场客体指的是"什么"或者说在市场上有什么东西被运作，也就是商品。市场客体不但包括成千上万种商品，还包括为经营这些商品所做的各种劳务，比如：安装、维修、咨询、法律服务、会计服务等。

主体与客体的相互运作需要管理，管理的准则就是法律法规。法律法规是管理人的，管理的是市场行为主体，市场行为的主体由国家制定的法律、法规来规范；市场行为的客体是商品，主要由技术标准来规范。法律、法规和技术标准是管理市场经济并使之有序运行的两种必要的手段。

2.1.1.1　标准化法的渊源

标准化法有狭义和广义之分。狭义的标准化法，仅指标准化法典；广义的标准化法，则是调整在标准化过程中发生的社会关系的法律规范的总称，包括标准化方面的法律、法规、规章及有关法律、法规引用或规定的强制性标准等。

1）宪法。我国现行宪法中没有标准化方面的直接内容，但作为科技法的一部分，宪法中关于科技法的内容也适用于标准化工作，如宪法第十四条规定："国家通过提高劳动者的积极性和技术水平，推广先进的科学技术"。

2）标准化法典。我国的标准化法典是《标准化法》，由第七届全国人民代表大会常务委员会第五次会议于 1988 年 12 月 29 日通过，自 1989 年 4 月 1 日起施行,现行版本由第十一届全国人民代表大会常务委员会第三十次会议于2017年11月4日修订通过,自2018年1月1日起施行。它是我国标准化法律的主要渊源。

3)有关法律规定。指全国人民代表大会常务委员会制定的其他法律中有关标准化的规定,如《中华人民共和国海洋环境保护法》《中华人民共和国大气污染防治法》《中华人民共和国水污染防治法》《中华人民共和国食品安全法》《中华人民共和国药品管理法》等法律中都有标准化工作的规定,都是与环境标准、食品安全标准、药典制定与实施有关的法律,也可归属为标准相类法律。

4)行政法规。指国务院颁布的有关标准化的规范性文件,如《实施条例》。

5)地方性法规。指地方人民代表大会及其常务委员会颁布的有关标准化的规范性文件,如《安徽省实施〈中华人民共和国标准化法〉办法》《内蒙古自治区实施〈中华人民共和国标准化法〉办法》《宁夏回族自治区实施〈中华人民共和国标准化法〉办法》《山东省实施〈中华人民共和国标准化法〉办法(修正)》《天津市实施〈中华人民共和国标准化法〉办法》《浙江省标准化管理条例》等。

6)部门规章和地方政府规章。国务院标准化主管部门、其他部门以及相关的地方政府颁布的标准化方面的规范性文件,部门规章如《国家标准管理办法》《行业标准管理办法》《地方标准管理办法》《企业标准化管理办法》《采用国际标准管理办法》《环境标准管理办法》《海洋标准化管理规定》《邮政标准化管理办法》等;地方政府规章如《广东省标准化监督管理办法》《河北省标准化管理办法》《武汉市标准化管理办法》《杭州市公共信息标志标准化管理办法》等。

7)我国缔结或参加的国际法规范性文件中有大量标准化方面的内容,也成为我国标准化法的渊源之一,如WTO/TBTC(《技术性贸易壁垒协定》)。鉴于现代科技和贸易的发展呈全球化趋势,国际条约在标准化法律方面将会越来越占据重要位置。

2.1.1.2 标准化法律责任

(1)标准化民事责任。标准化民事责任是市场主体或相关主体因标准化违法行为,造成他人损害时承担的民事赔偿法律后果。如:《实施条例》第三十八条:"本条例第三十二条至第三十六条规定的处罚不免除由此产生的对他人的损害赔偿责任。受到损害的有权要求责任人赔偿损失。赔偿责任和赔偿金额纠纷可以由有关行政主管部门处理,当事人也可以直接向人民法院起诉。"

(2)标准化行政责任。标准化行政责任,是行政主体、市场主体和其他主体因标准化违法行为应依法承担的行政法律后果。

对于市场主体所承担的行政责任主体主要有限期改进、通报批评,责令停产、责令停止销售、撤销资格、罚款、没收等形式。

对于行政主体所承担的行政责任主要有限期改进、行政处分等形式。

(3) 标准化刑事责任。标准化刑事责任是行政主体、市场主体和其他主体因标准化违法行为所应承担的刑事法律后果。如《标准化法》第二十条、第二十四条分别就市场主体、行政主体的违法行为，构成了犯罪，应依法追究刑事责任进行了规定。

2.1.1.3 标准化工作与法律法规

随着市场经济的法律法规体系的建立和完善，我国标准化法律法规也在逐渐完善和发展。由1962年国务院发布的第一部标准化法规《管理办法》开始，经过1979年国务院发布的《管理条例》、1988年全国人大通过的《标准化法》、1990年国务院发布的《实施条例》等法规的颁布和实施，到现在对《标准化法》的修订，已历经四十多年，逐步形成了以《标准化法》为基本法，国务院有关部门和各地方制定配套实施的标准化管理的法规和部门规章所组成的标准化法律法规体系。

伴随我国标准化法律法规体系的建立和完善，我国的标准化工作已纳入了法制管理的轨道，法律法规中发挥着重要作用。法律法规体系是保障市场经济主客体利益不受侵犯和维护公平交易的行为准则。标准作为法律法规的组成部分，其作用在于为法律法规提供技术支撑。标准在法律法规的建设中有效发挥了标准的基础技术依据作用，提供了市场规则和法律法规的技术依据，增加了市场管理、监督和处罚的力度和效能，维护着市场经济秩序。同时，标准化工作有效配合了法规对市场主体行为进行调整。

2.1.2 标准化法律法规介绍

2.1.2.1 《标准化法》

《标准化法》由中华人民共和国第七届全国人民代表大会常务委员会第五次会议于1988年12月29日通过，自1989年4月1日起施行。现行版本由中华人民共和国第十二届全国人民代表大会常务委员会第三十次会议于2017年11月4日修订通过，自2018年1月1日起施行。

该法共有五章，共二十六条。《标准化法》分为总则、标准的制定、标准的实施、责任及附则五个部分，现介绍其主要内容。

(1) 总则。总则主要规定了制定《标准化法》的目的，制定标准的范围，标准化工作的任务和标准化工作的管理体制，同时还明确规定了积极采用国际标准的方针和标准化工作应当纳入国民经济和社会发展计划的要求。

《标准化法》还规定国务院可以在《实施条例》中规定一些重要的农产品和其他需要制定标准的项目。如农业产品的品种、规格、质量等级、检验、包装、储存、运输及生产、管理、技术和信息、能源、资源、交通运输等方面管理技术要求。

《标准化法》中"标准化工作应当纳入国民经济和社会发展计划"的规定必将有力地督促各级政府重视标准化工作，为标准化工作计划的认真实施提供人、财、物等方面的保证。

（2）标准的制定。标准是从事生产、建设工作以及商品流通共同遵守的准则和依据。《标准化法》第二章标准的制定规定了我国的标准体制、标准的性质以及制定标准的原则等内容。

《标准化法》规定我国的标准体制是以国家标准为主体，行业标准、地方标准、企业标准为补充的标准体制。《标准化法》规定我国的国家标准和行业标准分为强制性标准和推荐性标准。保障人体健康、人身、财产安全的标准和我国法律、法规规定强制执行的标准是强制性标准。省级标准化行政部门制定的工业产品安全、卫生要求方面的地方标准，在本行政区域内也是强制性标准，其他标准则是推荐性标准。

《标准化法》在第二章中规定制定标准的原则有四条，概括地说是"四个有利""两个保护""一符合""三做到"。

"四个有利"：即有利于保障安全和人民的身体健康；有利于合理利用国际资源，推行科技成果，提高经济效益；有利于产品的通用互换；有利于促进对外经济技术合作和对外贸易。

"两个保护"：即一要保护消费者利益，二要保护环境。

"一符合"：即要符合使用要求，做到技术上先进，经济上合理，并与有关标准协调配套。

"三做到"：《标准化法》在第二章中还规定制定标准的部门应当组织由专家组成的标准化技术委员会，负责标准的起草和审查工作，并还要发挥行业协会、科学研究机构和学术团体的作用，从而保证标准的质量。

此外，还规定了应根据科学技术的发展和经济建设的需要，对标准进行复审，以确认该标准继续有效或者予以修订、废止。

（3）标准的实施。《标准化法》第三章标准的实施主要规定了标准实施的方式与标准实施的监督检查机构等内容。

《标准化法》对强制性标准和推荐性标准规定了不同的实施方式。对强制性标准，必须严格实施，不符合强制性标准的产品，禁止生产、销售和进口；而对推荐性标准，国家鼓励企业自行自愿采用，不作为监督检查的依据。

《标准化法》规定了我国要推行产品认证制度。

《标准化法》在该章明确规定县级以上政府标准化行政部门负责对标准的实施进行监督检查，并可根据需要设置检验机构，或授权其他单位的检验机构对产品是否符合标准进行检验。一旦发生产品是否符合标准的争议，也以上述检验机构的检验数据为准，其他检验机构的检验数据则仅作参考。

该章规定对企业研制新产品、改进老产品、进行技术改造时进行标准化审查,使其符合标准化要求而对出口产品的技术要求,则可按合同的规定执行。

(4) 法律责任。《标准化法》第四章法律责任规定了对主要违法行为的处罚,处罚的决定机关以及对处罚不服的起诉程序,同时也规定了对执法人员违法失职的处罚。

对生产、销售、进口不符合强制性标准的产品的违法行为要没收产品和违法所得,并处罚教育,造成严重后果构成犯罪的,对直接责任人员依法追究刑事责任。

已授予认证证书的产品不符合标准而使用认证标志出厂销售的,由标准化行政部门责令停止销售,并处罚款,情节严重的,由认证部门撤销其认证证书。

产品未经认证或者认证不合格而擅自使用认证标志出厂销售的,也由标准化行政部门责令停止销售,并处罚款。

标准化工作的监督、检验、管理人员违法失职、徇私舞弊的,要给予行政处分,构成犯罪的,依法追究刑事责任。

对处罚不服,可以在接到通知之日起 15 天内,向作出处罚决定的机关的上一级机关申请复议或直接向人民法院起诉,对复议决定不服的,还可在复议之日起 15 天内,向人民法院起诉,但是当事人逾期不申请复议或者不向人民法院起诉又不履行处罚决定,由作出处罚决定的机关申请人民法院强制执行。

(5) 附则。《标准化法》在这一章中规定了"标准化法定实施条例由国务院制定"并决定了《标准化法》自 1989 年 4 月 1 日起施行。

2.1.2.2 《国家标准管理办法》《行业标准管理办法》《地方标准管理办法》和《企业标准化管理办法》

现行《国家标准管理办法》《行业标准管理办法》和《地方标准管理办法》是由原国家技术监督局根据《标准化法》和《实施条例》的有关规定,颁布实施的标准化行政规章。这些规章的共同特点是把各类标准的管理工作纳入我国标准化的总体框架中,规定了完整的标准制定、修订管理体系,建立了标准激励机制;同时根据各种标准的不同具体情况,又有相应针对性设置。

(1)《国家标准管理办法》。《国家标准管理办法》中关于国家标准的范围、强制性国家标准的范围、国家标准制定的原则和主体,与标准化法及其实施条例的规定相一致;其不同之处在于对国家标准的制定和修订管理程序的详细规定。《国家标准管理办法》分为六章,共三十二条。

第一章 总则;第二章 国家标准的计划;第三章 国家标准的制定;第四章 国家标准的审批、发布;第五章 国家标准的复审;第六章 附则。

(2)《行业标准管理办法》。为了实施《标准化法》和《实施条例》,做好行业标准管理工作而确定的基本准则。共二十一条。规定了制定该办法的依据和目的，行业标准的范围和要求，行业标准计划的编制程序、行业标准制定的方法、行业标准审批、发布的程序和部门、行业标准复审的年限和要求、该办法的解释部门、实施日期和废止的规章。

（3）《地方标准管理办法》。为了加强地方标准的管理，根据《标准化法》和《实施条例》有关规定，制定本办法，共十六条。规定了制定该办法的依据和目的，地方标准的范围和要求，地方标准计划的编制程序、地方标准制定的方法、地方标准审批、发布的程序、备案要求、该办法的解释部门、实施日期的规章。

（4）《企业标准化管理办法》。企业标准化是企业科学管理的基础。为了加强企业标准化工作，根据《标准化法》和《实施条例》及有关规定，制定本办法。

《企业标准化管理办法》主要内容：

第一章　总则
第二章　企业标准的制定
第三章　企业产品标准的备案
第四章　标准的实施
第五章　企业的标准化管理
第六章　附则

2.1.2.3 《标准化法》及其《实施条例》

《标准化法》及其《实施条例》的颁布，确定了我国的标准体系和标准化管理体系，提出了标准制定的原则和要求，加强了标准的实施及其监督的措施，明确了标准化工作相关各方的法律责任。

1. 标准体系和标准化管理体系的确立

我国的标准体系和标准化管理体系是按政府行政体制中政府部门的职能和层级划分的，只有企业标准是非政府标准。这体现了我国标准化工作由政府主导的特点。

（1）标准体系的法律规定。《标准化法》及其《实施条例》按适用范围不同确立了中国的四级标准——国家标准、行业标准、地方标准和企业标准。

对需要在全国范围内统一的技术要求，应当制定国家标准。对没有国家标准而又需要在全国某个行业范围内统一的技术要求，可以制定行业标准。对没有国家标准和行业标准而又需要在省、自治区、直辖市范围内统一的工业产品的安全、卫生要求，可以制定地方标准。企业生产的产品没有国家标准和行业标准的，应当制定企业标准、作为组织生产的依据。

1)《标准化法》将需要统一的技术要求概括。

①工业产品的品种、规格、质量、等级或者安全、卫生要求；

②工业产品的设计、生产、检验、包装、储存、运输、使用的方法或者生产、储存、运输过程中的安全、卫生要求；

③有关环境保护的各项技术要求和检验方法；

④建设工程的设计、施工方法和安全要求；

⑤有关工业生产、工程建设和环境保护的技术术语、符号、代号和制图方法。

2)《实施条例》又把需要统一的技术要求扩展。

①工业产品的品种、规格、质量、等级或者安全、卫生要求；

②工业产品的设计、生产、试验、检验、包装、储存、运输、使用的方法或者生产、储存、运输过程中的安全、卫生要求；

③有关环境保护的各项技术要求和检验方法；

④建设工程的勘察、设计、施工、验收的技术要求和方法；

⑤有关工业生产、工程建设和环境保护的技术术语、符号、代号、制图方法、互换配合要求；

⑥农业（含林业、牧业、渔业，下同）产品（含种子、种苗、种畜、种禽，下同）的品种、规格、质量、等级、检验、包装、储存、运输以及生产技术、管理技术的要求。

3)《标准化法》及其《实施条例》按标准的执行力又把标准分为强制性标准和推荐性标准。国家标准、行业标准分为强制性标准和推荐性标准。保障人体健康，人身、财产安全的标准以及法律、行政法规规定强制执行的标准是强制性标准，其他标准是推荐性标准。省、自治区、直辖市标准化行政主管部门制定的工业产品的安全、卫生要求的地方标准，在本行政区域内是强制性标准。

强制性国家标准和强制性行业标准的范围限定在如下方面：

①药品标准、食品卫生标准、兽药标准；

②产品及产品生产、储运和使用中的安全、卫生标准，劳动安全、卫生标准、运输安全标准；

③工程建设的质量、安全、卫生标准及国家需要控制的其他工程建设标准；

④环境保护的污染物排放标准和环境质量标准；

⑤重要的通用技术术语、符号、代号和制图方法；

⑥通用的试验、检验方法标准；

⑦互换配合标准。

国家需要控制的重要产品的质量标准。

（2）标准化管理体系的法律规定。《标准化法》及其《实施条例》按我国政府行政体制确立了标准化工作的管理层级和层级间的关系。

国务院标准化行政主管部门统一管理全国标准化工作。国务院有关行政主管部门分工管理本部门、本行业的标准化工作。

省、自治区、直辖市标准化行政主管部门统一管理本行政区域的标准化工作。省、自治区、直辖市政府有关行政主管部门分工管理本行政区域内本部门、本行业的标准化工作。

市、县标准化行政主管部门和有关行政主管部门，按照省、自治区、直辖市政府规定的各自的职责，管理本行政区域内的标准化工作。

2. 标准制定的法律规定

（1）各级标准制定的主体。《标准化法》及其《实施条例》规定了不同层级标准的制定主体，以及各主体之间有关标准制定的管理关系和各层级标准之间的关系。

1）国家标准由国务院标准化行政主管部门制定。

2）行业标准由国务院有关行政主管部门制定，并报国务院标准化行政主管部门备案，在公布国家标准之后，该项行业标准即行废止。

3）地方标准由省、自治区、直辖市标准化行政主管部门制定，并报国务院标准化行政主管部门和国务院有关行政主管部门备案，在公布国家标准或者行业标准之后，该项地方标准即行废止。

4）企业的产品标准须报当地政府标准化行政主管部门和有关行政主管部门备案。已有国家标准或者行业标准的，国家鼓励企业制定严于国家标准或者行业标准的企业标准，在企业内部适用。

（2）标准制定的组织。《标准化法》及其《实施条例》确立了由用户、生产单位、行业协会、科研机构、学术团体及有关部门的专家组成标准化技术委员会，作为负责标准草拟和参加标准草案的技术审查工作的技术组织。制定国家标准、行业标准和地方标准都无一例外以技术委员会作为制定标准的核心组织。

（3）标准制定的原则。《标准化法》及其《实施条例》提出了一些十分重要的标准制定原则，主要包括：

1）制定标准应当有利于保障安全和人民的身体健康，保护消费者利益，保护环境。

2）制定标准应当有利于合理利用国家资源，推广科学技术成果，提高经济效益，并符合使用要求，有利于产品的通用互换，做到技术上先进、经济上合理。

3）制定标准应当做到有关标准的协调配套。

4）制定标准应当有利于促进对外经济技术合作和对外贸易。

5)制定标准应当发挥行业协会、科学研究机构和学术团体的作用。

3. 标准的实施规定及法律责任

《标准化法》及其《实施条例》对标准实施的分类管理、认证制度、检测机构的设立以及各方承担的法律责任作出了规定。

(1) 强制性标准的实施。从事科研、生产、经营的单位和个人，必须严格执行强制性标准。不符合强制性标准的产品，禁止生产、销售和进口。

生产、销售、进口不符合强制性标准的产品的，由法律、行政法规规定的行政主管部门依法处理，法律、行政法规未做规定的，由工商行政管理部门没收产品和违法所得，并处罚款；造成严重后果构成犯罪的，对直接责任人员依法追究刑事责任。

生产不符合强制性标准的产品的，应当责令其停产生产，并没收产品，监督销毁或作必要技术处理；处以该批产品货值金额20%~50%的罚款；对有关责任者处以5000元以下罚款。

销售不符合强制性标准的商品的，应当责令其停止销售，并限期追回已售出的商品，监督销毁或作必要技术处理；没收违法所得；处以该批商品货值金额10%~20%的罚款；与此有关责任者处以50000元以下罚款。

进口不符合强制性标准的产品的，应当封存并没收该产品，监督销毁或作必要技术处理；处以进口产品货值金额20%~50%的罚款；对有关责任者给予行政处分，并可处以5000元以下罚款。

责令停止生产、行政处分，由有关行政主管部门决定；其他行政处罚由标准化行政主管部门和工商行政管理部门依据职权决定。

生产、销售、进口不符合强制性标准的产品，造成严重后果，构成犯罪的，由司法机关依法追究直接责任人员的刑事责任。

(2) 推荐性标准的实施。推荐性标准，国家鼓励企业自愿采用。

企业生产执行国家标准、行业标准、地方标准或企业标准，应当在产品或其说明书、包装物上标注所执行标准的代号、编号、名称。

企业未按规定制定标准作为组织生产依据的，或未按规定要求将产品标准上报备案的，或企业的产品未按规定附有标识或与其标识不符的，由标准化行政主管部门或有关行政主管部门在各自的职权范围内责令限期改进，并可通报批评或给予责任者行政处分。

(3) 认证制度。企业对有国家标准或者行业标准的产品，可以向国务院标准化行政主管部门或者国务院标准化行政主管部门授权的部门申请产品质量认证。认证合格的，由认证部门授予认证证书，准许在产品或者其包装上使用规定的认证标志。

获得认证证书的产品不符合认证标准而使用认证标志出厂销售的，由标准化行政主管部门责令其停止销售，并处以违法所得两倍以下的罚款；情节严重的，由认证部门撤销其认证证书。

产品未经认证或者认证不合格而擅自使用认证标志出厂销售的，由标准化行政主管部门责令其停止销售，处以违法所得三倍以下的罚款，并对单位负责人处以5000元以下罚款。

（4）检测机构的设立。县级以上人民政府标准化行政主管部门，可以根据需要设置检验机构，或者授权其他单位的检验机构，对产品是否符合标准进行检验和承担其他标准实施的监督检验任务。检验机构的设置应当合理布局，充分利用现有资源。

地方检验机构由省、自治区、直辖市人民政府标准化行政主管部门会同省级有关行政主管部门规划、审查。

国家检验机构由国务院标准化行政主管部门会同国务院有关行政主管部门规划、审查。

处理有关产品是否符合标准的争议，以这些检验机构的检验数据为准。

国务院有关行政主管部门可以根据需要和国家有关规定设立检验机构，负责本行业、本部门的检验工作。

2.1.2.4 《标准化法》的配套法规和规章

我国标准化立法体系分为四个层次，即《标准化法》、《实施条例》中央各部委规章、地方性法规和地方政府规章，如图2.1所示。

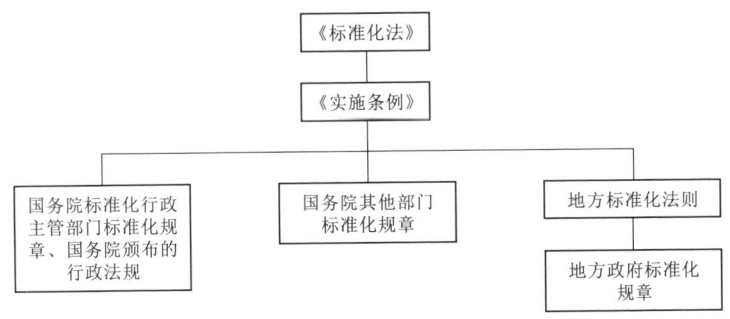

图2.1 标准化法律法规体系结构

（1）国务院标准化行政主管部门标准化规章。国务院标准化行政主管部门标准化规章指原国家技术监督局和国家市场监督管理总局颁布的一系列有关标准化工作的规章，其内容涵盖了国家标准、行业标准和地方标准的制定，标准出版，标准档案管理以及能源、农业和企业标准化管理等。国务院颁布的主要标准化行政法规见表2.1，国务院标准化行政主管部门的主要标准化规章见表2.2。

表 2.1 国务院颁布的主要标准化行政法规

序号	规 章 名 称	施行日期
1	《危险废物经营许可证管理办法》	2016-02-06
2	《退耕还林条例（涉及标准化内容节选）》	2016-02-06
3	《土地调查条例（涉及标准化内容节选）》	2018-03-19
4	《饲料和饲料添加剂管理条例（涉及标准化内容节选）》	2017-03-01
5	《兽药管理条例（涉及标准化内容节选）》	2020-03-27
6	《生猪屠宰管理条例（涉及标准化内容节选）》	2021-08-01
7	《全民健身条例（涉及标准化内容节选）》	2016-02-06
8	《气象设施和气象探测环境保护条例（涉及标准化内容节选）》	2016-02-06
9	《农业机械安全监督管理条例（涉及标准化内容节选）》	2019-03-18
10	《粮食流通管理条例（涉及标准化内容节选）》	2021-04-15
11	《麻醉药品和精神药品管理条例（涉及标准化内容节选）》	2016-02-06
12	《国内水路运输管理条例（涉及标准化内容节选）》	2023-08-21
13	《公共场所卫生管理条例（涉及标准化内容节选）》	2019-04-29
14	《防治船舶污染海洋环境管理条例（涉及标准化内容节选）》	2018-04-04
15	《电力供应与使用条例（涉及标准化内容节选）》	2019-03-18
16	《防止拆船污染环境管理条例（涉及标准化内容节选）》	2017-03-21
17	《地质资料管理条例（涉及标准化内容节选）》	2017-03-21
18	《出版管理条例（涉及标准化内容节选）》	2020-12-11
19	《城镇燃气管理条例（涉及标准化内容节选）》	2016-02-06
20	《病原微生物实验室生物安全管理条例（涉及标准化内容节选）》	2018-04-04
21	《疫苗流通和预防接种管理条例》	2016-04-25
22	《中华人民共和国认证认可条例》	2023-08-21
23	《中华人民共和国国境卫生检疫法实施细则》	2019-03-18
24	《中华人民共和国进出口货物原产地条例》	2019-03-18
25	《建设工程勘察设计管理条例》	2017-10-07
26	《地图管理条例》	2016-01-01
27	《医疗器械监督管理条例》	2021-02-09
28	《中华人民共和国招标投标法实施条例》	2019-03-02

续表

序号	规章名称	施行日期
29	《国内水路运输管理条例》	2023-08-21
30	《校车安全管理条例》	2012-04-05
31	《海洋观测预报管理条例》	2023-08-21
32	《电力安全事故应急处置和调查处理条例》	2011-09-01
33	《缺陷汽车产品召回管理条例》	2019-03-18
34	《土地复垦条例》	2011-03-05
35	《无障碍环境建设条例》	2012-08-01
36	《女职工劳动保护特别规定》	2012-04-28
37	《饲料和饲料添加剂管理条例》	2017-03-21
38	《中华人民共和国政府采购法实施条例》	2015-03-01
39	《中华人民共和国保守国家秘密法实施条例》	2014-03-01
40	《畜禽规模养殖污染防治条例》	2014-01-01
41	《太湖流域管理条例》	2011-11-01
42	《公路安全保护条例》	2011-07-01
43	《中华人民共和国道路运输条例》	2023-08-21
44	《放射性废物安全管理条例》	2012-03-01
45	《城镇排水与污水处理条例》	2014-01-01
46	《中华人民共和国道路交通安全法实施条例》	2017-10-07
47	《危险化学品安全管理条例》	2013-12-07

表2.2　　国务院标准化行政主管部门的主要标准化规章

序号	规章名称	施行日期
1	《采用国际标准管理办法》	2001-12-01
2	《国家标准化指导性技术文件管理规定》	1998-12-24
3	《国家标准外文版管理办法》	2016-08-26
4	《进口机电产品标准化管理办法》	2008-05-01
5	《采用快速程序制定国家标准的管理规定》	2001-11-21
6	《标准出版管理办法》	1997-08-18
7	《农业标准化示范区管理办法（试行）》	2007-10-22
8	《采用国际标准产品标志管理办法（试行）实施细则》	1994-05-10

续表

序号	规 章 名 称	施行日期
9	《参加 ISO 和 IEC 技术活动的管理办法》	1992-10-20
10	《标准出版发行管理办法》	1991-11-07
11	《中华人民共和国标准化法条文解释》	1990-07-23
12	《团体标准管理规定》	2019-01-09
13	《信息分类编码标准化管理办法》	1988-05-07
14	《中国标准创新贡献奖管理办法》	2022-04-01
15	《全国专业标准化技术委员会考核评估办法（试行）》	2016-06-28
16	《质检总局 国家标准委关于实施玩具安全系列国家标准有关事项的公告》	2016-01-01
17	《国家标准委关于发布〈推荐性国家标准立项评估办法（试行）〉的公告》	2016-03-28
18	《国家标准委关于发布〈国家技术标准创新基地管理办法（试行）〉的公告》	2016-04-01
19	《国家农业标准化示范项目绩效考核办法（试行）》	2014-12-22
20	《国家循环经济标准化试点考核评估方案（试行）》	2015-05-04
21	《国家标准批准发布公告及行业标准、地方标准备案公告格式》	2009-10-29
22	《电力企业标准化良好行为试点及确认工作实施细则》	2008-05-30
23	《电力企业标准化良好行为试点及确认管理办法》	2006-03-20
24	《关于强制性标准实行条文强制的若干规定》	2020-06-01
25	《规范使用国家标准和行业标准代号》	1999-08-24
26	《对备案的行业标准、地方标准实行公告制度》	1999-12-28
27	《地理信息标准化工作管理规定》	2009-04-01
28	《关于加强强制性标准管理的若干规定》	2000-02-24
29	《关于推进采用国际标准的若干意见》	2002-07-23
30	《国际标准化活动项目经费管理暂行规定》	2003-04-29
31	《国家林业标准化示范企业管理办法》	2014-01-15
32	《关于印发〈科技计划支持重要技术标准研究与应用的实施细则〉的通知》	2007-01-19
33	《农业标准化管理办法》	1991-02-26
34	《地方标准管理办法》	2020-03-01
35	《能源标准化管理办法》	1990-09-06
36	《企业标准化管理办法》	1990-08-24
37	《国家标准管理办法》	2023-03-01
38	《行业标准管理办法》	1990-08-14

续表

序号	规章名称	施行日期
39	《标准化科学技术进步奖励办法》	1990-05-09
40	《国家实物标准暂行管理办法》	1986-01-02
41	《技术引进和设备进口标准化审查管理办法（试行）》	1984-12-15
42	《机电新产品标准化审查管理办法》	1981-03-14
43	《电力行业标准化管理办法》	1999-06-16
44	《采用快速程序制修订应急国家标准的规定》	2004-03-19
45	《标准网络出版发行管理规定（试行）》	2005-08-31
46	《关于进一步加强标准版权保护规范标准出版发行工作的通知》	2006-05-29
47	《ISO和IEC标准出版物版权保护管理规定（试行）》	2007-01-15
48	《全国专业标准化技术委员会管理规定》	2009-01-22
49	《关于进一步加强国家标准制修订管理确保国家标准质量的意见》	2009-01-22
50	《企业产品标准管理规定》	2009-03-08
51	《关于标准制定工作组组建和管理有关事项的通知》	2009-05-20
52	《服务业标准化试点实施细则》	2009-07-03
53	《关于进一步加强地方标准化工作的意见》	2009-07-06
54	《关于国家标准批准发布公告及行业标准、地方标准备案公告格式的通知》	2009-10-29
55	《关于食品安全国家标准编号工作的意见》	2009-12-14
56	《国家标准修改单管理规定》	2010-06-08
57	《国家高新技术产业标准化示范区考核验收办法（试行）》	2010-05-17
58	《社会管理和公共服务综合标准化试点细则（试行）》	2013-08-15
59	《质检公益性行业科研专项标准化项目管理规定（试行）》	2011-05-15
60	《国家标准涉及专利的管理规定（暂行）》	2014-01-01
61	《关于国家标准复审管理的实施意见》	2004-03-19
62	《关于国家标准制修订计划项目管理的实施意见》	2004-03-19
63	《关于知识产权服务标准体系建设的指导意见》	2014-12-31
64	《关于全面推行〈企业知识产权管理规范〉国家标准的指导意见》	2015-06-30

（2）国务院其他行政主管部门标准化规章。国务院其他行政主管部门标准化规章主要涉及其行业标准的管理。例如，国家发展和改革委员会于2005年发布的《国家发展改革委行业标准制定管理办法》，就规定了其行业标准的适用范围、制定原则、管理权限，主体内容规定了其行业标准制定全过程的步骤

和要求,将标准制定程序划分为立项、起草、审查、报批、批准和公布、出版、复查阶段,并规定了每个阶段的具体步骤和要求。国务院其他行政主管部门的主要标准化规章见表 2.3。

表 2.3 　　　　国务院其他行政主管部门的主要标准化规章

序号	规　章　名　称	施行日期
1	《长江干线船型标准化补贴资金管理办法》	2010-03-10
2	《国土资源标准化管理办法》	2009-10-27
3	《自然资源标准化管理办法》	2020-06-24
4	《中医药标准管理办法》	2023-07-18
5	《农业标准化实施示范项目资金管理暂行办法》	2006-01-27
6	《国家发改委行业标准化技术委员会管理办法》	2005-07-25
7	《认证认可科技与标准化工作管理规定》	2005-05-19
8	《商务部国内贸易标准化体系建设专项资金管理暂行办法》	2004-08-09
9	《国防科技工业标准化科研管理实施细则》	2004-02-20
10	《武器装备研制生产标准化工作规定》	2004-02-19
11	《工程建设标准涉及专利管理办法》	2017-06-01
12	《海洋标准化管理办法》	2016-06-23
13	《中国气象局办公室关于强化气象标准实施工作的通知》	2014-11-18
14	《中医药标准管理办法》	2023-07-18
15	《地震标准实施与监督管理暂行规定》	2012-01-05
16	《文物消防安全检查规程(试行)》	2011-09-20
17	《文物保护行业标准管理办法(试行)》	2004-09-03
18	《文物建筑防火设计导则(试行)》	2015-02-26
19	《文化和旅游标准化工作管理办法》	2023-03-01
20	《气象标准制修订管理细则》	2019-03-13
21	《国家卫生健康标准委员会章程》	2019-08-27
22	《国家粮油标准研究验证测试机构管理暂行办法》	2022-04-13
23	《国家生态环境标准制修订工作规则》	2021-02-01
24	《出入境检验检疫标准化管理办法》	2012-11-20
25	《国家发展改革委行业标准制定管理办法》	2005-07-28
26	《公共安全行业标准制修订项目管理暂行办法》	2001-12-18
27	《地震标准制修订工作程序(试行)》	2011-08-10
28	《地震标准化管理办法(试行)》	2011-11-03

续表

序号	规 章 名 称	施行日期
29	《地方卫生标准工作管理规范》	2012-03-01
30	《地方机动车大气污染物排放标准审批办法》	2001-02-22
31	《自然资源标准化管理办法》	2020-06-24
32	《铁道行业技术标准管理办法》	2014-06-01
33	《食品安全国家标准跟踪评价规范（试行）》	2012-12-19
34	《食品安全国家标准制（修）订项目管理规定》	2010-09-16
35	《食品安全标准管理办法》	2023-12-01
36	《中华人民共和国海关行业标准管理办法（试行）》	2017-12-20
37	《工程建设国家标准管理办法》	1992-12-30
38	《商务领域标准化管理办法》	2022-10-20
39	《化学工业产品标准化工作管理办法》	1991-02-27
40	《林业标准化管理办法》	2011-01-25
41	《内河运输船舶标准化管理规定》	2015-04-01
42	《新闻出版行业标准化管理办法》	2014-02-01
43	《旅游标准化工作管理暂行办法》	2000-03-03
44	《民用航空标准化管理规定》	2015-05-01
45	《自然资源标准化管理办法》	2020-06-24
46	《医疗器械企业产品标准化工作标准》	1996-03-11
47	《农业农村标准化管理办法》	2024-07-01
48	《气象标准化管理规定》	2020-02-14
49	《能源领域行业标准制定管理实施细则（试行）》	2009-02-05
50	《能源领域行业标准化技术委员会管理实施细则（试行）》	2009-02-05
51	《民政部标准审查暂行办法》	2011-11-22
52	《能源领域行业标准化管理办法（试行）》	2009-02-05
53	《民政部标准化工作管理暂行办法》	2013-01-28
54	《粮油行业标准管理办法》	2007-12-19
55	《流通行业标准制修订流程规范（试行）》	2012-10-10
56	《交通标准化工作规则》	2006-12-21
57	《工业和通信业安全生产领域行业标准制定管理办法实施细则》	2012-11-27
58	《公路工程行业标准管理办法》	1999-08-19
59	《机械工业标准化管理办法》	1991-10-09
60	《机械工业标准实施与监督管理办法》	1991-10-09

续表

序号	规 章 名 称	施行日期
61	《机械工业标准制定工作细则》	1991-10-09
62	《机械工业产品标准化审查管理办法》	1991-10-09
63	《建材行业机械标准化审查管理办法》	1994-09-01
64	《工业和信息化部行业标准制定管理暂行办法》	2009-05-07
65	《粮食工程建设标准管理办法(试行)》	2007-06-11
66	《水运工程建设标准管理办法》	2020-11-01
67	《交通部交通标准化管理办法》	1980-11-08
68	《汽车行业标准化管理办法》	1996-01-16
69	《水利标准化工作管理办法》	2022-07-13
70	《邮电通信技术标准暂行管理办法》	1994-09-28
71	《税务行业标准管理办法(试行)》	2011-06-17
72	《工业和信息化部标准制修订工作补充规定》	2011-08-01
73	《商品条码管理办法》	2005-10-01
74	《电力行业标准化管理办法》	1996-06-16
75	《医疗器械标准管理办法(试行)》	2002-05-01
76	《绿色食品标志管理办法》	2012-10-01
77	《与核安全相关的能源行业核电标准管理和认可实施暂行办法》	2012-07-25

(3)地方标准化法规和地方政府标准化规章。地方标准化法规和地方政府标准化规章主要规定本行政区域地方标准的管理工作和国家标准、行业标准的实施细则。例如,《海南省地方标准制定再序》明确规定海南省地方标准的立项、起草、征求意见、审查、批准发布、备案、出版、复审的全过程及要求。

2.1.3 其他涉及标准化事项的法律法规

由于标准化所涉及的国民经济和社会发展的领域较广,涉及公共领域和健康安全、环境保护的事项较多。因此,除了《标准化法》及其配套法规外,其他一些专门法律也涉及其专项标准化的相关规定。目前,国家法律中有20多部法律涉及专门标准或标准化的规定。这些法律主要包括《中华人民共和国食品安全法》《中华人民共和国建筑法》《中华人民共和国环境保护法》《中华人民共和国大气污染防治法》《中华人民共和国海洋环境保护法》《中华人民共和国药品管理法》《中华人民共和国职业病防治法》《中华人民共和国农业法》《中华人民共和国节约能源法》《中华人民共和国产品质量法》《中华人民共和国进出口商品检验法》《中华人民共和国计量法》《中华人民共和国进出境动植物检疫法》等。

在这些专门法律中,有的在其内容中对专门国家标准的制定主体及其职能作出了规定,如《中华人民共和国食品安全法》《中华人民共和国环境保护法》等;有的在其内容中对标准的实施措施作出了具体的规定,如《中华人民共和国食品安全法》《中华人民共和国建筑法》《中华人民共和国农业法》等;有的在其内容中对有关各方违反相关标准应承担的法律责任作出了明确的规定,如《中华人民共和国食品安全法》《中华人民共和国职业病防治法》等。下面对部分涉及标准化事项的法律做简单介绍。

2.1.3.1 法规

(1) 计量法律法规概述。计量法是调整在实现单位统一和量值准确可靠的测量中产生于行政主管机关、市场主体和消费者之间法律关系的法律规范的总称。

狭义的计量法指第六届全国人民代表大会常务委员会第十二次会议于1985年9月6日通过,1986年7月1日起施行的《中华人民共和国计量法》(以下简称《计量法》)。

目前,我国已基本建立了以计量法和20多部配套法规为主要内容的计量行政法规体系,为保障我国计量单位制的统一和量值的准确可靠,为促进我国经济、科技和社会发展,促进国际交流与合作发挥了重要作用。

广义的计量法既包括上述计量法法典,也包括计量相关法规、规章,主要有《中华人民共和国强制检定的工作计量器具检定管理办法》(国务院1987)、《计量基准管理办法》(国家计量局1987)、《计量标准考核办法》(国家计量局1987)、《标准物质管理办法》(国家计量局1987)、《计量监督员管理办法》(国家计量局1987)、《仲裁检定和计量调解办法》(国家计量局1987)、《中华人民共和国进口计量器具监督管理办法》(国务院1989)、《计量授权管理办法》(国家技监局1991)、《计量违法行为处罚细则》(国家技监局1990)、《专业计量站管理办法》(国家技监局1991)、《中华人民共和国进口计量器具监督管理办法实施细则》(国家质监局1996)、《制造、修理计量器具许可证监督管理办法》(国家质监局1999)、《商品计量违法行为处罚规定》(国家质监局1999)、《法定计量检定机构监督管理办法》(国家质监局2001)、《集贸市场计量监督管理办法》(国家质检总局2002)、《加油站计量管理办法》(国家质检总局2002)等。除此以外,各省级人大常务委员会和地方政府也制定了大量计量相关地方性法规和规章。如《海南省计量管理条例》等。

(2)《计量法》主要内容介绍。《计量法》由中华人民共和国第六届全国人民代表大会常务委员会第十二次会议于1985年9月6日通过,自1986年7月1日起施行。

计量工作是经济建设中一项重要的技术基础,包括的内容相当广泛,涉及工农业生产、国防建设、科学实验、国内外贸易以及人民的生活、健康、安全等各个方面。经济越发展,越需要加强计量工作,加强计量法制监督,所以计量立法的宗旨,主要是为了加强计量监督管理,健全计量法制,解决国家计量单位制的统一和全国量值的准确可靠问题,《计量法》中的各项规定都围绕着这两个核心问题。但是《计量法》的最终目的,还是为了促进科学技术和国民经济的发展,保护消费者免受不准确或不诚实测量所造成的危害,保护国家权益不受侵犯。

《计量法》分六章,共三十五条条款。

第一章　总则

第二章　计量基准器具、计量标准器具和计量检定

第三章　量器具管理

第四章　计量监督

第五章　法律责任

第六章　附则

2.1.3.2　法律法规

(1) 产品质量法律法规简述。产品质量法,是调整产品生产、流通和消费过程中发生在行政管理主体、市场主体、相关主体和消费者之间法律关系的法律规范的总称。

产品质量法有狭义和广义之分。狭义的产品质量法,指第七届全国人民代表大会常务委员会第三十次会议于1993年2月22日通过的《中华人民共和国产品质量法》(以下简称《产品质量法》),该法于1993年9月1日起施行。2000年7月8日,第九届全国人民代表大会常务委员会第十六次会议通过了《产品质量法》修正案。

广义的产品质量法既包括上述《产品质量法》法典,也包括产品质量相关法规、规章,主要有《工业产品质量责任条例》(国务院1986)、《产品质量申诉处理办法》(国家质检总局1998)、《质量技术监督行政复议实施办法》(国家质检总局2000)、《质量技术监督行政执法过错责任追究规定》(国家质检总局2000)、《建设工程质量管理条例》(国务院2000)、《社会公共安全产品质量行业监督抽查项目管理暂行办法》(公安部科技局2001)、《产品免于质量监督检查管理办法》(国家质检总局2001)、《强制性产品认证管理规定》(国家质检总局2001)、《第一批实施强制性产品认证的产品目录》(国家质检总局和国家认证认可监督管理委员会2001)、《强制性产品认证标志管理办法》(国家认证认可监督管理委员会2001)、《产品质量国家监督抽查管理办法》(国家质检总局2001)、《中国名牌产品管理办法》(国家质检总局2001)、《中华人民共和国认证认可条例》(国务院2003)等。除此以外,各省级人大常委会和地方政府也制定了大量产品质量相关地方性法规和规章。如:《海南省产品质量监督管理条例》《无锡市产品质量监督管理条例》等。

(2)《产品质量法》主要内容。《产品质量法》由中华人民共和国第九届全国人民代表大会常务委员会第十六次会议于 2000 年 7 月 8 日通过,自 2000 年 9 月 1 日起施行。

《产品质量法》主要内容介绍如下。

《产品质量法》共六章,包括五十一条条款。

第一章 总则,共六条。主要规定了立法宗旨和法律调整范围,明确了产品质量的主体即在中华人民共和国境内(包括领土和领海)从事生产销售活动的生产者和销售者,必须遵守此法,国家有关部门利用此法调整其活动的权利、义务和责任关系。本法所称的"产品"是指经过加工、制作、用于销售的产品,建设工程和初级农产品不适用本法规定,但建设工程所用的钢筋、砖、瓦等产品仍适用本法规定。本法同时也不调整服务、劳务、非实物产品的质量问题;同样不包括仓储、运输环节,仓储、运输环节由经济合同法调整。总则中还规定了,严禁生产、销售假冒伪劣产品,确定了我国产品质量缺陷造成损害引起的民事纠纷的处理及渠道。

第二章 产品质量的监督管理,共七条。主要规定了两项宏观管理制度:一项是企业质量体系认证和产品质量认证制度;另一项是对产品质量的检查监督制度。同时还规定了用户、消费者关于产品质量问题的查询和申诉的权利。

第三章 生产者、销售者的产品质量责任和义务,共十四条。规定了生产者和销售者的产品质量责任和义务。

第四章 损害赔偿,共九条。主要规定了因产品存在一般质量问题和产品存在缺陷造成损害引起的民事纠纷的处理及渠道。

第五章 罚则,共十三条。规定了生产者、销售者因产品质量的违法行为而应承担的行政责任、刑事责任。

第六章 附则,共两条。规定了军工产品的质量管理由中央军委及有关部门另行制定办法,以及本法的正式开始实施日期。

2.1.3.3 有关卫生的法律法规

(1)我国劳动安全卫生法律法规简述。劳动安全卫生法,是调整劳动关系中规范劳动者劳动安全与健康的法律规范 的总称,是劳动法律部门的重要组成部分。有关劳动安全卫生方面的具体法律往 往又被称为职业健康安全法。

20 世纪 50 年代初开始,国务院陆续颁布了《工人职员伤亡事故报告规程》《工厂安全卫生规程》《建筑安装工程安全技术规程》(以下简称"三大规程")以及其他一系列劳动安全法规,其他各部委也相继颁发一系列劳动安全法规。

80 年代国务院颁布《锅炉压力容器安全监察暂行条例》《关于加强防尘防毒工作的决定》《女职工劳动保护规定》等。

90 年代,全国人大常委会通过了我国第一部有关劳动安全卫生方面的法律

《中华人民共和国矿山安全法》（自 1993 年 5 月 1 日起正式施行），以及《中华人民共和国劳动法》（自 1995 年 1 月 1 日起正式施行）等。

之后，我国相继颁发了《中华人民共和国职业病防治法》（自 2002 年 5 月 1 日起正式施行）、《中华人民共和国安全生产法》（自 2002 年 11 月 1 日起正式施行）等。

劳动安全卫生基本法，指由全国人大常委会制定的有关法律规范性文件的统称，可分为专项法、相关法和劳动国际公约三方面。

劳动安全卫生行政法规，指由国务院制定的有关的各类条例、办法、规定、实施细则和决定等。如：《危险化学品安全管理条例》《中华人民共和国尘肺病防治条例》《锅炉压力容器安全监察暂行条例》等。

劳动安全卫生规章，指由国务院行政主管部门以及有关地方政府部门依职权制定和颁布的有关劳动安全卫生行政管理的规范性文件。

劳动安全卫生标准，指为消除、限制或预防生产劳动中的危险和有害因素，保障劳动者的安全卫生而制定的标准。它是为保护劳动者在生产劳动中的安全与健康，避免事故、伤亡和设备财产损坏，防止作业场所的职业危害，保证经济建设的顺利进行而制定的技术标准。

我国劳动安全卫生标准分为国家标准、行业标准、地方标准和企业标准 4 级。

劳动安全卫生国家标准是对于劳动保护科学管理、技术监察有重大意义，必须在全国范围内统一的标准。这些标准是劳动保护技术政策的体现，也是建立劳动保护监督检查、检测和检验的主要依据。

劳动安全卫生行业标准是在一个行业或部门范围内统一的专用技术法规，有些国家标准不成熟时，也先制订为行业标准。

地方标准是省、自治区、直辖市区域内统一的标准，是根据本区域内工业生产结构特点和劳动保护管理工作需要制订的标准，是国家监察管理工作的必要补充。

（2）《中华人民共和国劳动法》主要内容介绍。《中华人民共和国劳动法》（以下简称《劳动法》）由中华人民共和国第八届全国人民代表大会常务委员会第八次会议于 1994 年 7 月 5 日通过，自 1995 年 1 月 1 日起施行。

《劳动法》共十三章一百零七条，内容丰富，规定具体，针对性强，除了总则、监督检查、法律责任、附则外，还包括促进就业、劳动合同和集体合同、工作时间和休息休假、工资、劳动安全卫生、女职工和未成年工特殊保护、职业培训、社会保险和福利、劳动争议等九章，对劳动者的权利和义务、劳动关系的确立和调整、劳动标准的确定和执行以及劳动部门的工作规范和职责，都作了明确规定。

《劳动法》第六章规定了"劳动安全卫生"的有关内容,以劳动基本法的形式对劳动安全卫生提出了基本要求。如:

第五十二条"用人单位必须建立、健全劳动卫生制度,严格执行国家劳动安全卫生规程和标准,对劳动者进行劳动安全卫生教育,防止劳动过程中的事故,减少职业危害。"

第五十三条"劳动安全卫生设施必须符合国家规定的标准。新建、改建、扩建工程的劳动安全卫生设施必须与主题同时设计、同时施工、同时投入生产和使用。"

第五十四条"用人单位必须为劳动者提供符合国家规定的劳动安全卫生条件和必要的劳动防护用品,对从事有职业危害作业的劳动者应当定期进行健康检查。"

第五十五条"从事特种作业的劳动者必须经过专门培训并取得特种作业资格。"

第五十六条"劳动者在劳动过程中必须严格遵守安全操作规程。"

劳动者对用人单位管理人员违章指挥、强令冒险作业,有权拒绝执行;对危害生命安全和身体健康的行为,有权提出批评、检举和控告。

第五十七条"国家建立伤亡和职业病统计报告和处理制度。县级以上各级人民政府劳动行政部门、有关部门和用人单位应当依法对劳动者在劳动过程中发生的伤亡事故和劳动者的职业病状况,进行统计、报告和处理。"

2.1.3.4 有关环境的法律法规

(1) 环境法律法规简述。《中华人民共和国环境保护法》,(以下简称《环境保护法》),是调整环境保护工作中各社会关系的法律规范的总称,是指国家、政府部门根据发展经济、保护人民身体健康与财产安全、保护和改善环境需要而制定的一系列法律、法规、规章等。

1) 环境保护法的基本原则。环境保护法的基本原则是环境保护方针、政策在法律上的体现,是调整环境保护方面社会关系的指导规范,是环境保护立法、司法、执法、守法必须遵循的准则,它反映了环保法的本质,并贯穿环境保护法制建设的全过程。

2) 依据基本原则,具体执行六原则。①经济建设与环境保护协调发展的原则;②预防为主,防治结合的原则;③污染者负担的原则;④政府对环境质量负责的原则;⑤环境权利的原则;⑥公众参与的原则。

3) 环境保护法体系。环境保护法体系是由各种环境法律规范所组成的相互联系、相互补充、相互制约的统一整体,是国家整个法律体系的重要组成部分,具有自身一套比较完整的体系。环境保护法律体系是由宪法关于环境保护的规定、环境保护基本法、其他以保护自然资源和防治环境污染为宗旨的一系列单行法律、法规、规章、标准以及国际条约所组成的完整而又相对独立的法律体系。

《中华人民共和国宪法》（以下简称《宪法》）是我国的基本法，它为制定环境保护基本法和专项法奠定了基础；宪法中有关环境保护的相关规定，是我国环境保护法的法律依据和指导原则。

《中华人民共和国刑法》（以下简称《刑法》）增加了"破坏环境资源罪"的条款，使得违反国家环境保护规定的个人或集体都不只负有行政责任，而且还要负刑事责任。

环境保护专项法为防治大气、水体、海洋、固体废物及噪声污染制定了法规依据。

环境保护资源法和其他相关法是环境保护法规体系的重要组成部分。

此外，还有地方环境保护法、环境保护行政法规和规章，以及环境标准、国际公约以及在行政法、刑法、民法、经济法、劳动法等法规中有关环境保护的规定等。

（2）相关环境法律法规和环境标准介绍。

1）水环境。水环境保护法律法规主要有《中华人民共和国水污染防治法》（1996年5月15日）、《中华人民共和国海洋环境保护法》（1982年8月23日）、《中华人民共和国海洋石油勘探开发环境保护管理条例》（1983年12月29日）、《中华人民共和国防止船舶污染海域管理条例》（1983年12月29日）、《中华人民共和国防治海岸工程建设项目污染损害海洋环境管理条例》（1990年6月25日）、《中华人民共和国防治陆源污染物污染损害海洋环境管理条例》（1990年6月22日）、《中华人民共和国水污染防治法实施细则》（1989年7月12日）、《淮河和太湖流域排放重点水污染物许可证管理办法（试行）》（2001年7月2日）、《淮河流域水污染防治暂行条例》（1995年8月8日）、《防止拆船污染环境管理条例》（1988年5月18日）。

截至2023年，水污染排放（控制）国家标准主要有35项，水污染排放（控制）国家标准见表2.4。

表2.4　　　　　　　　水污染排放（控制）国家标准

标准号	标准名称
GB 21900—2008	《电镀污染物排放标准》
GB 3544—2008	《制浆造纸工业水污染物排放标准》
GB 3552—2018	《船舶水污染物排放控制标准》
GB 4287—2012	《纺织染整工业水污染物排放标准》
GB 4914—2008	《海洋石油勘探开发污染物排放浓度限值》
GB 8978—1996	《污水综合排放标准》

续表

标准号	标准名称
GB 13458—2013	《合成氨工业水污染物排放标准》
GB 13456—2012	《钢铁工业水污染物排放标准》
GB 13457—1992	《肉类加工工业水污染物排放标准》
GB 14374—1993	《航天推进剂水污染物排放标准》
GB 14470.1—2002	《兵器工业水污染物排放标准 火炸药》
GB 14470.2—2002	《兵器工业水污染物排放标准 火工药剂》
GB 14470.3—2011	《弹药装药行业水污染物排放标准》
GB 14762—2008	《重型车用汽油发动机与汽车排气污染物排放限值及测量方法（中国Ⅲ、Ⅳ阶段）》
GB 15580—2011	《磷肥工业水污染物排放标准》
GB 15581—2016	《烧碱、聚氯乙烯工业污染物排放标准》
GB 18466—2005	《医疗机构水污染物排放标准》
GB 18486—2001	《污水海洋处置工程污染控制标准》
GB 18596—2001	《畜禽养殖业污染物排放标准》
GB 18918—2002	《城镇污水处理厂污染物排放标准》
GB 19430—2013	《柠檬酸工业水污染物排放标准》
GB 19431—2004	《味精工业污染物排放标准》
GB 21523—2008	《杂环类农药工业水污染物排放标准》
GB 19821—2005	《啤酒工业污染物排放标准》
GB 20425—2006	《皂素工业水污染物排放标准》
GB 20426—2006	《煤炭工业污染物排放标准》
GB 21901—2008	《羽绒工业水污染物排放标准》
GB 21902—2008	《合成革与人造革工业污染物排放标准》
GB 21903—2008	《发酵类制药工业水污染物排放标准》
GB 21904—2008	《化学合成类制药工业水污染物排放标准》
GB 21905—2008	《提取类制药工业水污染物排放标准》
GB 21906—2008	《中药类制药工业水污染物排放标准》
GB 21907—2008	《生物工程类制药工业水污染物排放标准》
GB 21908—2008	《混装制剂类制药工业水污染物排放标准》
GB 21909—2008	《制糖工业水污染物排放标准》

2）大气环境。大气环境保护法律法规主要有《中华人民共和国大气污染防治法》（2000年9月1日）、《中华人民共和国大气污染防治法实施细则》（1991年5月8日）、《机动车强制报废标准规定》（2012年12月27日）、《关于限期停

止生产销售化油器类轿车及 5 座客车的通知》(2001 年 9 月 1 日)、《关于发布轻型汽车和柴油车限期停产车型名录的通知》(2001 年 8 月 31 日)、《高污染燃料目录》(2017 年 3 月 27 日)、《国务院办公厅关于限期停止生产销售使用车用含铅汽油的通知》(1998 年 9 月 2 号)、《国务院关于酸雨控制区和二氧化硫污染控制区有关问题的批复》(1998 年 1 月 12 日)、《国务院办公厅转发国家计委、机械工业部关于加强农用运输车管理意见的通知》(1997 年 10 月 20 日)。

截至 2023 年,大气污染排放国家标准主要有 23 项,大气污染排放国家标准见表 2.5。

表 2.5　　　　　　　　　大气污染排放国家标准表

标准号	标准名称
GB 14762—2008	《重型车用汽油发动机与汽车排气污染物排放限值及测量方法(中国Ⅲ、Ⅳ阶段)》
GB 17691—2018	《重型柴油车污染物排放限值及测量方法(中国第六阶段)》
GB 16297—1996	《大气污染物综合排放标准》
GB 14554—1993	《恶臭污染物排放标准》
GB 9078—1996	《工业炉窑大气污染物排放标准》
GB 13271—2014	《锅炉大气污染物排放标准》
GB 13223—2011	《火电厂大气污染物排放标准》
GB 16171—2012	《炼焦化学工业污染物排放标准》
GB 14621—2011	《摩托车和轻便摩托车排气污染物排放限值及测量方法(双急速法)》
GB 19758—2005	《摩托车和轻便摩托车排气烟度排放限值及测量方法》
GB 14622—2016	《摩托车污染物排放限值及测量方法(中国第四阶段)》
GB 18322—2002	《农用运输车自由加速烟度排放限值及测量方法》
GB 18176—2016	《轻便摩托车污染物排放限值及测量方法(中国第四阶段)》
GB 18352.6—2016	《轻型汽车污染物排放限值及测量方法(中国第六阶段)》
GB 13801—2015	《火葬场大气污染物排放标准》
GB 4915—2013	《水泥工业大气污染物排放标准》
GB 18483—2001	《饮食业油烟排放标准》
GB 11340—2005	《装用点燃式发动机重型汽车曲轴箱污染物排放限值及测量方法》
GB 14763—2005	《装用点燃式发动机重型汽车燃油蒸发污染物排放限值及测量方法(收集法)》
GB 20950—2020	《储油库大气污染物排放标准》
GB 20951—2020	《油品运输大气污染物排放标准》
GB 20952—2020	《加油站大气污染物排放标准》
GB 21522—2008	《煤层气(煤矿瓦斯)排放标准(暂行)》

3）固体废物及化学品。固体废物及化学品的法律法规主要有《中华人民共和国固体废物污染环境防治法》(2005年4月1日)、《废弃危险化学品污染环境防治办法》(2005年8月30日)、《新化学物质环境管理办法》(2009年12月30日)、《医疗废物管理条例》(2003年6月16日)、《危险化学品登记管理办法》(2012年7月1日)、《危险化学品经营许可证管理办法》(2012年7月17日)、《关于实行城市生活垃圾处理收费制度促进垃圾处理产业化的通知》(2002年6月7日)、《危险化学品安全管理条例》(2002年3月15日)、《国务院关于修改〈农药管理条例〉的决定》(2001年11月29日)、《危险废物转移管理办法》(2021年11月30日)、《国家危险废物名录》(1998年1月4日)。

截至2023年，固体废物污染控制标准主要有17项，固体废物污染控制标准见表2.6。

表2.6 固体废物污染控制标准表

标准号	标准名称
GB 39707—2020	《医疗废物处理处置污染控制标准》
GB 9132—2018	《低、中水平放射性固体废物近地表处置安全规定》
GB 30485—2013	《水泥窑协同处置固体废物污染控制标准》
GB 19218—2003	《医疗废物焚烧炉技术要求（试行）》
GB 19217—2003	《医疗废物转运车技术要求（试行）》
GB 4284—2018	《农用污泥污染物控制标准》
GB 5085.1—2007	《危险废物鉴别标准 腐蚀性鉴别》
GB 5085.2—2007	《危险废物鉴别标准 急性毒性初筛》
GB 5085.3—2007	《危险废物鉴别标准 浸出毒性鉴别》
GB 13015—2017	《含多氯联苯废物污染控制标准》
GB 16889—2008	《生活垃圾填埋场污染控制标准》
GB 18484—2020	《危险废物焚烧污染控制标准》
GB 18486—2001	《污水海洋处置工程污染控制标准》
GB 18597—2023	《危险废物贮存污染控制标准》
GB 18598—2019	《危险废物填埋污染控制标准》
GB 18485—2014	《生活垃圾焚烧污染控制标准》
GB 18599—2020	《一般工业固体废物贮存和填埋污染控制标准》

4）噪声环境。噪声的有关法律法规主要有《中华人民共和国噪声污染防治法》(2018年12月29日)、《关于加强铁路噪声污染防止的通知》(2001年7月12日)、《关于加强社会生活噪声污染管理的通知》(1999年12月15日)。

截至2023年，噪声排放（控制）标准主要有11项，按标准名称的拼音排列，噪声排放（控制）标准见表2.7。

表2.7　　噪声排放（控制）标准表

	标准号	标准名称
环境噪声排放标准	GB 12348—2008	《工业企业厂界环境噪声排放标准》
	GB 22337—2008	《社会生活环境噪声排放标准》
	GB 9660—1988	《机场周围飞机噪声环境标准》
	GB 12523—2011	《建筑施工场界环境噪声排放标准》
	GB 4569—2005	《摩托车和轻便摩托车　定置噪声排放限值及测量方法》
	GB 16169—2005	《摩托车和轻便摩托车　加速行驶噪声限值及测量方法》
	GB 16170—1996	《汽车定置噪声限值》
	GB 1495—2002	《汽车加速行驶车外噪声限值及测量方法》
	GB 19757—2005	《三轮汽车和低速货车加速行驶车外噪声限值及测量方法（中国Ⅰ、Ⅱ阶段)》
	GB 12525—1990	《铁路边界噪声限值及其测量方法》
环境噪声控制标准	GB 5980—2009	《内河船舶噪声级规定》

2.2　标准化管理体系及管理机构

我国标准化管理实行由政府统一管理与分工负责相结合的管理模式。由国务院授权，受国家市场监督管理总局的管理，国家标准化管理委员会统一管理全国标准化工作。

国务院有关行政主管部门和国务院授权的有关行业协会分工管理本部门、本行业的标准化工作。

省（自治区、直辖市）标准化行政主管部门统一管理本行政区域内的标准化工作。省（自治区、直辖市）政府有关行政主管部门分工管理本行政区域内本部门、本行业的标准化工作。

市（地、州、盟）、县（区、旗、乡）标准化行政主管部门和有关行政部门主管，按照省（自治区、直辖市）政府规定的各自的职责，管理本行政区域内的标准化工作。

我国标准化行政管理机构层次结构的情况如图2.2所示。

2.2.1　国务院标准化行政主管部门的职能

《实施条例》确定了国务院标准化行政主管部门统一管理全国标准化工作的具体职责，包括：

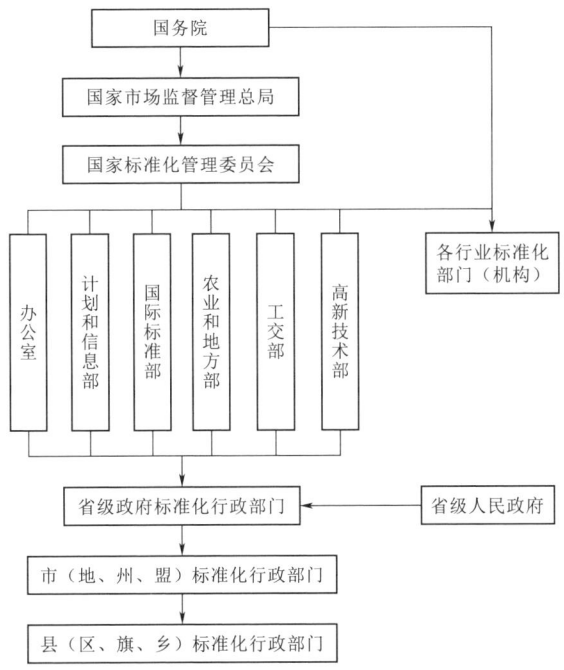

图 2.2 标准化行政管理机构层次结构

1) 组织贯彻国家有关标准化工作的法律、法规、方针、政策；

2) 组织制定全国标准化工作规划、计划；

3) 组织制定国家标准；

4) 指导国务院有关行政主管部门和省、自治区、直辖市政府标准化行政主管部门的标准化工作，协调和处理有关标准化工作的问题；

5) 组织实施标准；

6) 对标准的实施情况进行监督检查；

7) 统一管理全国的产品质量认证工作；

8) 统一负责对有关国际标准化组织的业务联系。

中华人民共和国国家标准化管理委员会（Standardization Administration of China，SAC），又称中华人民共和国国家标准化管理局，是国家市场监督管理总局管理的事业单位，是国务院授权的履行行政管理职能、统一管理全国标准化工作的主管机构，成立于 2001 年 10 月。其主要职责是：

1) 参与起草、修订国家标准化法律、法规的工作；拟定和贯彻执行国家标准化工作的方针、政策；拟定全国标准化管理规章，制定相关制度；组织实施标准化法律、法规和规章、制度；

2) 负责制定国家标准化事业的发展规则；负责组织、协调和编制国家标准

（含国家标准样品）的制定、修订计划；

3）负责组织国家标准的制定、修订工作，负责国家标准的统一审查、批准、编号和发布；

4）统一管理制定、修订国家标准的经费和标准研究、标准化专项经费；

5）管理和指导标准化科技工作及有关的宣传、教育、培训工作；

6）负责协调和管理全国标准化技术委员会的有关工作；

7）协调和指导行业、地方标准化工作，负责行业标准和地方标准的备案工作；

8）代表国家参加 ISO/IEC 和其他国际或区域性标准化组织，负责组织 ISO/IEC 中国国家委员会的工作；负责管理国内各部门、各地区参与国际或区域性标准化组织活动的工作，负责签订并执行标准化国际合作协议，审批和组织实施标准化国际合作与交流项目；负责参与与标准化业务相关的国际活动的审核工作；

9）管理全国组织机构代码和商品条码工作；

10）负责国家标准化的宣传、贯彻和推广工作，监督国家标准的贯彻执行情况；

11）管理全国标准化信息工作；

12）在质量总局统一安排和协调下，做好世界组织贸易技术性贸易壁垒协议（WTO/TBT）执行中有关标准的通报和咨询工作；

13）承担质量总局交办的其他工作。

2.2.2 国务院有关行政主管部门的标准化职能

国务院有关行政主管部门分工管理本部门、本行业的标准化工作。行业标准由国务院有关行政主管部门编制计划，组织草拟，统一审批、编号、发布，并报国务院标准化行政主管部门备案。

国务院有关行政主管部门的主要职责是：

1）贯彻标准化工作的法律、法规、方针、政策，并制定本部门、本行业实施的具体办法；

2）承担国家下达的草拟国家标准的任务，并组织制定行业标准；

3）制定本部门、本行业的标准化工作规划、计划；

4）指导省（自治区、直辖市）有关行政主管部门的标准化工作；

5）组织本部门、本行业实施标准；

6）对标准实施进行监督检查，根据国务院标准化行政主管部门的授权，分工管理本行业的产品质量认证工作。

涉及产业和行业标准化管理的国务院行业主管部门主要有工业和信息化部、

生态环境部、住房和城乡建设部、卫生健康委等。

（1）工业和信息化部的标准化职能。工业和信息化部的职能中涉及标准管理的职责主要有：

1）制定并组织实施工业、通信业的行业规划、计划和产业政策，提出优化产业布局、结构的政策建议，起草相关法律法规草案，制定规章，拟定行业技术规范和标准并组织实施，指导行业质量管理工作。

2）拟定高新技术产业中涉及生物医药、新材料、航空航天、信息产业等的规划、政策和标准并组织实施，指导行业技术创新和技术进步，以先进适用技术改造提升传统产业，组织实施有关国家科技的重大专项，推进相关科研成果的产业化，推动软件产业、信息服务业和新兴产业的发展。

3）统筹规划公用信息网、互联网、专用通信网，依法监督管理电信与信息服务市场，会同有关部门制定电信业务资费政策和标准并监督实施，负责通信资源的分配管理及国际协调，推进电信普及服务，保障重要通信。

（2）生态环境部的标准化职能。生态环境部的职能中涉及标准管理的职责主要有：

1）负责建立健全环境保护的基本制度。拟定并组织实施国家环境保护政策、规划，起草法律法规草案，制定部门规章。组织编制环境功能区划，组织制定各类环境保护标准、基准和技术规范，组织拟定并监督实施重点区域、流域污染防治规划和饮用水水源地环境保护规划，按国家要求会同有关部门拟定重点海域污染防治规划，参与编制国家主体功能区划。

2）承担落实国家减排目标的责任。组织建立主要污染物排放总量控制和排污许可证制度并监督实施，提出实施总量控制的污染物名称和控制指标，监督、督办、核查各地污染物减排任务的完成情况，实施环境保护目标责任制和总量减排考核并定期公布考核结果。

（3）住房和城乡建设部的标准化职能。住房和城乡建设部的职能中涉及标准管理的职责主要有：承担建立科学规范的工程建设标准体系的责任。组织制定工程建设实施阶段的国家标准，制定和发布工程建设全国统一定额和行业标准、经济定额的国家标准，制定建设项目可行性研究经济评价方法、经济参数、建设标准、建设工期定额、建设用地指标和工程造价管理制度，制定公共服务设施（不含通信设施）建设标准并监督执行，指导各类工程建设标准定额的实施。

（4）卫生健康委的标准化职能。卫生健康委的职能中涉及标准管理的职责主要有：

1）负责起草卫生和计划生育、中医药事业发展的法律法规草案，拟定政策规划，制定部门规章、标准和技术规范。

2）负责制定职责范围内的职业卫生、放射卫生、环境卫生、学校卫生、公共场所卫生、饮用水卫生管理制度、标准和政策措施，组织开展相关监测、调查、评估和监督，负责传染病的防治监督。组织开展食品安全风险监测、评估，依法制定并公布食品安全标准，负责食品、食品添加剂及相关产品新原料、新品种的安全性审查。

3）负责制定医疗机构和医疗服务的全行业管理办法并监督实施。制定医疗机构及其医疗服务、医疗技术、医疗质量、医疗安全以及采供血机构管理的规范、标准并组织实施，会同有关部门制定和实施卫生专业技术人员准入、资格标准，制定和实施卫生专业技术人员执业规则和服务规范，建立医疗服务评价和监督管理体系。

2.2.3 地方标准化行政主管部门的职能

（1）政府标准化行政主管部门。省（自治区、直辖市）政府标准化行政主管部门统一管理本行政区域内的标准化工作。地方标准由省（自治区、直辖市）政府标准化行政主管部门编制计划，组织草拟，统一审批、编号、发布并报国务院标准化行政主管部门和国务院有关行政主管部门备案。

地方标准化行政主管部门的主要职责有：

1）贯彻国家标准化工作的法律、法规、方针、政策，并制定在本行政区域内实施的具体办法；

2）制定地方标准化工作规划、计划；

3）组织制定地方标准；

4）指导本行政区域内有关行政主管部门的标准化工作，协调和处理有关标准化工作的问题；

5）在本行政区域内组织实施标准；

6）对标准实施情况进行监督检查。

（2）政府有关行政主管部门。省、自治区、直辖市人民政府有关行政主管部门分工管理本行政区域内本部门、本行业的标准化工作，履行下列职责：

1）贯彻国家和本部门、本行业、本行政区域标准化工作的法律、法规、方针、政策，并制定实施的具体办法；

2）制定本行政区域内本部门、本行业的标准化工作原则、计划；

3）承担省、自治区、直辖市人民政府下达的草拟地方标准的任务；

4）在本行政区域内组织本部门、本行业实施标准；

5）对标准实施情况进行监督检查。

（3）市、县政府行政主管部门。市、县政府行政主管部门和有关行政主管部门的职责分工，由省、自治区、直辖市人民政府规定。

2.3 标准制定组织——标准化技术委员会

标准化技术委员会是由国务院标准化主管部门根据工作需要，依法在一定范围内建立的从事标准化工作的技术组织。由生产、经销、科研、教学、检验、认证、用户、公益组织、政府等方面的专家代表组成。其主要任务是起草标准、审查标准；工作方式是开放、透明、社会化和协商一致。

2.3.1 标准化技术工作体系

标准化工作体系主要由标准制定（修订）工作系统（即标准化技术委员会系统）和标准的实施监督检验系统组成。我国标准化技术工作体系如图 2.3 所示。

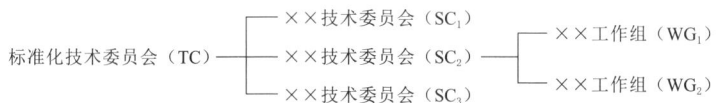

图 2.3　标准化技术委员会的构成

（1）标准制定（修订）工作系统。标准制定（修订）工作系统由标准化技术委员会（technical committee，TC）、标准化分技术委员会（sub-committee，SC）、制定（修订）工作组（working group，WG）三级机构组成如图 2.4 所示。

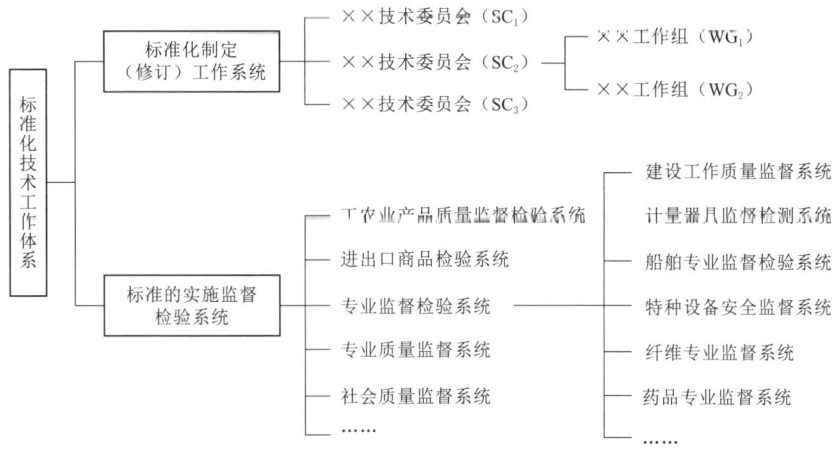

图 2.4　标准化技术工作体系示意图

（2）标准的实施监督监测系统。标准的实施监督监测系统在不同国家有不同的结构形式。我国标准实施监督监测系统（即标准实施工作系统）可分为工农业产品质量监督检测系统、进出口商品检验系统、专业监督检验系统、专业质量监督系统、社会质量监督系统等。而专业监督检验系统又细分为建设工程质量监督系统、计量器具监督监测系统、船舶专业监督检验系统、特种设备安全检查系统、纤维检验系统、药品监督系统等更小的子系统。

我国实行标准实施的监督检验制度。强制性标准一经发布实施，就要接受政府和社会的监督，其中产品和工程质量监督检验是标准实施中的主要任务。我国的产品和工程质量监督检验系统主要由各级政府标准化行政部门的质量监督部门负责管理，并由工农业产品质量技术监督检验机构、进出口商品检验系统、建设工程质量监督系统，以及纤维、药品、计量器具、锅炉和压力容器等专业监督系统组成。它们互相配合，逐步形成一个较完备的、有权威的、有效率的全国质量监督检验系统。

2.3.2 专业标准化技术委员会的组建与组织结构

专业标准化技术委员会由本专业各利益相关方的代表组成。标准制定工作组是技术委员会中制定标准最基本的单元。

2.3.2.1 技术委员会的组建

技术委员会由国家标准化管理委员会组建和管理。技术委员会对自身内部事物拥有一定的管理权，同时接受国家标准化管理委员会的管理。

技术委员会的组建应当遵循满足市场需要、科学合理、公开公正、与国际接轨的原则。组建技术委员会应当符合以下条件：

1）涉及的专业领域为国民经济和社会发展的重要领域或需要国家重点支持的行业。

2）专业领域和标准体系框架明确，有较多的国家标准制定（修订）任务。

3）专业范围清晰，与其他技术委员会原则上无业务交叉。

4）专业领域原则上应当与ISO/IEC及其认可的其他国际组织的技术委员会、分技术委员会对口。

技术委员会的组建由国务院有关行业主管部门、具有行业管理职能的行业协会或企业集团公司主管司（局）直接向国家标准化管理委员会提出组建技术委员会的书面申请，申请内容包括组建技术委员会的必要性、技术委员会的名称、工作范围、国内外现状、与国际标准化组织的对应关系、拟开展的工作内容、拟组建技术委员会的初步方案等。

科研机构、大专院校、企业和个人也可直接向国家标准化管理委员会提出组建技术委员会的建议，建议内容包括技术委员会的名称、成立技术委员会的必要性、国内外现状、拟开展的工作内容等。国家标准化管理委员会委托有关部门对建议进行可行性研究和论证，并作出是否采纳建议的决定。被采纳的建议，由国家标准化管理委员会给予建议单位或个人书面回复，并委托有关部门提出筹建申请。

国家标准化管理委员会根据工作需要可直接指定有关单位提出组建新的技术委员会的申请和承担技术委员会秘书处的工作。

2.3.2.2 技术委员会的组织结构

专业领域较宽的技术委员会可以组建分技术委员会。分技术委员会的组建参照技术委员会的组建执行。由国家标准化委员会直接管理的技术委员会可直接提出分技术委员会的筹建申请。

根据工作需要，技术委员会、分技术委员会可以组建承担某项具体国家标准起草任务的标准制定工作组，工作完成后工作组自动撤销。

（1）委员。技术委员会由委员组成，设主任委员和副主任委员。其他委员应当具有广泛的代表性，可以来自企业、科研机构、检测机构、高等院校、政府部门、行业协会、消费者等。技术委员会的委员应具有较高的理论水平和较丰富的实践经验，熟悉和热心标准化工作，能积极参加标准化活动，担任的人员需要具有中级以上的专业技术职称。

委员应当积极参加技术委员会的活动，履行以下职责：

1）参加标准制定（修订）工作，提出国家标准立项、起草、技术审查等方面的意见和建议；

2）监督主任委员、副主任委员、秘书长、副秘书长及秘书处的工作；

3）监督技术委员会秘书处经费的使用；

4）参加国家标准化管理委员会及技术委员会组织的培训；

5）技术委员会章程规定的其他职责。

技术委员会一般设委员 25 人左右，分技术委员会设委员 20 人左右，其中主任委员 1 人，副主任委员 1～3 人，秘书长 1 人，必要时可设副秘书长 1 人。正副主任委员、正副秘书长和委员应由在职工作人员担任，分技术委员会的主任委员一般应由技术委员会的委员担任。需要时可聘请在本专业领域享有盛誉的专家、学者 1～3 人担任技术委员的顾问。

（2）秘书处。技术委员会下设秘书处。秘书处设秘书长、专职秘书，可以设副秘书长。秘书长、副秘书长由委员兼任。秘书长原则上应当是秘书处承担单位的技术专家。副秘书长可以由相关的技术专家担任。

秘书处在技术委员会主任委员和秘书长的领导下，负责处理技术委员会的日常工作，具体职责和工作制度由技术委员会章程和秘书处工作细则规定。

技术委员会秘书处可以由两个以上单位联合承担。秘书处工作由主要承担单位牵头负责。

2.3.2.3　专业标准化技术委员会的工作职责与程序

技术委员会中的任何组织单元和个人都应当遵守一定的组织程序，并承担相应的工作责任。

(1) 专业标准化技术委员会的工作职责。技术委员会是在一定的专业领域内，从事国家标准的起草和技术审查等标准化工作的非法人技术组织，应当科学合理、公开公正、规范透明、独立自主地开展工作。其工作职责包括：

1) 遵循国家有关方针政策，向国务院标准化行政主管部门和有关行政主管部门提出本专业标准化工作的方针、政策和技术措施的建议；

2) 按照国家制定、修订标准的原则，以及采用国际标准和国外先进标准的方针，负责组织制定本专业标准体系表，提出本专业制定国家标准和行业标准的规划和年度计划的建议；

3) 根据国务院标准化行政主管部门和有关行政主管部门批准的计划，协助组织本专业国家标准和行业标准的制定（修订）和复审工作；

4) 组织本专业国家标准和行业标准送审稿的审查工作，对标准中的技术内容负责，提出审查结论意见，提出强制性标准或推荐性标准的建议；

5) 受标准制定部门的委托，负责组织本专业的国家标准和行业标准的宣讲、解释工作，对本专业已颁布标准的实施情况进行调查和分析，做出书面报告；

6) 受国务院标准化行政主管部门委托，承担 ISO 和 IEC 等相应技术委员会对口的标准化技术业务工作，包括对国际标准文件的表态，审查我国提案和国际标准的中文译稿，以及提出对外开展标准化技术交流活动的建议等；

7) 受国务院有关行政主管部门委托，在产品质量监督检验、认证和评优等工作中，承担本专业标准化范围内产品质量标准水平的评价工作。受国务院有关行政主管部门委托，可承担本专业引进项目的标准化审查工作，并向项目主管部门提出标准化水平分析报告；

8) 面向社会开展本专业的标准化工作，接受有关省、市和企业的委托，承担本专业地方标准、企业标准的制定、审查、宣讲及咨询等技术服务工作；

9) 受国务院标准化行政主管部门及有关行政主管部门委托，办理与本专业标准化有关的其他事宜。

(2) 专业标准化技术委员会的工作程序。

1) 技术委员会根据国务院标准化行政主管部门和有关行政主管部门编制标准计划的要求，提出国家标准或行业标准制定、修订计划项目的建议。国家标准的计划建议报技术委员会主管部门、国务院有关行政主管部门和国务院标准化行政主管部门，经协调后，列入国家标准制定、修订计划。行业标准的计划建议，报行业标准归口部门和有关行政主管部门，经行业标准归口部门协调后列入行业标准制定、修订计划；

2）工作组或标准主要负责起草单位在调查研究、试验验证的基础上，提出标准征求意见稿（包括附件），分送技术委员会委员以及有代表性的单位和个人征求意见。征求意见时间一般为两个月；

3）工作组或标准主要负责起草单位对所提意见进行综合分析后，对标准进行修改，提出标准送审稿，报秘书处。经技术委员会主任委员初审后，采取会议审查或者函审的方式，由秘书处提交全体委员进行审查，得到全体委员的四分之三以上同意，方为通过。会议审查时未出席会议，也未说明意见者，以及函审时未按规定时间投票者，按弃权计票。对有分歧意见的标准或条款，秘书处应当完整保存不同观点的论证材料。秘书处应当将审查标准的投票情况和不同观点的论证材料以书面材料记录在案，作为标准审查意见说明的附件；

4）工作组或标准主要负责起草单位根据审查意见对标准草案进行修改，按要求提出标准草案报批稿及其附件，经秘书处复核，送主任委员或其委托的副主任委员审核后，按《国家标准管理办法》规定的报批程序办理。

分技术委员会负责的国家标准草案征求意见、技术审查和报批程序参照技术委员会的工作程序执行。分技术委员会审查通过的标准报批稿，还应当报技术委员会秘书处，由技术委员会秘书处按规定的程序办理。技术委员会对分技术委员会审查通过的标准报批稿，有权提出复议和修改意见。

2.4 标准化研究机构

我国已经建立起国家、行业、地方三级的标准化研究机构，主要从事基础标准的开发、标准信息服务、部分行政委托管理和服务等业务。

2.4.1 中国标准化研究院

中国标准化研究院是我国唯一的国家级标准化研究机构，是国家市场监督管理总局的直属事业单位，是我国从事标准化研究的国家级社会公益类科研机构。其主要职责是研究国民经济和社会发展中全局性、战略性和综合性的标准化问题，负责研制综合性基础标准，提供权威标准信息服务。中国标准化研究院主要为我国经济发展和社会进步提供多方位标准支持，为推动中国技术进步、产业升级、提高产品质量等提供重要支撑，为政府的标准化决策提供科学依据。

（1）研究领域。中国标准化研究院拥有资源与环境分院、质量管理分院、高新技术与信息标准化研究所、基础标准化研究所、食品与农业标准化研究所、公共安全标准化研究所、标准化理论与战略研究所、服务标准化研究所、国家标准馆、标准评估部等分支研究机构。其标准化科研工作主要有：

1）标准化发展战略、基础理论、原理方法和标准体系研究；

2）承担节能减排、质量管理、国际贸易便利化、视觉健康与安全防护、现代服务、公共安全、公共管理与政务信息化、信息分类编码、人类功效、食品感官分析等领域的标准化研究及相关标准的制定（修订）工作；

3）承担相关领域的全国专业标准化技术委员会、分技术委员会的秘书处工作；

4）承担相关标准科学实验、测试等研发及科研成果的推广与相应工作；

5）组织开展能效标识、客户满意度测评工作，承担地理标志产品保护研究及技术支持工作；

6）负责标准文献资源建设与社会化服务工作，承担国家标准文献共享服务平台的运行和标准化基础科学数据资源建设与应用工作；

7）为国家市场监督管理总局和国家标准化管理委员会的相关管理职能等提供支撑，包括我国缺陷产品召回管理，国家标准技术审查，全国工业产品、食品生产许可证审查等。

（2）主要工作。

1）开展国际交流与合作。积极参加相关国际标准化组织的活动，承担相关国际标准的研制工作，以及相关技术支持和管理工作；

2）建设国家标准文献信息服务网络。主要包括收集国内外标准信息资料，开展分析研究，开发标准信息资源，提供标准信息咨询服务；

3）履行国家标准技术审查职责。开展行业标准和地方标准的审查和备案，管理国家标准的档案和数据库，开展国家标准的宣传、贯彻和培训活动；

4）承担部分国家专业标准化技术委员会和分技术委员会的秘书处工作；

5）经国家市场监督管理总局授权，承担全国工业产品生产许可证审查办公室的有关工作；

6）受国家市场监督管理总局委托，承担国家缺陷产品管理的日常工作；

7）经国务院授权，管理全国组织机构代码工作，推进代码信息的应用；

8）经国务院授权，管理全国商品条码工作，推进条码技术的应用；

9）开展节能、节水、环保产品认证和3C认证工作。

2.4.2　行业标准化研究院

行业标准化研究所是协助行业部、委、局开展标准化工作的机构，其主要职责是编制行业标准、协助编制国家标准以及提供标准信息服务。

部分行业标准化研究院所的上级单位及主要业务情况见表2.8。

表 2.8　　　　　　　　　　部分行业标准化研究院所简况

机构名称	上级单位	主　要　业　务
住建部标准定额研究所	住房和城乡建设部	（1）负责住房和城乡建设部主管的工程建设技术标准、工程项目建设标准与用地指标、建筑工业与城镇建设产品标准、全国统一经济定额，建设项目可行性研究与项目评价方法参数的研究和组织编制与具体管理工作； （2）负责归口"三新标准"技术审查和建筑工业产品质量认证的工作； （3）负责住房和城乡建设部所属 12 个专业标准归口单位、4 个标准化技术委员和建设领域国际标准化组织国内的归口管理工作； （4）标准定额的出版发行和信息化管理工作
国家海洋局标准计量中心	国家海洋局	负责全国海洋标准化、计量、质量技术监督工作，为海洋经济、海洋管理、海洋科技、海洋安全及公益服务提供技术支撑和保障
自然资源部测绘标准化研究所	陕西测绘地理信息局	负责测绘行业的标准化研究，承担测绘技术标准的制定、修订、咨询、监督、检查和情报工作，并协助地方搞好测绘科研工作
冶金工业信息标准研究院	国务院国有资产监督管理委员会	冶金行业标准化技术归口管理；国际国内标准化研究；标准制修订；标准信息及技术咨询服务；国际技术交流和合作
中国兵器工业标准化研究所	中国兵器工业集团	（1）承担国家标准化委员会、总装备部、工业和信息化部、中国兵器工业集团公司等单位下达的标准化科研及相关业务； （2）是承担兵器行业标准化科研工作和技术归口任务的专业研究所； （3）标准化科研业务涵盖了兵器装备各专业和支柱民用产品以及相应的生产使用涉及的材料、工艺技术、信息技术应用等； （4）是工业和信息化部安全、计量、兵器装备等七个专业的标准化技术委员会的秘书处单位；还是国际标准化组织光学仪电委员会若干分委会的国内技术归口单位
石油工业标准化研究所	中油股份公司质量健康安全环保部	（1）承担石油工业国家标准、行业标准体系研究及中油集团公司，股份公司企业标准体系发展战略和标准化管理； （2）负责石油工业国家标准、行业标准及中石油企业标准制修订、复核报批和备案等技术归口工作； （3）承担 ISO/TC67 国内技术归口工作，负责组织相关领域国际标准相关草案的投票； （4）负责石油工业标准化信息和咨询服务等管理工作；编辑出版并发行《石油工业标准化通讯》； （5）承担石油天然气行业标准的档案管理和技术咨询服务； （6）承担石油工业标准化技术委员会、中油集团公司、股份公司标准化网站的维护和运行

续表

机构名称	上级单位	主 要 业 务
自然资源标准化研究所	中国自然资源经济研究院	(1) 开展标准化方法、理论和标准化技术的方针政策研； (2) 负责国土资源标准的报批、复核、审查； (3) 承担国土资源重要的基础性标准制、修订工作； (4) 承担与国际标准化组织 ISO、IEC 的对口业务工作和国际标准信息的研究与交流； (5) 负责标准的宣贯、推广工作等
中国电子技术标准化研究院	工业和信息化部	(1) 电子信息技术标准化工作为核心，开展标准科研、检测、计量、认证、信息服务等业务； (2) 承担 54 个 IEC、ISO/IEC/JTCI 的 TC/SC 国内技术归口和 14 个全国标准化技术委员会秘书处的工作

2.4.3 标准化研究院

地方标准化研究院所的主要业务集中在标准信息服务以及商品条码和企事业代码的服务。在标准研制方面主要针对企业标准的制定提供服务和指导工作，并承担一些地方标准的编制任务。

地方标准化研究院所规模相对较大的有深圳市标准技术研究院、上海市标准化研究院和山东省标准化研究院等。部分地方标准化研究院所的主要业务见表 2.9。

表 2.9　　　　　　部分地区标准化研究院所的主要业务

机构名称	主 要 业 务
深圳市标准技术研究院	(1) 负责标准信息及相关资源的收集、研究、开发、应用，负责标准的研究与制定，开展标准化技术咨询与服务；承担国际、国内标准化技术组织的相关工作； (2) 负责公共图形符号、标识标志标准化的研究和应用； (3) 负责管理物品编码和产品电子代码（EPC），开展标识产品标准符合性检验； (4) 开展物联网技术研究以及相关标准、专利、检测、认证、应用推广等公共技术服务； (5) 研究制定知识产权领域相关标准，开展标准与知识产权结合、知识产权应急与预警研究及技术服务； (6) 开展电子商务全产业链的标准、监管、信用、安全、技术等相关研究和应用服务
上海市标准化研究院	主要从事标准化研究、标准化服务、组织机构代码和商品条码的管理及应用、质量认证服务、实验室认可培训服务等工作
山东省标准化研究院	主要承担标准化研究和服务、标准文献服务、WTO/TBT 通报咨询服务、组织机构代码管理和服务、商品条码管理和服务、质量认证咨询服务、自动识别技术开发与服务、质量信息传播服务

续表

机构名称	主　要　业　务
江西省标准化研究院	（1）负责国际、国家和行业标准文献及有关法律法规、文献的收集、整理、分析、研究、报道、交流并提供利用； （2）负责江西省组织机构代码数据库信息系统建设、维护、管理和推广应用； （3）统一组织、协调、管理全省条码工作，推广运用条码技术，对条码产品进行监督检验等
重庆市质量和标准化研究院	（1）开展质量研究、标准化研究和WTO/TBT通报咨询工作； （2）承担组织机构代码证卡办理及其信息应用管理，商品条码的办理、检验和应用研究； （3）有关文献信息的采集、整理、应用，提供相关技术服务
浙江省标准化研究院	（1）经授权管理浙江省组织机构代码、公共信息IC卡； （2）承担国内外技术法规、标准、合格评定程序等技术文献的发行，提供查询、宣贯和有效性确认服务； （3）浙江省地方标准技术审查； （4）开展标准化课题研究和技术性贸易壁垒通报、评议、预警信息发布； （5）代理国外认证咨询、培训； （6）通过互联网、电视等媒介传播质量、计量、标准化信息以及企业产品质量信息
湖南省标准化研究院	（1）负责标准研究与服务工作，承担着政府重要研究课题和全省标准化发展规划纲要的编制任务； （2）承担组织机构代码管理与服务工作，负责全省组织机构代码的登记与管理； （3）负责全省条码的管理和服务工作，注册商品条码系统成员，采集各种商品编码信息； （4）商品条码印刷企业资格确认，运用编码标准化技术； （5）承担全省法人库基础数据库的建设任务； （6）负责标准文献管理与服务工作，提供国内外标准、计量、质量以及有关法律法规的信息
江苏省技术监督情报研究所	（1）标准信息服务； （2）WTO/TBT通报咨询； （3）组织机构代码赋码颁证与管理； （4）商品条码注册与管理

2.5　国 际 标 准 组 织

国际标准组织是在国际范围内制定协商一致的标准的组织。此组织制定的标准对于与国际贸易的融通和全球经济一体化的发展具有重要作用，国际标准组织的范围包括ISO、IEC和ITU以及由ISO认可的其他国际标准组织。在这些国际标准组织中ISO、1EC和ITU是最具权威和影响力的三大国际标准组织。

2.5.1 ISO

ISO 是世界上最大的标准制定组织,他是一个全球性的非政府组织,总部设在瑞士日内瓦,其简称"ISO"与全称(International Organization for Standardization)的缩写并不相同,这是因为"ISO"并不是其全称首字母的缩写,而是来自希腊语 ISOS,意思为"相等"。从"相等"到"标准",内涵上的联系使"ISO"成为组织的名称。ISO 不属于联合国机构,但与联合国的许多组织的专业机构保持密切联系,是联合国的甲级咨询机构。

作为一个非政府组织,ISO 是连接公共部门与私营部门的桥梁,其成员类型包括政府机构、由政府部门授权的机构以及国家确立的植根于私营部门的行业协会。因此,ISO 的国际标准是面向商业、政府和社会的。其宗旨是在世界范围内促进标准化工作的开展,以利于国际物资交流和互助,并扩大科学、技术和经济方面的合作;其主要任务是制定国际标准,协调世界范围内的标准化工作,与其他国际性组织合作研究有关标准化问题。中国是 ISO 的正式成员,代表中国的组织为中国国家标准化管理委员会。

ISO 是一个由各国标准化机构组成的世界范围的联合会。根据该组织章程,每个国家只能有一个最具代表性的国家标准化团体作为成员。ISO 成员分成三类,即成员团体、通信成员和注册成员。对标准化感兴趣而本国又没有成员团体的国家团体,可以按照理事会规定的程序,登记为无投票的通信成员注册成员,他们只需要缴纳少量的会费,就能作为观察员参加 ISO 会议并得到感兴趣的信息。

2.5.1.1 ISO 的组织结构

ISO 的管理运行体系主要由全体大会,理事会、政策制定委员会、理事会常设委员会、技术管理局、特别咨询组和中央秘书处等组成。ISO 的组织结构如图 2.5 所示。

1. 全体大会

全体大会是 ISO 的最高权力机构,属非常设机构,每年 9 月召开一次全体大会。所有 ISO 全体成员团体、通信成员、注册成员和与 ISO 由联系的国际组织均派代表与会,但只有成员团体有表决权。大会的主要议程包括 ISO 年度报告中有关项目的行动、ISO 战略计划以及财政情况等。全体大会的工作会议只限于 ISO 成员方参加,而专题公共研讨会则是任何与会人员均可参加。

2. 理事会

理事会是 ISO 大会闭会期间的常设管理机构,负责 ISO 的日常运作,由 ISO 官员(主席、副主席、司库、秘书长)和 18 名当选的成员团体组成。理事会任命司库、秘书长、技术管理局的成员、政策制定委员会主席,审查并决定

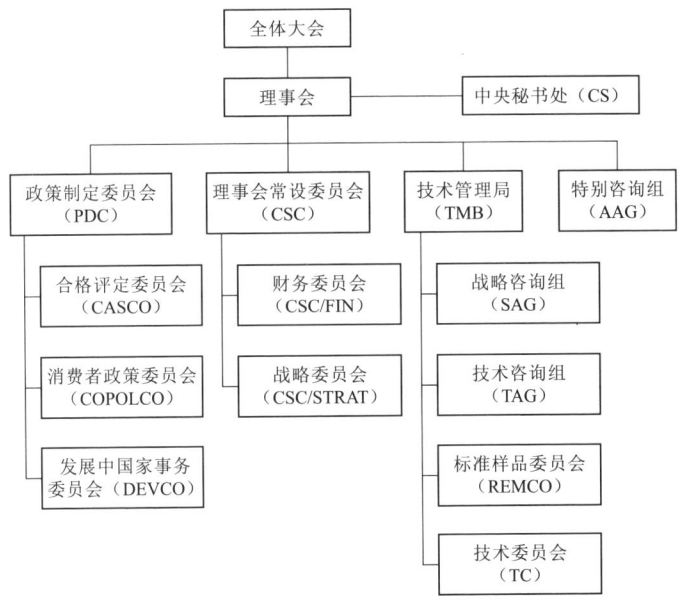

图 2.5　ISO 组织结构图

ISO 中央秘书处的财务预决算。ISO 理事会每年召开 3 次，分别在 1 月、5 月和 9 月。理事会下设政策制定委员会、理事会常设委员会、技术管理局和特别咨询组。

（1）政策制定委员会。它由全体大会设立，向所有的成员团体和通信成员开放，直接向理事会汇报工作。政策制定委员会包括合格评定委员会、消费者政策委员会、发展中国家事务委员会。

1）合格评定委员会（CASCO）成立于 1970 年，由积极成员（P 成员）、观察员（O 成员）、A 类联络成员，以及其他一些国际组织的代表组成。其主要任务包括：研究制定合格评定的方法；制定产品、加工和服务的测试、检验、认证指南和国际标准，以及机构认可指南和国际标准；促进合格评定体系的相互认可；促进国际标准的应用。

2）消费者政策委员会（COPOLCO）成立于 1978 年，主要有积极成员（P 成员）、观察员（O 成员）组成。其主要包括：研究消费者从标准化中取得收益的方法，帮助消费者积极参加国家和国际一级的标准化活动；为消费者提供信息服务和人员培训；代表消费者的利益与 ISO 的其他有关机构保持联系；开展研究活动。

3）发展中国家事务委员会（DEVCO）成立于 1961 年。由积极成员（P 成员）、观察员（O 成员）组成。其主要任务包括：了解发展中国家在标准化及有关领域的需求,并提供满足这些要求的办法;为发展中国家提供一个论坛以方便发展中国家的相互交流标准化方面的知识经验提供一个场所;与联合国、IEC 和 ISO 的其他机构密切合作;就上述事务向全体大会提供咨询。

(2) 理事会常设委员会。理事会常设委员会下设理事会常设财务委员会和理事会常设战略委员会。

1) 财务委员会(CSC/FIN)成员由司库和理事会指定的 6 个现任理事会成员团体的代表组成。其主要任务包括:根据 ISO 章程和议事规则向司库提出建议;随时了解中央秘书处财务管理方面的问题,对其提供的服务进行评定;向秘书长和理事会提出建议;向理事会作财务报告。

2) 战略委员会(CSC/STRAT)由 6 个现任理事会成员团体代表和政策制定委员会主席组成。其主要任务包括:向理事会提出政策和战略建议;修改战略文件;每年至少向理事会报告 1 次工作。

(3) 技术管理局(TMB)。技术管理局是负责 ISO 技术管理和协调的最高管理机构。其主要任务包括:就 ISO 全部技术工作的战略计划、协调、运作和管理问题向理事会报告;负责技术委员会机构的全面管理;审查 ISO 新工作领域的建议,批准成立或解散技术委员会,修改技术委员会工作的导则;代表 ISO 复审 ISO/IEC 技术工作导则,检查和协调所有的修改意见并批准有关的修订文本;根据技术工作已有的政策,协调相关行动;TMB 的日常工作由 ISO 中央秘书处承担。TMB 的专门机构有战略咨询组、技术咨询组、标准样品委员会、技术委员会。

1) 战略咨询组(SAG)由 TMB 建立,对特定领域提供战略监督和意见,并在新领域探寻标准化机会。

2) 技术咨询组(TAG)由 TMB 根据需要建立,就基本事项、部门和跨部门协调、统一规划和新工作需求进行建议。

3) 标准样品委员会(REMCO)是一个特殊的委员会,它以实物标样的形式向客户提供参考标准,为检验和验证工作提供支持,其工作领域涉及物理和化学有关的各个行业。

4) 技术委员会(TC)是承担 ISO 标准制定(修订)工作的技术机构,所有技术委员会都由 TMB 管理、设立并监督工作。

(4) 特别咨询组。为了推动 ISO 的战略目标的实现,ISO 主席在经由理事会同意后可以成立特别咨询组。由对国际标准化非常感兴趣的其他组织的执行官以个人身份参加,特别咨询组的建议提交理事会并由其做出相应措施。

3. 中央秘书处

中央秘书处(CS)全面负责 ISO 的日常行政事务,编辑出版 ISO 标准及各种出版物,代表 ISO 与其他国际组织联系。ISO/CS 由秘书长和所需成员组成,承担全体大会、理事会的秘书处工作。

2.5.1.2 ISO 标准化技术组织

技术委员会（TC）及其下属的分技术委员会（SC）和工作组（WG）是制定标准的机构，是从事技术工作的主体，在 ISO 中占有重要的地位。TC 的设立是为了开展具体标准的制定（修订）工作。根据需要，TC 可下设 SC 和 WG，每个 SC 或 WG 均由 ISO 成员团体承担秘书处工作。

1. TC 的建立

TC 由理事会根据 TMB 的建议成立。在新的技术活动领域里成立 TC 需要由国家团体、TC 或 SC、政策制定委员会、技术管理局等组织会议，这个提议需要得到国家团体三分之二的多数票赞成，并至少由五个国家团体表示愿意积极参加才能成立新的 TC。TC 成立后，需要对其名称和范围尽快取得一致意见，并由秘书处提交 TMB 核定。

TC 的建立是为了研究特定领域的标准。一旦没有预期的工作项目，TC 的工作权限将用于已制定标准的修订，这一类 TC 就属于"暂停（Standby）"的类型。在没有存在的必要时，TC 就会予以撤销。

2. SC 的建立

SC 的建立由其所属的 TC 提出，提请 TMB 批准，并在由国家团体愿意承担秘书处工作的条件下才可建立。同时，其所属的 TC 至少需要有五名成员表示愿意积极参加该 SC 的工作。SC 的名称及范围由其所属的 TC 确立，并限于其所属的 TC 的业务范围以内。

3. WG 的建立

WG 是 TC 或 SC 为完成专项任务而建立的，通过其所属的 TC 或 SC 制定的召集人向其所属的 TC 或 SC 汇报工作。任务一旦完成（通常是在征询意见阶段结束时），WG 即解散，由项目负责人继续承担顾问工作，直到标准正式出版。

4. 项目委员会的成立

项目委员会（PC）由 TMP 建立。如果一项新工作项目提案（NP）没有被现有 TC 的范围覆盖，TNB 可以启动建立 PC 的程序。PC 仅仅负责制定一项标准（只有一个标准号），该标准可以分几个部分。一旦标准出版，PC 随即撤销。

2.5.2 IEC

IEC 是非政府性国际组织和联合国社会经济理事会的甲级咨询机构，是世界上成立最早的非政府性国际电工电子标准化机构之一，总部设在瑞士日内瓦。1947 年，IEC 作为一个电工部门并入 ISO，但在技术上仍然保持其独立性。根据 1976 年 ISO 与 IEC 的新协议，两组织都是法律上独立的组织，IEC 负责电工、电子领域的国家标准化工作，其他领域则由 ISO 负责。IEC 的宗旨是，促进电工、电子领域中标准化及有关问题的国际合作，增进相互了解。为实现这一目的，IEC出版了包括国际标准在内的各种出版物，并希望各成员方在其本国条件允许的情况下，使用这些国家标准。

IEC的工作领域包括了电子、电力、微电子及其应用、通信、视听、机器人、信息技术、新型医疗器械和核仪表等电工技术的各个方面。我国于1957年8月成为IEC成员，目前以中国国家标准化管理委员会的名义参加IEC的工作。

IEC是一个由各国国际标准化机构组成的世界范围的联合会。根据该组织章程，任何一个愿意参加IEC工作的国家均应成立本国家的国家委员会，且一个国家只能有一个机构以国家委员会的名义被接纳为IEC成员。IEC成员分为三类，即正式成员、协作成员和预协作成员。①正式成员。它是指积极参加IEC活动，有投票权的成员。但要成为IEC正式成员，该国家委员会必须声明向本国所有有兴趣参加IEC活动的政府或非政府机构开放；②协作成员。它是指由于资源有限，只参加部分活动，没有投票权的成员。他们可以观察员的身份参加所有的IEC会议；③预协作成员。它是指尚未建立国家委员会，由IEC中央办公室或某邻国的IEC国家委员会帮助其建立国家委员会的成员。

2.5.2.1 IEC的组织结构

IEC的管理运行体系主要由理事会、理事局、执行委员会、中央办公室等组成。其组织结构如图2.6所示。

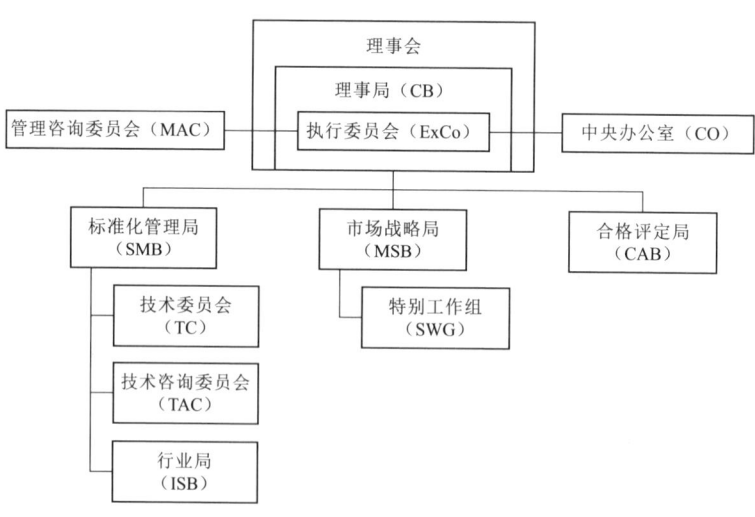

图2.6　IEC组织结构图

1. 理事会

理事会是IEC的最高权力机构，是立法机构，是国家委员会的全体大会。其主要职责包括：制定IEC的政策、长期战略目标及财政目标；选举理事局、标准化管理局及合格评价局成员和主席；负责修订 IEC 章程及程序规则；负责要求理事局作出相关决议。理事会至少每年召开 1 次 IEC 全体大会。

2. 理事局

IEC 理事局（CB）是主持 IEC 工作的最高决策机构，由 IEC 官员和 15 名由理事会选出的投票成员组成，主要负责提出并落实理事会制定的政策。通常情况下，CB 每年至少召开 2 次会议。

CB 负责为理事会会议批准日程和准备文件，接受并审议标准化管理局和合格评定局的报告。根据需求，可建立咨询机构，并负责指定这些咨询机构的主席及成员。

理事局下设管理咨询委员会、标准化管理局、市场战略局和合格评定局。

(1) 管理咨询委员会。管理咨询委员会（MAC）主要承担 CB 的咨询工作，包括主席未来技术咨询委员会、营销委员会、销售咨询委员会和财务委员会。

(2) 标准化管理局。SMB 全面负责 IEC 的标准化技术管理工作，由 1 名主席、1 名 IEC 秘书长及由理事会选举的 15 个成员（可更换）组成。其主要职责包括：建立、解散 IEC/TC；界定 TC 的工作范围；确定标准制定（修订）时间；与其他国际组织进行联系；任命 TC 秘书处和 TC 主席；确保技术工作的重点是根据 IEC 理事会、技术咨询委员会和技术委员会的决议设置。通常情况下，SMB 每年至少召开 3 次会议。SMB 是一个决策机构，它向 CB 和国家委员会汇报其作出的所有决定。SMB 管理 TC，同下设技术咨询委员会和行业局。

1) 技术委员会（TC）是承担 IEC 标准制定（修订）工作的技术机构，所有 TC 都由 SMB 设立、管理并监督其工作。

2) 技术咨询委员会（TAC）包括电子电信咨询委员会、安全咨询委员会、电磁咨询委员会、环境方面咨询委员会，其设立的目的是确保与其他组织机构的协调和在 IEC 标准中纳入相关要求。

3) 行业局（ISB）由具有市场意识，能提供战略指南的高级官员组成，负责提出标准项目的重点建议并向 SMB 报告，以确保 IEC 标准的市场持续适用性。ISB 与一行业的所有 TC 共同努力，以保证工作步调一致。

(3) 市场战略局。市场战略局（MSB）向 CB 汇报，确定 IEC 活动领域的主要技术趋势和市场需求；设立最大化初级市场投入的战略，建立技术和合格评定工作的重点，深入调查某些科目，或者制定专门的文件。MSB 包括主席、由行业任命的 15 个高层技术人员和 IEC 官员。MSB 每年至少召开 1 次会议。

(4) 合格评定局。合格评定局（CAB）负责全面管理 IEC 的合格评定工作。CAB 是一个决策机构，由 1 名主席、理事会选举产生的 12 名有投票权的成员（和替补成员）组成。CAB 要向 CB 汇报其所有相关决定，还负责评价和调整 IEC 的合格评定活动，包括批准预算、与其他国际组织就合格评定事项保持联系。CAB 每年至少召开 1 次会议。

3. 执行委员会

执行委员会（ExCo）负责实施理事会和 CB 的决定，并支持中央办公室的运作，与 IEC 国家委员会保持联系，并为 CB 制定日程和起草文件。通常，ExCo 每年至少召开 4 次会议。

4. 中央办公室

中央办公室（CO）是 IEC 的办事机构和活动中心，负责监督 IEC 章程、技术规范、技术工作指导则及理事和 CB 决议的贯彻实施；通过现代的电子数据处理手段和通信设备，保证项目管理、工作文件的传递和标准最终文本的出版发行等各项工作的正常进行。IEC/CO 与 ISO 中央秘书处是同一个技术工作导则，共同拥有 1 个信息中心，为各国及国际组织提供标准信息化服务。

2.5.2.2 IEC 标准化技术组织

IEC 的技术工作主要是由各 TC 完成，与 ISO 的标准化技术组织包括 TC（技术委员会）、SC（分技术委员会）和 WG（工作组）不同，IEC 的标准化技术组包括 TC、SC、WG、PT（项目组）和 MT（维护组）。

IEC 的 TC、SC、WG 的建立程序与 ISO 相同。一个在现有 TC 或 SC 工作范围的新批准的 NP（新工作项目提案），会分配给一个 PT 或一个 WG，或者建立新的 WG 来负责这个 NP。IEC 鼓励在可能的情况下，优先建立任务导向的 PT，而不是结构导向的 WG。因此，IEC 倾向于将工作分配给 PT，每个 PT 负责一个任务，工作完成后 PT 即被解散。

（1）PT 的建立。在批准新工作项目的过程中，承担新工作项目的积极成员指派专家参加项目的制定。这些专家组成的 PT 由项目负责人领导。项目一旦完成，PT 即告解散，每个 PT 的工方案中通常只有一个项目，多个 PT 可以隶属一个 WG，或者直接向所属的委员会汇报。

（2）MT 的建立。每一个 TC 都要建立一个以上的 MT，MT 由 TC 的积极成员通过信件确定或在 TC（SC）会议期间指定的专家组成。MT 的成员可以是原标准的起草或者是与原标准没有关系的成员。MT 的召集人由相关的 TC 或 SC 指定。每个 MT 有一个顺序编号，与 WG 编号方式相同。

2.5.3 ITU

ITU 是主管信息通信技术事务的联合国机构，也是联合国机构中历史最长的一个组织，总部设在瑞士日内瓦。我国由工信部派常驻代表，此外还有来自电信，广播和信息技术部门的 500 多名个体成员。

ITU 的使命是使电信和信息网络得以增长和持续发展，并促进普遍接入，以便世界各国人民都能参与全球信息经济并从中受益，作为世界范围内联系各国政府和私营部门的纽带，ITO不仅通过其下属的无线通信、标准化和发展部门开展各种与电信有关的活动，而且是信息社会世界高峰会议的主办机构。

ITU成员资格既向政府开放、也向民间组织开放，如公司、设备制造商、金融机构、研究机构等。各国政府可作为成员国加入ITU，民间组织可以作为ITU下属部门的成员加入ITU，即作为部门成员加盟。

私营公司及其他机构可以根据其关注领域，选择加ITU三个部门当中的一个或多个，无论通过出席大会、全权代表大会及技术会议，还是从事日常工作，成员都可以享受到独特的交流机会和广泛的结交环境，讨论问题并结成业务合作关系。ITU的部门成员也开展标准制定工作，用以支持未来的电信系统和网络服务。作为部门成员也有权接触到或许对其商业计划制定极有价值的非公开的第一手资料。

2.5.3.1 ITU的组织机构

ITU的管理运行体系主要由全权代表大会、理事会、中央秘书处等组成。ITU的组织结构如图2.7所示。

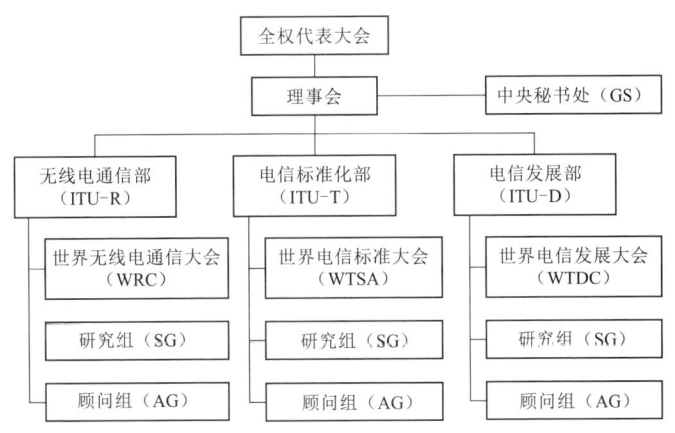

图2.7 ITU组织结构图

（1）全权代表大会。ITU的最高权力机构是全权代表大会，每四年召开一次会议。其主要任务是制定ITU的总体政策、通过四年期的战略规划和财务规划，并选举高层管理人员、理事国和无线电规则委员会委员。全权代表大会是ITU成员国决定本组织未来作用的关键性活动，并由此确定本组织在影响全球信息通信技术发展中的能力。ITU部门成员、区域性电信组织和政府间组织、以及联合国及其专门机构作为观察员出席大会。

在大会闭会期间，由ITU理参会行使大会赋予的职权，总秘书处主持日常工作。

（2）理事会。理事会由大会选举产生，选举理事国最多占成员国总数的

25%。理事会注意其席位在世界五大洲的公平分配。理事会的作用是在两届全权代表大会之间审议广泛的电信政策问题,确保ITU的活动、政策和战略完全适应迅速变化的电信环境。理事会还就ITU的政策和战略规划编制报告。此外,理事会负责确保ITU日常工作的顺利运转,协调工作计划,批准预算并控制财务和支出。同时,理事会还采取一切措施推动《国际电信联盟组织法》、《国际电信联盟公约》、全权代表大会的决定及ITU其他大会和会议的相关决定的落实。

1) 无线电通信部。无线电通信部(ITU-R)是管理国际无线电频谱和卫星轨道资源的核心部门。ITU《组织法》规定,ITU有责任对频谱和频率指配,以及卫星轨道位置和其他参数进行分配和登记,"以避免不同国家间的无线电电台出现有害干扰"。因此,频率通知、协调和登记的规则程序是国际频谱管理体系的依据。ITU-R的主要任务还包括制定无线电通信系统标准,确保有效使用无线电频谱,并开展有关无线电通信系统发展的研究。

世界无线电通信大会(World Radiocomunication Conferences,WRC)每2~3年举办一次,负责审议并在必要时修改《无线电规则》和指导无线电频谱、对地静止卫星和非对静止卫星轨道使用的国际条约。

2) 电信标准化部。电信标准化部(ITU-T)是ITU制定标准的主要部门。来自世界各地的行业、公共部门和研发实体的专家定期会面、共同制定错综复杂的技术规范,以确保各类通信系统可与多种网元实现交互操作。ITU-T的标准(又称建议书)是作为各项经济活动命脉的当代信息和通信网络的根基。

世界电信标准大会(World Telecommunication Standardization Assembly,WTSA)每四年召开一次,为ITU-T确定下一研究期的工作。

3) 电信发展部。电信发展部(ITU-D)成立的目的在于帮助普及以公平、可持续和支付得起的方式获取信息通信技术,并以此作为促进社会和经济发展的手段。

每四年召开一次的世界电信发展大会(World Telecommunication Development Conference,WTDC)确定切实可行的工作重点以帮助实现上述目标。ITU-D与政府和业界的伙伴通力合作,通过一系列配合国家计划的区域性举措、在全球层面开展的活动和多重目标项目,为发展信息技术网络和服务筹措必要的技术、人力和财务资源。

(3) 中央秘书处。中央秘书处(GS)是ITU的常设机构,主要职责是向ITU的成员提供准确、及时和有效的各种服务,协调ITU不同部门之间的行动,同时为各个部门的活动提供支持。

2.5.3.2 ITU标准化技术组织

ITU的标准主要由ITU-T制定ITU-R也会制定一些标准。这些标准由ITU-T和ITUR下设的研究组(GS)制定,每个GS都负责电信的一个领域。

除此之外，其他的一些国际组织、协会和公司等也可以派专家来参加标准化工作，SG 又分成许多 WG，WG 可以再细分成专家组。

各个 SG 制定自己领域内的标准。其标准草案只要在 SG 会议上被通过，便可用信函的方式征求其他代表的意见，如果 80% 的回函是赞成的，则这项标准就视为通过，而且不再发行成套的建议书，只采用小册子的形式，及时出版新的或修改的建议书，从而大大缩短了标准的制定周期，提高了效率。

ITU-T 制定的标准之所以被称为"建议书"，是因为它是非强制性的、自愿的协议。由于它保证了各国电信网的互联和运转，所以越来越广泛地为世界各国所采用。

(1) ITU-T 的研究组。每四年一届的 WTSA 确定 ITU-T 各研究组（SG）的课题，再由各个 SG 制定有关这些课题的标准，2008 年的 WTSA 对 SG 进行了精简。ITU-T 现在共有 10 个 SG：

1）SG2：业务提供、网络及性能的运营方面；
2）SG3：包括相关电信经济政策问题的资费和结算原则；
3）SG5：针对电磁环境影响的保护；
4）SG9：综合宽带电缆网络及电视和声音传输；
5）SG11：信令要求、协议及测试规范；
6）SG12：性能、服务质量和体验质量；
7）SG13：包括移动和"下一代网络"（NGN）在内的未来网络；
8）SG15：光传输网络和接入网络基础设置；
9）SG16：多媒体编码、系统级应用；
10）SG17：安全、语言和电信软件。

(2) ITU-R 的研究组。WRC 每 2~3 年召开一次，根据已批准的工作计划决定需保留、终止或设立的研究组（SG），并向各个 SG 分配需研究的课题。ITU-R 现共有 6 个 SG：

1）SG1：频谱管理；
2）SG3：无线电波传播；
3）SG4：卫星业务；
4）SG5：地面业务；
5）SG6：广播业务；
6）SG7：科学业务。

第3章 标准的实施与监督

3.1 标准实施的意义与原则

实施标准是标准化工作的一个十分重要的组成部分。没有标准的实施,标准的统一规定就不可能成为现实,标准化对象也就不能实现统一。制定标准与实施标准是构成标准化活动的两大基本环节,这两个环节互相依存、缺一不可。制定标准是实施标准的前提,没有标准的制定也就谈不上标准的实施。同样,标准制定的正确性、合理性也只有在标准付诸实施后才能得到验证;标准质量的好坏和水平的高低,也只有通过实践才能得到评价。

在整个标准化活动中,标准的实施是经常的、大量的,参加标准实施的人员之多、涉及面之广、持续时间之长都远远超过了标准的制定环节。所以,从这个意义上来说,标准的实施是最主要的、最基本的标准化活动。

"做"是实现成果的唯一途径。标准实施就是标准化工作中的"做",它是指将标准规定的各项要求通过一系列具体措施贯彻到社会生产、技术创新和管理服务等实践活动中去。它是标准化工作的主要任务,是标准能够取得成效、实现其预定目的的关键。

3.1.1 实施标准的意义

(1) 标准只有在实施中被应用,才能发挥其作用与效益。美国管理学家桑德斯曾说:"仅限于制定标准的标准化工作是毫无意义的,标准只有在社会得到广泛接受,并予以实施才能取得效果。"标准化的目的是"获得最佳秩序和社会效益"。如果标准制定出来后,仅仅停留在纸面上而不去实施,它是不会自动转化为生产力和产生任何作用的。反之,任何一项标准只有认真实施,在实践中得到广泛应用,才能使其在人类生产活动和日常生活中发挥预期的作用,才能取得社会、经济效益。因为标准是在科学技术和实践经验综合成果的基础上产生的,标准中所规定的内容正是某一时期内经标准化形式固定下来的具有高价值的实用技术和先进成熟的经验。国际上一般认为,标准的投入实施,可获得十倍的社会、经济效益,是投入少、见效快、利润大的最佳投入方向。

众多企业的实践证明,实施标准可减少物资消耗的30%~50%,使劳动生产率成倍地提高,从而有效地降低生产成本。

（2）标准的质量和水平，只有在实施过程中才能作出正确的评价。标准是人们生产实践经验的总结，是对人们客观事物规律性的认识，是以科学技术和实践经验的综合成果为基础的，而实践是检验标准科学性、合理性、适用性或标准质量和水平高低的唯一尺度。虽然标准在制定过程中，都做过许多的调查研究和试验验证，也将各方面的情况和数据进行汇总、分析和归纳，然后审核、批准发布，但这并不能保证标准是绝对科学合理的。因为可能受到某些因素的影响，收集到的信息不一定都具有足够的代表性，也不够全面，特别是对国家标准而言更是如此。

国内外很多标准都是通过实施后及时补充、完善和提高的，尤其是对由试行期间到转入正式实施的标准，不仅能对标准的实际水平作出鉴定，更能进一步发现标准撰写的质量问题，从而提供需要修订标准的具体内容，同时也能对标准与现有生产水平之间的匹配程度进行准确评判。

（3）标准只有通过实施，才能发现使用中存在的问题，提出改进的措施。任何一项标准，都不可能十全十美，都要不断更新和修改。标准更新、修改的动力来自实施标准的实践。因为标准只有经过实施，才能发现标准中所存在的问题，也才能收集到解决这些问题的经验和建议，从而为修订标准和补充、制定新标准做好准备，使每项标准不断提高和充实，使标准体系不断完善。

标准的制定—实施—修订—实施是一个阶梯式的发展过程，正是在这个不断实施、修订的阶梯式发展过程中，才能不断地把现代科学技术成果纳入标准，纠正标准中的不足之处，从而更有效地指导社会和生产活动实践。

标准实施直接关系到标准的实际转化价值，为此在标准化工作中必须重视标准的实施，正确掌握标准实施的原则、程序和方法。

3.1.2 标准实施的原则

贯彻实施标准的原则可归纳为以下三方面。

（1）顾全大局。实施标准必然会涉及各方面的利益，有生产者的、也有消费者的，有个别单位的、也有社会整体的。在实施标准时，不管是哪个部门、哪个单位，都要坚持"局部利益服从整体利益"的原则。例如，企业在贯彻实施环境保护标准的时候，要花费一笔很大的资金，标准贯彻实施后，企业一般得不到直接的经济效益，但是消费者却能因此受益，整个社会也能获得正外部性影响。类似这种情况，企业就应该从社会整体利益出发，积极贯彻标准。

（2）长远考虑。实施标准常常会面临眼前利益同长远利益的矛盾。比如，实施某项技术水平较高的产品标准，需要大刀阔斧地进行技术改造，显然需要进行资金投入，短期内还见不到效益；但实施新标准后，产品质量大大提高，能迅速打开销路，占领市场，从长远看，能产生巨大经济效益。这时，就应从长远考虑，积极实施新标准。

（3）区别对待。实施标准是一项复杂的系统工程，对于某些具体情况，应该在坚持原则统一的前提下，采取区别对待的方针。比如，允许企业对上级标准作出补充规定或以上级标准为基础制定企业内控标准。又比如，对标准中原材料或加工方法的规定，如果限制企业对新材料、新工艺的采用，则允许企业在征得主管部门同意后作出适当的调整。

3.2 标准实施的一般程序

由于各类标准有不同的对象和不同的内容，因此实施标准的步骤和方法也应有所不同。但是，从我国实施各类标准的经验来看，大致可分为计划、准备、实施、检查与监督及总结 5 个阶段。标准实施的一般程序如图 3.1 所示。

3.2.1 计划

在贯彻实施标准之前，应根据《标准贯彻措施建议》和本部门、本单位的实际情况，制订出实施标准的工作计划或方案。其主要内容应包括贯彻标准的方式、内容、步骤、负责人员、起止时间、达到的要求和目标等。

在制订工作计划时应注意以下四方面的问题。

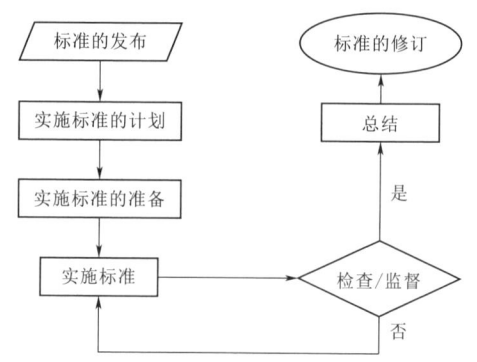

图 3.1 标准实施的一般程序
注："是"表示能够按标准要求严格实施；
"否"代表未能够按标准要求执行。

（1）除了一些重大的基础标准（如机械制图标准、质量管理体系标准）和产品标准需要专门组织贯彻实施外，一般应尽可能结合或配合其他任务进行标准的贯彻工作。如结合新产品开发或改进老产品，结合企业推行全面质量管理，结合生产许可证发放、质量监督与质量认证，结合产业组织专业化生产，结合企业的技术革新与技术改造等，把标准实施工作做活、做好。

（2）对产品比较单一、按流水线作业安排生产的企业，可采用规定日期、一次铺开、全面贯彻的办法；对多品种产品交错生产或平行生产的企业，可采用先试点、分批分期逐步贯彻的方法。

（3）对较复杂的项目，要明确各部分的内容要求、负责单位与参与单位，并尽可能落实到人；同时规定起止时间、相关条件、监督检查办法等。

（4）对标准贯彻后的经济效益进行预测分析，以便有计划地安排有关经费开支。

3.2.2 准备

准备工作是贯彻标准过程中很重要的一个环节，必须认真仔细地做好，才能保证标准的顺利实施。否则，就会忙于应付实施中出现的各种问题，甚至会导致标准的实施无法进行下去，处于停滞状态。准备工作应从以下四个方面来开展。

(1) 建立组织机构，明确专人负责。标准的贯彻实施常常涉及各个部门和各类人员，需要有一个专门机构来统一指挥、协调、处理实施中的各项工作；同时为了保证标准的顺利贯彻实施，要明确分工，责任到人，任务到人，各负其责。例如，在一个企业标准实施时，就需要成立一个由生产、技术、检验、计量、财务、采购、销售、行政等各部门人员参加的临时标准工作小组，全权负责和执行标准实施的启动、贯彻、监督、评估、协调等工作。

(2) 宣传讲解，提高认识。要顺利贯彻实施一个标准，就必须使相关人员熟悉标准、掌握标准，为此，必须通过各种途径、来宣传标准，使相关人员了解标准的内容，知道实施标准的意义和作用，从而树立起在生产、技术和管理等经济活动中有努力实施标准的意识。

(3) 做好技术准备工作。首先，要提供所需的标准，包括应实施的标准和与其相关的标准；其次，要提出新旧标准对照表及有关参考资料；最后，还要采购或研制实施标准必需的仪器设备，改进工艺、设计和制造工艺装备以及组织力量攻克技术难关等。

(4) 保证物资供应。实施标准需要一定的物质条件，如原材料的供应，某些零部件、元器件的定点协作以及检测仪器与设备的购置等，这些都必须一件件地落实，务必确保供应。

3.2.3 实施

实施就是把标准具体落实到生产、管理实践中，它是标准贯彻实施的最主要环节，也是整个贯彻实施标准工作中最常规且工作量最大的环节，它的工作质量直接关系到整个标准贯彻实施工作的成败，必须认真做好。由于本阶段的主要工作就是把标准规定的内容有步骤地在生产、流通、消费等领域中加以执行，为此在实施过程中需要关注以下三方面的问题。

(1) 结合标准的特点及实施的环境，选择合理的实施方法。标准实施的方法包括直接采用法、按需选用法、补充法、配套法、提高标准法、过渡法。每种方法有其适用的标准种类及实施环境，在标准实施中要根据具体情况合理采用，既可采用一种方法，也可多种方法配合使用。

（2）以实施方案为蓝本，以实际效果为基准，在标准的实施过程中，必须尽可能地以"标准实施方案"中的工作进度安排作为指导标准实施的操作指南。在具体实施中，既要严格按照计划进行，又要在实施过程中根据实际情况作相应调整。

（3）标准的实施是一项细致的、有时间成本的持续性工作。为此，在具体贯彻实施时，要注重认真落实标准的各项细则，以毅力和耐心实现标准的高覆盖度，以最终达到实现预期甚至超越预期的社会、经济效益的目标。

3.2.4 检查与监督

标准付诸实施之后，究竟是否达到预期的目标，需要通过检查才能知道。检查涵盖实施阶段的全过程，即从产品方案的论证开始，到产品出厂的各个环节的标准实施情况，都应进行检查，其中包括对技术文件实行标准化审查和对贯彻标准的有关部门、有关环节的检查，如设计人员是否按新标准进行设计；图样和技术文件是否符合标准化要求等。

此外，国家和地方的标准化主管部门还要对企业实施标准的情况进行监督，这种监督，主要是通过技术引进和设备进口的标准化审查、新产品鉴定的标准化审查、产品质量监督、产品合格认证等形式来实现的。

3.2.5 总结

在标准实施工作告一段落时，应对标准实施情况从技术、方法、管理方面进行总结，一般要通过文字记录形成报告类正式文件资料，并对各种文件、资料进行归类、整理、立卷归档等。同时，还应该对标准贯彻中所发现的各种问题和意见进行整理、分析和归类，然后写出意见和建议反馈给标准制定部门，为标准的复审和修订提供信息。

值得注意的是，总结并不意味着标准贯彻的终止，它只表示完成了一次贯彻标准的"PDCA 循环"，同时也表明下一次贯彻标准的"PDCA 循环"的开始。总之，在标准的有效期内，应通过标准的不断实施，使标准的贯彻越来越全面、越来越深入，直到修订成新标准为止。

3.3 标准实施的方法

实施不同类型的标准，要根据不同对象的内容和特点，采用不同的做法，这是在实施标准时应该认真考虑和对待的问题。

3.3.1 标准实施的一般形式

（1）直接采用法。直接采用法，是对照标准的相关文件，直接引用标准中所规定的全部技术内容，完全依据文件贯彻实施。该方法的适用对象主要是重要的国家和行业基础标准、方法标准、安全标准、卫生标准、环境保护标准等，如《国际单位制及其应用》（GB 3100—1993）、《有关量、单位和符号的一般原则》（GB 3101—1993）、《空间和时间的量和单位》（GB 3102.1—93）、《安全标志及其适用导则》（GB 2894—2008）。企业对这些标准，可在保持标准的名称、代号和内容不变的情况下，直接采用。

在直接采用上级标准时，企业通常的做法就是按照国家标准、行业标准的内容，在企业的设计文件、工艺文件和管理文件上直接引用这些标准，或者直接按照这些标准组织生产、检验和交货。

（2）按需选用法。对某些涉及面广而又没有必要全面实施的国家标准和行业标准，可根据企业的实际需要，对其内容进行选用或压缩，编制成标准缩编手册（但仍保留原标准的名称和代号），作为企业标准，供有关部门执行。采用此种方法实施的有零部件、原材料、结构要素、通用工具等标准。

在选用或压缩时，不得改变标准中品种规格的尺寸精度、机械性能、理化性能、通用技术要求、检验方法、标志、包装、运输、存储等实质性内容。条文编号应尽可能保持原标准的连续性，以便查证。

（3）补充法。当所实施的标准内容规定得比较抽象、不便于操作时，可在不违背标准的实质内容和原则精神的情况下，作一些必要的补充规定，以利于贯彻实施。如对通用技术条件中所规定的检测方法进行补充规定等。

（4）配套法。某些相关标准本应成套制定，成套贯彻实施，但因条件所限，成套标准中有一二种或若干种标准未能及时制定出来，此时企业可根据已有的标准的内容，自行制定与其配套的标准，以适应全面实施此类标准的需要。

（5）提高标准法。为了提高产品质量，增强产品在市场上的竞争能力，企业在实施某项国家标准或行业标准时，可参照国内外先进水平来提高这些标准中的一些性能指标，或者自行制定出高于国家标准或行业标准水平的企业标准，并加以实施。

（6）过渡法。此法常常适用于推陈出新（多为基础标准的更替情况）。当新标准发布后，一般旧标准不能立即作废，因为它涉及老产品的标准实施，存在对其原设计图样和技术文件的更改，这就必须有一个吸收、消化、运用的过程，以解决新旧标准的过渡问题。根据企业多年实施标准的实践，有以下三种具体方式可以实现合理过渡。

1）编制新老标准对照表法。这种方法主要是针对那些单件小批量生产的企业,或生产周期不长的产品,或将要淘汰的老产品。在编制标准对照表时,应将新旧标准的名称、编号、品种、规格、性能指标、试验方法、检验规则等项目一一进行列表对照,并按规定进行审批、编号、发布,作为指导设计、生产、供应、检验等的依据。

用这种方法实施标准,可在较短的时间内,不必修改已归档的设计文件、工艺文件,就能使标准迅速准确地贯彻到生产中去。

2) 一次法,又称突变法。它主要针对暂不生产的产品在再行投产前按新标准进行一次性整顿更改贯彻。这种方法比较彻底,可以完全达到现行标准的规定。

3) 渐变法,又称逐步法。它是指对产品设计图样及技术文件有局部更改时,进行分步实施的方法,根据不同情况分别进行贯彻,实现新旧标准的平稳有效过渡。如对装配图中的标准件,新标准号写在明细栏的"代号"栏目,旧标准写在"备注"栏中;对公差、螺纹等有关配合与精度的代号,按新标准选择使用;对通用性技术语言、技术要求,应完全执行新标准。

3.3.2 不同类型标准的实施方法

不同类别的标准具有不同的特点和要求,为此,在贯彻实施的时候应该有针对性地采用不同的实施方法,只有这样才能达到预期的效果。

(1) 基础标准。这类标准的特点是涉及面广,常被其他标准、教材、手册、论文等引用,如名词术语标准、符号代号标准、机械制图标准等。贯彻实施这类标准,重点要抓"宣、编、改"三个环节。

1) 宣:就是要做好标准的宣传普及和教育工作,使有关的人员都能了解、熟悉和掌握标准。

2) 编:就是要将新标准中有关内容和规定要求及时地编入有关教材和手册中,纳入有关标准中;必要时,还可编印一些形象化的挂图,帮助人们熟悉标准。

3) 改:就是要将有关的标准、教材、手册、图样和技术文件的有关内容,按新标准的内容有计划、有步骤地改过来。"改"是个比较复杂的工作,因为要把正在生产中的产品图样和技术文件都按新标准改过来,这有可能打乱正常生产秩序,影响正常生产。因此,要作出周密计划,组织各方面的力量,有条不紊地进行。可利用老产品整顿图样及技术文件的时机进行修改,也可以抓住产品革新、改进的机会进行修改。注意处理好老产品维修和配件供应等问题,稳妥地进行过渡。对于即将淘汰的产品可不修改,等到产品更新换代时,在新产品设计中全面更改。

(2) 有关互换配套的标准。这类标准的特点是相关性强。因此,贯彻实施时一定要注意成套、协调地进行，同时抓好相应的测试仪器、量具、检具的研制或购置，如实施新螺纹标准，没有事先安排好环规、塞规、量规及加工新螺纹所使用的刀具，是不可能顺利实施的。此外，还要制定一些必要的配套标准或指导性文件。

（3）产品标准。产品标准包括品种规格（参数系列）、技术条件、测试方法和使用指南等方面的内容。贯彻实施的重点和难点是技术条件和测试方法。

实施参数系列标准的关键是要在严格遵守系列型谱的条件下，尽可能多地发展变型产品，用以满足用户需求和打开市场销路。要做到快速、经济地发展变型产品，就必须注意提高基型产品与变型产品之间的通用化程度，实施成组加工，做好工艺典型化工作。

技术条件通常又称产品的质量标准。在实施前首先要对其进行深入的分析研究，区分产品的使用性能和制造技术条件，然后针对使用性能指标的规定，结合制造技术条件，在考虑到企业的实际技术力量的情况下，逐条逐项地制定指标落实措施。为了保证稳定地生产出合格的产品，有必要将整体性能指标逐项层层分解，落实到具体的有关制造部门、工序，甚至个人。

实施测试方法标准最主要的就是要准备好必要的测试条件和培训测试人员，这就要求及时地开展研制，购置所需要的测试仪器或落实委托测试单位，并建立起相应的测试责任制及计量仪器的周期检定等规章制度。

使用指南是产品标准和有关技术资料的汇集。它是帮助用户更好地了解产品标准，了解产品的使用性能，从而使用户能更好地使用产品，在使用过程中能更好地实施产品标准。

（4）安全、卫生、环境保护标准。这类标准的特点是具有很强的法规性、强制性。所以，在贯彻实施这类标准的时候，要同相应的国家法律法规的实施、法制教育结合起来，才能取得良好的效果。由于实施这类标准是关系到人们的健康和安全，尤其环境保护方面的标准还关系到子孙后代的大事，但对企业来说可能暂时不能增加经济效益，反而由于增加投资对设备或工艺进行改进而导致生产成本升高，为此这就需要企业从全局出发，从长远考虑，坚决贯彻实施，绝不可因小失大。例如，若出现电气产品漏电、食品卫生不符合要求、生产车间有害气体含量超过相应的规定或排放的污水不符合标准要求，都将会造成重大人身事故和环境污染，企业需要为此承担法律责任。所以，企业在实施这类标准时，必须严肃认真对待。

3.3.3　标准实施的推广模式

标准实施的推广模式种类繁多、形式各异，其效果也各不相同，总体上可概括为以下六种类型。

(1) 政府导向型。政府导向型的主要特征是以政府推动为主，以项目实施的方式进行标准化的推广普及和标准的实施示范。其主要做法包括以下三个方面。

1) 政府制定规划。政府部门根据国家政策、区域优势及市场环境，选择若干标准作为行业主导推广标准，在一定的范围内有目的地培育主导产品和技术，并推动相关的技术咨询和市场推广等配套工作。

2) 广泛开展培训。包括针对标准化专业人员、技术人员和管理人员的不同内容、不同层次的培训。

3) 建立标准化生产示范区（基地），各级政府部门、标准化管理部门通过建立标准化生产示范区（基地），实现以点带面的示范效应，使区域内所有相关企业均能自觉按标准组织生产或提供服务。

(2) 市场导向型。市场导向型模式是使用最为广泛的标准实施推广模式。它是通过市场需求促进生产和服务标准化，使标准得到社会认可，其主要表现为产销双方根据生产实际和市场需求，签订产销合作协议。在产销合作协议中明确产品质量、安全水平以及共同遵循的技术标准和双方的权利与义务。

实施市场导向型模式的基础是该项标准已得到行业和社会认可，当前主要适用于一般的国家标准或行业标准的实施推广。

(3) 企业导向型。企业导向型的主要特征是行业中领先的企业，利用资金和品牌优势，通过标准化手段，将企业的加工、贸易和服务行为同上下游产业链有机结合起来，通过合约的方式，形成生产、技术、品牌、资金相融的利益共同体。

其具体做法包括以下四个方面。

1) 打造品牌。品牌是推动标准实施的原动力和基本准则。

2) 制定标准。主要是围绕品牌的创建和经营，根据市场需求和过程控制，制定完善的标准体系。

3) 签约实施。领先企业根据品牌要求和生产发展的需要，按照制定的品牌质量保证标准，与上下游产业链的产品供应方签订生产合作协议，明确贯彻实施的标准和要求。

4) 按标收购。根据协议，领先企业依照标准要求统一收购签约的上游产业链产品。

企业导向型模式适用于商品化，产业化程度比较高的地区和行业，特别适合于集约化程度高的行业，如汽车行业的QS9001质量管理标准的推广就是典型的企业导向型模式。

(4) 行业自律型。行业自律型的主要特征是行业协会通过牵头制定统一标准，规范其协会成员的产品生产或服务提供行为，本着共同受益的原则，将市场做大、做强。

行业自律型模式的主要做法包括以下三方面。

1）在充分调研分析的基础上，制定技术标准或规范。

2）加强培训和督导。对其协会成员按照所制定的技术标准或规范进行统一的培训，同时实施统一监督以确保其协会成员的产品生产或服务提供行为完全符合标准的要求。

3）统一品牌和销售。协会可拥有自己的品牌和标志。协会成员可统一使用协会标志，行业协会通过各种手段确保市场和价格的稳定。

（5）市场准入型。市场准入型的主要特征是涉及安全、卫生、环境保护方面的标准必须强制执行。在标准实施的结果考核上，必须经过一定的程序证明符合标准要求，达到法律法规规定的最低准入条件。该模式具体体现以下四个方面。

1）市场准入的要求是强制的，大多为国家法律法规在实施层面的技术规范、技术准则，在我国具体体现为强制性标准。

2）强制性要求的实施是靠自律行为约束的。强制性标准一旦发布，所有的标准调整对象和适用范围，均应严格遵循，而且是自觉遵守，不需要任何推广手段。贯彻实施标准是一种责任和义务。

3）国家相应的行政管理部门开展的例行监督检查是推动强制性标准实施的主要手段。

4）处罚措施严厉，通常有相应的法律法规对处罚作出具体规定。

（6）认证促进型。认证促进型的主要特征是认证机构按照相应的评定准则和程序，对标准的实施效果作出客观公正的评定，并颁发认证证书和（或）认证标志。

认证促进型模式是一种比较有效的、利用市场化手段促进标准实施推广的措施与办法，是世界各国普遍推崇的标准实施推广模式，特别是对一些推荐性标准，采用认证的方式，可极大地促进标准的实施与推广。

采用认证促进型模式必须具备两个基本条件：一是在市场上已有被行业普遍认可的标准；二是在国家层面上已经建立起完善的合格评定制度。合格评定是一种较为成熟和长效的标准推广模式，是标准推广的重要手段，也是当前国际贸易中的技术性贸易措施之一。

ISO9001标准认证、3C认证就是典型的认证促进型模式。

3.4 标准实施的监督

广义的标准实施监督是指监督部门对国家标准，行业标准，企业标准的贯彻执行情况进行监督和督导，主要表现在两个方面：一是对各种标准本身的贯彻情况进行监督；二是严格按照标准做好产品质量监督检验。狭义的标准实施监督是指国家监督部门对企业产品标准的监督与管理，其作用在于可以有效地避免企业为了提高合格率而降低检验标准的现象出现，因而是提高企业产品质量的有效途径。

3.4.1 标准实施监督的价值

（1）保证标准如实地贯彻执行。即使有了先进、合理的产品和技术标准，如果它们不能在企业的生产过程中得到认真的贯彻和执行、标准仍然没有任何价值。标准所产生的经济效果与价值只有在如实地贯彻执行中才得以实现。对标准的实施进行监督或检查是依据标准化法律，法规和规章，对企事业单位或个人实施标准的情况进行监督检查与处理，是保证标准如实贯彻执行的一个重要环节。

（2）促进企业加强质量管理。标准就是告知的绿色通行证，建立标准的目的之一就是确保产品质量达到预期要求，企业是标准化工作的重要参与者，同时扮演着标准的制定者与执行者的双重角色。正如"三流的企业买劳务、二流的企业买产品、一流的企业买技术、超一流的企业买标准""谁掌握了标准，谁就掌握了市场"是企业界盛传的观念，这里的标准往往具体化为企业的产品或服务，决定着企业产品或服务质量的高低。标准实施监督一方面促使企业制定真，实的高标准，另一方面又督促检查企业按高标准如实地贯彻实施，从而促进企业加强质量管理。

（3）维护市场经济秩序。规则是秩序的护城河，而监督则是规则的测水器。监督无处不在，如考试有监督组，其设立的目的是保证考试纪律，防止作弊，从而维护考场规则；中国证监会与中国银监会的设立就是为了监督证券，银行等金融行业从业人员遵循金融行业规则，从而维护好金融市场的秩序。同样，只有对标准制定、标准实施等各方面标准化工作进行监督，才能保证，标准按原则制定，才能保证标准"透明、如实、公正"地贯彻实施，才能打击企业的"双重标准"行为，从而维护好市场经济秩序。

3.4.2 标准实施监督的部门

标准监督工作的执行效果与标准监督部门有很大关联，标准监督部门是标准实施监督的主体，是执行者，具有最高权威，它们的设立就是为了将标准监督进行程序化与规范化。

我国标准监督部门是国家行政部门，根据不同部门又具体分为以下三类。

（1）政府标准行政部门，该部门主要是对强制性标准即重要产品标准，建设工程标准、基础标准、方法标准、安全标准、环境保护标准的实施进行监督。县级以上政府标准化行政主管部门,根据我国《标准化法》的规定,对标准的实施进行监督检验,并设立有专门的检验机构;中央有国家市场监督管理总局,地方有各省、市、县质量技术监督部门。

(2) 行业主管部门。该部门侧重于对本行业所属企事业单位实施有关标准的情况进行监督。

(3) 企事业单位。该部门则只是对本单位实施的各类标准进行检查,一般在生产制造企业都会设有专门的职能部门。

3.4.3 标准实施监督的形式

标准实施监督必须建立严格的监督检验制度,并采取有效的政策和相应措施,以便更好地督促、指导、检查和处理标准实施的各种问题。标准实施监督一般有以下四种形式。

(1) 企业自我监督。企业对标准实施的自我监督是企业对标准贯彻执行的内部监督与检查。这种监督必须从产品设计开始,贯穿于从原材料到产品加工、装配、包装入库直至产品出厂,在各个生产阶段和工序之间都必须依据标准进行监督和检验。这种监督和检验是企业的生产工序之一,是把好产品质量的第一关,是行业监督、国家监督和社会监督的基础。

(2) 行业监督。有关行政主管部门的监督称为行业监督。根据《标准化法》第五条规定,国务院有关行政主管部门分工管理本部门、本行业的标准化工作。因此,各行业主管部门对本部门、本行业内标准实施的情况有进行监督检查的责任。这种监督符合行政管理的需要。

(3) 国家监督。这种监督是指国家授权,指定第三方具有公正立场的专门机构进行监督和检验,这是确保产品质量、提高经济效益、增强产品竞争力、保障国家经济利益和消费者权益的有效措施。

县级以上政府标准化行政主管部门,根据《标准化法》的规定,对标准的实施进行监督检验,并设立有专门的检验机构。国家级检验机构由国务院标准化行政主管部门会同国务院有关行政主管部门规划审查;地方级检验机构由省、自治区、直辖市政府标准化行政,主管部门会同省、自治区、直辖市政府有关行政主管部门规划审查。这些检验机构的设立,为标准化行政主管部门的行政执法提供了必要的技术保障。

(4) 社会监督。这是一种社会性的群众监督,也可以说是"第二方"或用户的监督,由新闻媒介、社会团体和组织及产品经销者、消费者对标准实施的情况进行监督。一般是对出厂后的产品或者企业所从事的直接影响人民生活及社会公共利益的活动是否符合标准要求所进行的监督。例如,商业部门、物资部门、使用部门的监督和检验,以及广大消费者的反馈等。对于各种违反标准的现象,可以利用社会舆论、新闻报道、投诉、举报等多种形式进行公开揭露和批评。这种监督形式已经成为广大消费者保护自身合法权益的主要手段。目前，我国的社会监督主要有以下三种类型。

1) 消费者监督。这是消费者采取向国家各级法定监督机构举报或投诉等方式来进行的标准监督，通过合法途径来解决标准的落实问题。

2) 社会团体监督。这类监督的主体是以保护消费者权益为主要目的的社会组织。我国的消费者权益保护协会就是这样的社会组织，它在反映消费者意见和要求、处理消费者所反映的重大标准实施问题和争端纠纷，维护消费者合法权益、遏制假冒伪劣商品等方面，发挥了重要的作用。

3) 社会舆论监督。这主要是通过利用新闻媒体，如互联网、微信、电视、广播、报纸、杂志等对标准实施进行监督。由于社会舆论的敏感性和轰动效应，使得通过它们所反映出来的产品质量标准的问题以及争端纠纷能迅速引起社会的关注和反响，从而可以得到比较圆满的解决。因此，舆论监督是一种有效的和独特的监督形式。

社会监督虽然不像国家监督那样具有法律的约束性，但它涉及面广，具有广泛的群众性，且监督的主体是每一位消费者，监督对象是市场上的每一件商品及各种服务和相应的生产经销单位。所以，社会监督是一种有效的监督形式，它是国家监督的必要补充。

企业自我监督、行业监督、国家监督和社会监督共同构成了一个完整的标准实施监督体系，它们是相互补充、相辅相成的，企业自我监督是一切监督的基础，也是企业提高自身产品质量、加强产品市场竞争力的重要手段；国家监督和行业监督是为了提高全社会的产品质量、保障消费者的权益，从国家和行业的角度进行的监督；社会监督是对国家监督的补充，它虽不具备法律特性，但具有广泛的群众基础。各种监督形式在监督标准如实贯彻实施、确保产品质量的目的上是完全一致的。

3.4.4 标准化审查

标准化审查主要是由标准化部门依据标准化法规与标准，对技术文件和技术图样等，是否符合标准化法规和标准规定的评价性审查活动。它是最常用的对标准实施情况进行监督的有效方法之一。

标准化审查的对象和领域包括：技术文件和图样制定的过程，研制/开发新产品或改进老产品的过程，技术改造、技术引进和设备进口的过程以及管理体系文件的编制、审批过程。

3.4.4.1 技术文件和图样的标准化审查

对技术文件、图样的标准化审查是企业标准化的主要工作之一，其目的就是要使这些文件和图样符合相应的国家、行业以及企业标准,确保这些文件和图样能够体现国家有关技术经济政策的要求并正确适用,以便于国内外技术交流和贸易。

(1) 标准化审查的依据。

1) 国家标准、行业标准、企业标准化以及指导性技术文件,如机械制图标准、标准件手册、名词术语标准、优先数系标准等;

2) 产品标准化综合要求;

3) 图样管理制度;

4) 产品工艺方案;

5) 企业标准化制度及标准化有关规定。

(2) 标准化市价的对象。

1) 产品图样、明细表、汇总表、图样目录及文件目录等;

2) 产品技术条件;

3) 产品设计、试制及随机出厂文件;

4) 更改通知单;

5) 工艺文件及工装图样。

(3) 标准化审查的内容。

1) 成套性审查。其目的是保证在设计、试验、制造、装配、验收、保管、使用和维护时,具有必需的图样和技术文件。

2) 继承性审查。该审查是为了保证所设计的产品能最大限度地采用标准件、通用件、借用件和外购件,同时尽量采用典型工艺、通用工艺和通用技术标准,以减少重复劳动,缩短设计、试制和生产周期。

3) 符合性审查。其目的是确保技术文件、图样能够达到"正确、统一、清晰"的要求。"正确"体现为贯彻执行各级有关标准的内容、格式是完全符合相关规定要求的;相关技术文件之间、技术文件与图样之间所有的术语、符号、代号、技术性能参数指标、技术要求等是统一、协调、一致的。"统一"体现为全部图样和技术文件中有关术语、符号、格式、参数、计量单位等应统一。"清晰"体现为全部图样和技术文件都是按统一的要求和格式进行编写,而且义字说明正确、简短、易懂、字迹清晰。

对机电产品技术文件和图样来说,还需要审查以下四个方面的内容。①是否最大限度地采用了标准件、通用件、外购件或元器件;②所标明的外形尺寸、连接尺寸、安装/装配尺寸是否正确合理;③尺寸公差和形位公差、表面粗糙度、热处理和表面处理要求是否符合标准规定;④选用的结构要素、材料、规格等是否符合标准,是否符合技术标准或文件的要求等。

标准化审查意见单的通用示例见表 3.1。

表 3.1　　　　　　　　　　标 准 化 审 查 意 见 单

通知：　　　　　　　　　　　　　　　　　　　　　　　　　　　　NO.202309160

在进行_____（文件名称及代号）的标准化检查时，发现下列缺陷及不符合标准的情况必须加以修正。

序　号	差　错　项　目	数　量
1	明细表文件栏中设计文件不全	
2	明细表不按照级、类、型、种顺序编写	
3	明细表中外购件不按规定顺序编写	
4	明细表中幅画与实际图纸不符	
5	明细表中代号与实际图纸不符	
6	明细表中名称与实际图纸不符	
7	明细表中数量与装配图明细栏不符	
8	明细表中装入部件错误或遗漏	
9	装配图明细栏不按级、类、型、种顺序编写	
10	装配图明细栏外购件不按规定顺序编写	
11	装配图明细栏的序号与视图上引出线序号不符	
12	元件目录不按规定编写	
13	接线图的线号、符号与明细栏、导线表及布线说明不符	
14	电器原理图的位号、规格与元件目录不符	
15	各类设计文件的编写未按本厂规定编制	
16	文字内容的设计文件的编写未按本厂规定	
17	文字内容的设计文件内容不简练、不畅通、不准确	
18	借用件的图纸尚未归档	
19	借用件为在明细表的备注栏注明	
20	代号或名称未按十进制分类编号原则规则	
21	单位重量及单位未写或错写	
22	阶段标记未写或不统一	
23	关键元器件标记标错	
24	关键件、重要件特性标志错误或遗漏	
25	各级人员签署不全	
26	引证上级标准差错或非现行有效	
27	引证本厂企业标准（包括各类典型工艺）差错	
28	典型工艺中材料牌号、分子式、标准代号遗漏	
29	金属材料品种、牌号、技术条件未按本厂规定	

续表

序 号	差 错 项 目	数 量
30	非金属材料品种、牌号、技术条件未按本厂规定	
31	电线、电缆品种、牌号、技术条件未按本厂规定	
32	镀覆与涂覆标准未按本厂规定	
33	元器件无技术标准、技术协议及生产单位	
34	外购件无技术标准、技术协议及生产单位	
35	文字及图形符号差错	
36	名词、术语、计量单位不统一	
37	错别字及标点符号用错	
38	国标公差与配合标志差错	
39	国标形位公差标志差错	
40	视图投影、剖面、断面绘制及配置错误	
41	尺寸遗漏及标志差错	
42	表面粗糙度符号注错或公差等级不对应	
43	热处理和表面处理要求未按本厂规定	
44	比例尺选用未按规定	
45	底图水迹、墨迹、破损	
建议说明		

标准化审查员　　　　年　月　日

3.4.4.2 新产品开发/改进老产品过程的标准化审查

科学技术的进步促使企业产品更新换代，从而实现社会经济的进步，企业在开发新产品、改进老产品的过程中，必须提出产品标准化综合要求，并适时进行标准化审查。为此，国家标准化行政主管部门合同国家经委、国家机械委在1981年联合发布了《机电新品标准化审查管理办法》，同时《标准化法》也明确规定"企业研制新产品、改进产品……应当符合标准化要求"。

通常，新产品的开发过程是指产品设计试制和产品鉴定两个阶段。其中包括任务书确定、方案论证、技术设计、工艺设计、样机试制，产品鉴定移交等若干程序。在每个程序中都有大量的标准化工作内容，而标准化审查则是贯穿于产品研制全过程的一项基础性工作。

（1）标准化审查的基本要求。为了保证设计图样和技术文件的质量，在审查中要求做到：

1）完整，指新产品按完整性要求在项目上应齐全；

2）正确，贯彻执行各级有关标准应正确；

3）统一，指全部图样和技术文件中有关术语、符号、格式、参数、单位等应统一；

4）清晰，全部设计图样和技术文件应按统一要求和格式进行编写，而且字迹要清晰。

(2) 产品设计标准化审查。新产品设计必须体现国家有关的技术经济政策，遵循各类技术标准。对首次设计的产品，还应考虑产品的发展趋势，适时地制定出新产品发展的系列标准。在新产品设计时要大力发展产品通用零部件，最大限度地采用标准件，同时还应积极采用国际标准和国外先进标准，以满足市场需要，增强产品竞争能力。

新产品设计阶段标准化审查的具体内容，在不同的设计阶段有着不同的要求：

1）在初步设计阶段，主要审查技术任务书中所提出的产品基本参数和主要性能指标，是否符合相关的标准、要求和法规的规定；

2）在工作图设计阶段，主要审查产品图样和技术文件的完整性与准确性，具体审查的内容与要求，各行业有不同的规定，但一般包括一般性审查、部件图与总装图审查，零件图审查、技术文件审查、统一性审查、零部件元器件标准化程度与材料标准的贯彻情况审查。

(3) 产品试制标准化审查。产品试制标准化包括样机试制标准化审查和小批试制标准化审查这两方面的内容。样机试制标准化审查的内容依据产品的性质和复杂程度的不同而有所不同，但一般都必须对新产品的名称型号、设计图样技术文件的完整性及标准贯彻情况，产品标准化程度等方面进行审查。

小批试制标准化审查则是在样机试制标准化审查的基础上进行的，一般不再进行全面审查，而是审查新产品设计图样和技术文件的更改情况，重点放在工艺、工装方面的标准化审查。

(4) 产品鉴定标准化审查。产品鉴定标准化审查包括样机试制鉴定和小批试制鉴定这两方面的标准化审查。在样机试制鉴定的标准化审查中，主要是审查其设计和试制质量水平，即以现行标准或技术条件、技术任务书、标准化综合要求为依据，通过运行和实测来审查设计结构的合理性、完善性，各项性能的适用性和可靠性；有的产品还要审查其在安全、卫生、环境保护等特性方面是否能全面达到标准要求。

小批试制鉴定的标准化审查，则主要针对工艺、工装标准化情况进行审查和分析，目的在于确定企业是否具备按标准大批量正式生产的条件。

3.4.4.3 技术引进和设备进口过程的标准化审查

技术引进是指通过技术贸易/合作或接受国外援助等途径，引进生产制造某种产品、运用某种工艺方法、提供某项服务所需的系统知识和技能，以获得先进适用技术的行为。

只购买机器设备而不买入软件技术，则称之为设备进口。

改革开放为我国技术引进和设备进口提供了更广阔的国际舞台和政策指引。1979年国务院颁布的《中华人民共和国标准化管理条例》的第24条明确指出："从国外引进设备和技术必须充分考虑国内标准和要求，应先经国务院有关部门或省、市、自治区标准化管理机构进行标准化审查，对国内影响较大的，由国家标准局召集有关部门进行标准化审查。"1984年，我国颁布的《技术引进和设备进口标准化管理办法》明确规定了技术引进和设备进口标准化审查的依据是国际标准、我国的国家标准和行业标准。

(1) 技术引进和设备进口的标准化审查原则。技术引进和设备进口的标准化审查应遵循以下四点原则。

1) 要符合我国产品品种、规格的发展方向；
2) 要与我国的基础标准及安全、卫生、环境保护标准等协调一致；
3) 要有利于提高我国产品的技术水平，能充分利用我国资源；
4) 有利于改善我国的标准体系建设。

(2) 技术引进和设备进口过程的标准化审查程序。技术引进和设备进口标准化审查的一般程序如图3.2所示。

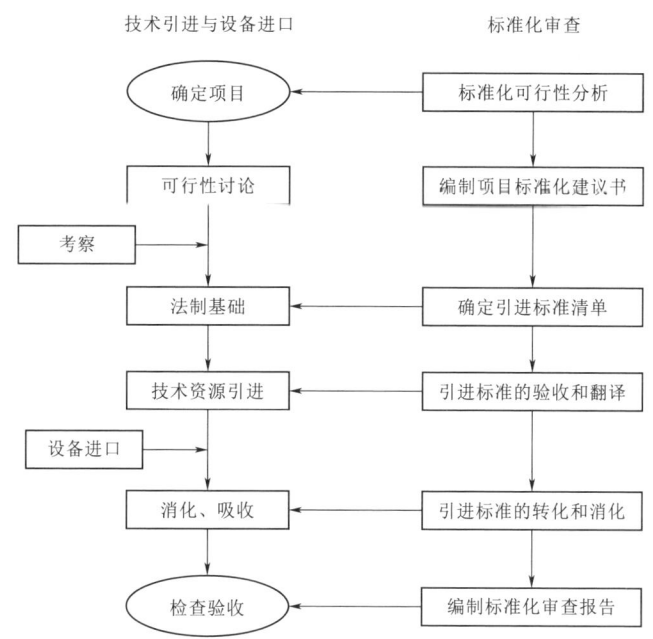

图3.2 技术引进和设备进口标准化审查的一般程序

(3) 技术引进和设备进口过程的标准化审查内容。技术引进和设备进口过程的标准化审查包括以下 6 方面的内容：

1) 标准化可行性分析。从检索标准、专利等技术文献资料入手，依据引进的目的仔细、正确地收集项目，了解引进项目有关的标准与专利，进行比较分析，从中选择技术先进、价格合理、信誉良好的被引进/进口商。主要内容有：①被引进方产品/设备标准的标准水平与国内同类产品标准水平的比较分析；②引进项目有关的计量系统制式等基础标准及安全、卫生、环境保护、节能等方面标准与国内同类标准水平的比较分析。

2) 编制项目标准化建议书。在对引进项目进行可行性论证时，企业标准化归口部门应在标准化可行性分析的基础上，编制、确定引进项目标准化建议书，即从企业标准化角度出发，提出引进项目在标准化方面的可行性及其经济效果预测。同时，提出相应的引进相关标准的建议。

3) 确定引进标准清单。在技术引进与设备进口的谈判、签约时，企业标准化归口部门应提出并确定需要引进的标准清单，作为合同条款或附件。

4) 引进标准的验收和翻译。在技术引进与设备进口合同履行期间，标准化部门应组织专人对引进标准资料进行认真验收、及时翻译。如有遗漏，须及时交涉、补充。

5) 引进标准的转化和消化。引进标准的转化应与引进项目同时进行，消化吸收的一个重要途径就是适时地把引进标准转化并纳入企业标准体系，或采用国外先进标准，拟定企业的相关标准。

6) 编制标准化审查报告。在对引进项目实施检查验收前，要提交标准化审查报告。该报告应总结引进项目过程中标准化工作的内容、经验和教训，特别是应包含把引进技术和设备成果转化为标准，以及实施相关各项标准成效等方面的内容；同时，提出存在的问题及今后该项目有关标准化工作的要求。

技术引进项目的成功标志是：相关产品质量批量生产合格，技术指标和经济指标符合合同规定；建立以产品标准为核心、技术标准为主体的综合标准体，并纳入企业标准体系。确保产品批量正常生产。

设备进口项目的成功标志是：设备安装调试合格，生产考核合格，技术状态完好，设备完好；标准及其测试方法标准已消化吸收，并落实到设备操作标准中去。

3.4.4.4 管理体系文件的标准化审查

管理体系文件标准化审查的目的，是审查这类文件与相应的管理体系标准的符合性，以及管理体系文件对企业的适宜性。如果不符合标准规定的要求，不符合企业的实际需要，或不适宜在企业执行，都是不可取的，应该认真整改。

管理体系文件标准化审查的依据，是对应的管理体系标准，如 ISO9001《质量管理体系要求》、ISO14001《环境管理体系规范及使用指南》、OHSASI8001《职业健康安全管理体系规范》等。

管理体系文件标准化审查的部门和人员，必须是管理体系的归口部门以及掌握与体系相关的技术、管理知识并从事标准化工作的人员。

建立和实施"质量管理体系＋环境管理体系＋职业健康安全管理体系"的综合管理体系已经被许多企业采纳，构建这类综合管理体系应该设置以标准化归口部门为核心的体系部门，并把体系文件统一编制为企业标准，由其组织和开展相应管理体系文件的标准化审查，这样既可以保证这些管理体系文件的质量，使其符合企业标准的格式与编制要求，又可以统一协调与其相关的其他标准，尤其是企业标准，处理好它们之间的接口关系，真正确保管理体系文件的符合性和适宜性。

需要指出的是，目前不少企业在建立和实施质量管理体系、环境管理体系、职业健康安全管理体系等管理体系标准时，未能全面、认真地对其进行标准化审查，导致被管理体系认证机构文件审查（实际上是认证机构对企业体系文件的标准化审查）不合格，退回整改，或者不能有效地在企业实施，从而无法产生应有的效果和作用。

第 4 章 标准化的理论与方法

4.1 标准化的理论

4.1.1 标准化理论的起源

标准化活动是人们的一种社会实践，而且是有组织、有目的的实践。伴随着这种实践的总结便是理论的提炼。否则，标准化实践既不可能取得成功，更不可能上升到它的高级阶段。

近百年来，世界各国标准化专家、学者一直致力于标准化原理等基础理论的研究，也发表了一些著作。

国际标准化组织（ISO）于 1952 年成立了标准化原理研究常设委员会（STACO），它的首要职责是在标准化原理、方法和技术方面充当 ISO 理事会的顾问，在考虑标准化经济问题的同时，使 ISO 的标准化活动取得最佳效果。这对标准化理论的研究工作起了相当的推动的作用。

一些国家也设立了相应的机构，如日本在 1958 年设立了标准化原理委员会（JSA/STACO），开展了标准实施状况的调查以及标准化经济效果的计算方法和标准化术语的研究。次年，宫城精吉提出了标准化的两个基本原理（经济性的基本原理和对策规则的基本原理）和一系列分原理。

苏联标准化学者在标准化理论研究上做了不少工作，1989 年决定在莫斯科仪表学院等高、中等院校设立标准计量和产品质量管理专业，至今俄罗斯开设"标准化与产品质量管理""互换性与标准化""标准化与质量"等课程的院校就达三分之二以上。

从早期开始，标准化的理论就初见端倪，本节主要介绍标准化理论的起源。

4.1.1.1 国外的早期标准化理论

国外最早提出标准化思想的学者莫过于被称为"科学管理之父"的美国著名管理学家弗雷德里克·温斯洛·泰勒（Frederick Winslow Taylor），他在 1911 年发表的著作《科学管理原理》中最先提出了标准化的思想，对后来标准化理论的发展起到了启蒙和借鉴的作用。

1. 泰勒的科学管理思想

泰勒科学管理理论的主要内容包括：进行动作研究，确定操作规程和动作规范，确定劳动时间定额，完善科学的操作方法，以提高工效；对工人进行科学的选择，培训工人使用标准的操作方法，使工人在岗位上成长；制定科学的工艺流程，使机器、设备、工艺、工具、材料、工作环境尽量标准化；实行计件工资，超额劳动，超额报酬；管理和劳动分离。

"科学管理"的核心是运用科学的管理方法以实现资源的有效配置，追求提高生产的效率，其思想在于，强调管理方法建立在观察和实验基础上，强调方法的有效、最优化、可操作性和标准化，蕴含着一种技术理性的精神，具有清晰、严谨和确定性的特点。

科学管理理念表现为以科学、规范的工作方法代替凭经验工作的方法，以确保管理任务的完成。泰勒通过确立科学的作业管理方法和改革组织管理机构的设置，实现生产过程和管理过程的科学化、标准化，以达到提高生产效率的目的。泰勒的科学管理理念体现出来的思想的最大特点就是"标准化"，他认为要提高工作效率，就必须实现标准化，从工作的开端到结束，都体现着标准化的特征。在他看来，高效率地完成一项工作需要做到以下两点。

（1）确立标准化的作业管理方法。泰勒的标准化作业管理方法是建立在作业研究和时间研究的基础上的。他认为要让每个人都用正确的方法作业，为此把每次操作分解成许多的动作，继而把动作细分为动素，即动作是由哪几个动作要素组成的，然后再研究每项动作的必要性和合理性，据此决定去掉哪些不合理的动作。依据经济合理的原则，加以改进和合并，以形成标准的作业方法。在动作分解与作业分析的基础上进一步观察和分析工人完成每项动作所需要的时间，考虑到满足一些生理需要的时间和因不可避免的情况而耽搁的时间，为标准作业的方法制定标准的作业时间，以便确定工人的劳动定额，即一天合理的工作量。标准化的第一步，就是找到标准化的方法和标准化作业时间。

（2）变革旧的管理体制，实行计划与执行职能分离的科学管理体制。泰勒认为，科学的管理方法就是找出标准，制定标准，然后按标准办事。而在传统的管理中，工人按自己的习惯和经验来工作，工作效率由工人自己决定，管理人员对之很少协助和过问。因此，泰勒提出资方必须承担更多的责任。他设立了专门的计划部门来承担发现科学、确定标准、分配任务的职能，使计划与执行职能（执行职能是指指导和协助在科学法则下干活的工人）分开。这样的划分实质上是为标准的制定和执行创造更好的外部条件，使标准化进行得更深刻和彻底。

泰勒的科学管理原理几乎都是经其亲自试验和认真研究提出的。他认为，科学管理是过去曾存在的多种要素的结合。他把老的知识收集起来加以分析组合并归类成规律和条例，于是构成了一门科学。工人提高劳动生产率的潜力是非常大的，人的潜力不会自动跑出来，怎样才能最大限度地挖掘这种潜力呢？方法就是把工人多年积累的经验知识和传统的技巧归纳整理并结合起来,进行分析比较,从中找出具有共性和规律性的东西,然后利用上述原理将其标准化,这样就形成了科学的方法。同时,他还主张管理方法要发生根本转变,用新的、科学的、规范的方法取代旧的凭直觉、模仿他人的经验方法,实行工具标准化、劳动动作标准化、劳动环境标准化等标准化管理;并提出了管理过程中的标准化问题,包括使用工具标准化、操作过程程序化、管理活动科学化。

从泰勒的科学管理原理的基本内容可以知道,标准化管理原理与科学管理原理密不可分,泰勒的科学管理蕴含了标准化管理原理,甚至可以说就是标准化管理原理。

2. 盖拉德和魏尔曼对标准的理解

泰勒的科学管理原理包含了标准化的理念,但泰勒并未真正明确地提出标准化作为一门独立学科而应具有的理论。

(1) 盖拉德对标准的理解。标准化作为一门综合性的应用学科,出现于20世纪以后,较系统的理论著作,首推美国学者约翰·盖拉德(John Gailard)1934年出版的《工业标准化的原理与应用》。他在著作中试图对标准化的定义、原理以及标准化实践进行深入探讨,并在理论层面上提高,开拓了向全世界传播标准化思想的道路。

在该书中,盖拉德对"标准"作了如下定义:"标准是以口头或书面形式,或用任何图解方法,或用模型、样品或其他物理方法确定下来的一种规范,用以在一段时间内限定,规定或详细说明一种计量单位或准则、一个物体、一种动作、一个过程、一种方法、一个过程、一种方法、一项实际工作、一种能力、一种职能、一项义务、一项权利、一种责任、一项行为、一种态度、一个概念或观念的某些特点。"显然,这个定义比较全面而明确地概括了20世纪30年代时,标准化对象与活动领域内产生的标准化成果在标准化历史上起到的重要的引导作用。

(2) 魏尔曼对标准的理解。印度学者魏尔曼(Lal C. Verman)1972年撰写的著作《标准化是一门新兴学科》首次把标准化作为一门学科作了全面的探讨。他从语义学和术语学的角度对学科、科学、工程、技术、标准、标准化等重要概念进行讨论,然后论述了标准化的目的和作用、标准化的领域和内容,提出了标准化三维空间的概念。他用了很大的篇幅论述不同级别的标准,并阐释了"个别及标准"的意义,然后讨论有关计量单位、标准的贯彻、质量检定标志、标签、消费者与标准化、标准化的计划、标准化的经济效果、标准化的数理手段等问题。他指出:"看来我们最好不要把标准化的含义引申得过分远,不要试图说服人们把它视作与物理学、化学之类的自然科学相提并论的一门科学。充其量而言,可望将其视作与社会学、政治学之类的社会科学相仿的一种科学。"

4.1.1.2 国内早期的标准化理论

在标准化的起源部分我们提到,中国的标准化有着悠久的历史。

(1) 古代标准化理论。古代标准化原理通常以标准化方法表现出来,并应用到建筑、工艺制造等技术实践中,其中许多古代著作中都记载了标准化方法原理。例如,春秋战国时代编钟的形状、尺度及合金成分基本符合《考工计》的规定;秦始皇颁布法令,统一马车战车的尺寸,做到车同轨;唐代《唐令》规定制造兵器必须按照标准,违者予以惩罚;宋代《军器法式》共 110 卷,其中 47 卷讲兵器标准;宋代毕昇创造的活字印刷术,体现了分解组合和重复利用等标准化方法;明清时代营建、匠作的用工、用料以及规格、做法均遵循严格标准,实行标准化;清朝《工程做法则例》共 70 卷,其中前 27 卷是关于大殿、厅堂的建筑规定,对构件尺寸、榫卯结构都有严格规定。

(2) 近代标准化理论。新中国成立以来,我国标准化事业得到快速发展,标准化的理论也得到进一步探索。其中最具代表性的莫过于"鞍钢宪法"的颁布。

鞍钢是我国第一座规模巨大、具有先进技术设备的大型轧钢厂,是我国重轧生产基地之一。新中国成立初期,鞍钢 150 万吨的生产能力,几乎是中国的全部钢产量。在中国开始大规模工业化建设的同时,很多苏联专家来到了中国,苏联的集权化管理方式(核心是实行一长制)也一同被引进。但是,苏联经验到中国并不适合中国的具体情况。广大基层的干部、工人和工程技术人员对苏联式的"一长制"极为不满,迫切需要一种人性化、科学化、民主化的管理方式取而代之。"鞍钢宪法"的尝试就是在这样的背景下产生的。

1953 年起,鞍钢有步骤地加强了计划管理、技术管理、经济核算和责任制。仅技术管理而言,1953—1955 年,鞍钢共制定和修改技术标准 243 种,技术规程 417 种,建立与健全了各项技术规程和质量监督工作。1960 年 3 月 11 日,经过调查研究,鞍钢市委经辽宁省委向党中央递交了一份《鞍钢市委关于工业战线上的技术革新和技术革命运动开展情况的报告》。3 月 22 日,毛泽东主席代表中央为该报告写了近 700 字的批语,提到"现在(1960 年 3 月)的这个报告,更加进步,不是马钢宪法那一套,而是创造了一个鞍钢宪法。鞍钢宪法在远东、在中国出现了"。

鞍钢宪法的核心内容是"干部参加劳动,工人参加管理;改革不合理的规章制度;管理者和工人在生产实践和技术革命中相结合",即"两参一改三结合"。毛泽东主席号召全国各地将鞍钢宪法作为一项标准,在工作中贯彻执行,使得鞍钢宪法实质上成为了标准化的代表作。

实际上,鞍钢宪法体现出的是一种"后福特主义"的思想。所谓"后福特主义",是相对于福特主义而言的。从起源上讲,这两个术语是与亨利·福特(Henry Ford)这个人的名字联系在一起的。福特被认为是大规模生产标准化产品的第一个实业家,这种标准化产品使得大众消费成为可能。"福特主义"一词最早起源于意大利共产党创始人安东尼奥·葛兰西(Antonio Gramsci),他使用"福特主义"来描述基于美国方式的就当时而言的一种新的工业生活模式,它是指以市场为导向,以分工和专业化为基础,以较低产品价格作为竞争手段的刚性生产模式。在当时来说,福特主义是一种新兴的生产模式,具有很大优势,然而随着资本主义的日益发展,福特主义渐渐不再适应经济的需要,它成了"僵化"的代名词,这种生产组织类型的逻辑限制了分化的"消费文化"的发展。虽然福特主义很长一段时间被当成是发达的西方经济的特征,特别是战后时期的西方经济特征,但是它的某些基本原则,如标准化与集中化,也还是与当时苏联或世界范围内的其他工业文化相联系的。与福特主义相反,后福特主义时代通常与更小型、更灵活的生产单位相关,这种生产单位能够分别满足更大范围以及各种类型的特定消费者的需求。后福特主义的发展还与20世纪80年代以后主要西方国家的政治学与经济学的变迁紧密相关。这个概念所标识的中心过程包括:大工业或重工业的衰落,新兴的、小型的、更加灵活的、非中心文化的劳动组织网络以及生产与消费的全球性关系的出现。后福特主义的核心特征之一被认为是关于生活方式以及不同消费实践的多元政治的兴起。

鞍钢宪法的后福特主义理念体现在对福特式的僵化的、以垂直命令为核心的企业内分工理论的挑战。"两参一改三结合"用通俗的语言来说就是"团队合作",日本的"丰田生产方式"就是工人、技术人员和管理者的团队合作。

每人不固守僵化的技术分工,随时随地解决"无库存生产方式"中出现的问题。鞍钢宪法体现的就是这样一种新型的标准化的思想理念。

4.1.2 国外标准化原理

ISO于1952年成立了标准原理委员会(STACO),它的首要职责是在标准化原理、方法和技术方面充当ISO理事会的顾问,在考虑标准化经济问题的同时,使ISO的标准化活动取得最好效果。在其他一些国家里也设立了相应的机构,这对标准化原理的研究工作起了相当大的推动作用。1985年,日本设立了标准化原理委员会(JSA/STACO)。相继开展了对标准状况的调查,以及对标准化经济效果的计算方法和术语标准化的研究。1986年,宫城精吉提出了标准化的两个基本原理(经济性的原理和对策规则的原理)和一系列分原理。世界上还有许多国家开始注意这方面的研究,有的国家成立了专门的研究机构,并在高等院校开设标准化课程。STACO和各国的标准化专家对标准化概念、原理、方法、经济效果的测定及其他理论问题的研究日渐活跃。尤其是出现了一些有关标准化原理的专著,这一时期比较有影响的是由英国桑德斯所著的《标准化的目的与原理》和日本松浦四郎所著的《工业标准化原理》,他们分别在其著作中提出了著名的"七原理"和"十九原理"。

4.1.2.1 桑德斯的"七原理"

ISO 在 1972 年出版了桑德斯（T. R. B. Sanders）所著的《标准化的目的与原理》，在该书中桑德斯提出了标准化的"七原理"。

(1) 原理 1。标准化从本质来看，是社会有意识地努力达到简化的行为。标准化不仅是为了减少目前的复杂性，而且也以预防将来产生不必要的复杂化为目的。如果把社会进步置之不理，就存在着导致复杂的多样化倾向，因此，为了追求更高效率的生活，必须有意识地努力防止生活用品不必要的多样化。"简化的行为"必须得到一切有关方面的相互协作才能获得成功。

(2) 原理 2。标准化不仅是经济活动，而且是社会活动。应该通过所有相关者的相互协作来推动工作的开展。标准的制定必须建立在全体协商一致的基础上。仅限于制定标准的标准化工作是毫无意义的，标准只有在社会得到广泛接受，并予以实施，才能取得好的效果。从这一点来看，只有企业标准、行业标准、国家标准、国际标准在各自的范围里得到应用，才与标准化本来的目的一致。

(3) 原理 3。发布了的标准如不实施，就没有任何价值。在实施的时候，为了多数的利益而牺牲必要的少数的利益，这种情况是可能有的。因此，在不同的情况下，为了广泛的社会效益，需要具有顾全大局的宽阔胸怀。

(4) 原理 4。在制定标准时，最基本的活动是选择以及将其固定。新技术的进步，在萌芽阶段的发展是非常缓慢的，在开发阶段一般是通过不断地试验和改进而获得高速发展。所以在制定标准时要慎重地选择对象和时机，一般认为在开发阶段结束时制定标准为宜。

标准是作为法规予以实施的，如果朝令夕改，只会造成混乱而毫无益处。所以标准应该在某一时期内固定不变，以利于贯彻实施。

(5) 原理 5。标准要在规定的时间内复审，必要时，还应进行修订。修订的间隔时间根据各个不同情况而定，技术进步经过开发和稳定发展阶段后，又会有新的改进和变化，所以已经制定好的标准，一定要在规定的时间内复审，并根据需要进行必要的修订。

(6) 原理 6。在标准中规定产品性能或其他特性时，为了判断该物品是否同规定相符，必须规定进行试验的方法。为了保护消费者和公共社会的利益，制定产品标准时，如果对产品性能和其他特性写得含糊不清，就很讲清楚产品的特性。因此，标准中必须对有关的性能规定出能测定或计量的数值。必要时，还应规定明确的试验方法和必要的试验装置，需要抽样时，应规定抽样方法以及样本的大小和抽样次数等。

(7) 原理 7。关于国家标准以法律形式强制实施的必要性，应根据其标准的性质、社会化程度及社会上现行的法律和客观形势等各方面的情况，慎重地加以考虑。

桑德斯的"七原理"基本上是围绕着标准化的目的、作用和从制定、修订到实施的标准化程度展开的，这是对以往的标准化经验的科学总结。值得注意的是他在原理1中，明确地提出了标准化的目的是减少社会日益增长的复杂性，这是对标准化作用的深刻概括，对后来的理论建设具有重要作用。

4.1.2.2　松浦四郎的"十九原理"

日本政法大学教授松浦四郎在1972年出版的《工业标准化原理》，书中全面地阐述他的理论观点，认为在我们的社会生活中，知识和事物增加的趋势，同宇宙中熵增加的自然趋势极为相似。人类为了得到效率更高的生活，免除不必要的甚至是有害的增长，不得不有意识地减少不必要的多样化，这种有意识地努力简化就是标准化的开端。标准化活动就是使事物从无序状态恢复到有序状态而作出的努力，为反对我们生活中的熵增现象而作出的努力。以此为根据，他提出了"十九原理"。

（1）原理1。标准化本质上是一种简化，是社会自觉努力的结果。

（2）原理2。简化就是减少某些事物的数量。

（3）原理3。标准化不仅能简化目前的复杂性，而且还能预防将来产生不必要的复杂性。

（4）原理4。标准化是一项社会活动，各有关方面应相互协作来共同推动。为了定量地研究标准化活动，他提出了"简化值""标准化值"和"简化效果"等概念。他认为在通常情况下商品的品种过多或过少都不好，需要有一定的度。因此，在进行简化时必须考虑到为了实现标准的目的，应在多大程度上并如何减少数量，这就需要对简化的效果进行评价。

（5）原理5。当简化有效果时，它就是好的。

他认为在我们的社会生活中，始终存在着事物数量增加的趋势，而标准化恰是反对这种自然趋势的行动过程，它必然要遇到阻力，社会习惯势力便是一种不可低估的阻力，对此，为了正确地指导人们的标准化活动，他提出了"习惯的阻力系数"的概念。

（6）原理6。标准化活动是克服过去形成的社会习惯的一种运动。

由于标准化的主题和内容太多，从事标准化的人力、物力有限，我们必须研究最有效地开展标准化活动的方法。

（7）原理7。必须根据各种不同观点仔细地选定标准化的主题和内容。优先顺序应从具体情况出发来考虑。

各国的标准化工作者都认为，标准化的目的是实现最佳的全面经济，这在一个企业或一个国家里都是可以做到的，但在国际上，每个国家总想从它认可的国际标准中得到某些利益,不会为其他国家的利益而牺牲本国的利益,但如果没有统一的国际标准,从长远来看无论对出口国还是进口国都不能实现全面经济。

(8) 原理8。对"全面经济"的含义,由于立场不同会有不同的看法。

(9) 原理9。必须从长远观点来评价全面经济。

(10) 原理10。当生产者的利益同消费者的利益发生矛盾时,应该首先照顾后者,简单的理由是生产商品的目的在于消费或使用。

(11) 原理11。使用简便最重要的一条是"互换性"。

(12) 原理12。互换性不仅适用于物质的东西,而且也适用于抽象的概念或想法。

(13) 原理13。制定标准的活动基本上就是选择,然后保持稳定。

(14) 原理14。标准必须定期评审,必要时修订。修订时间间隔多长,将视具体情况而定。

(15) 原理15。制定标准的方法,应以全体一致同意为基础。

关于标准是否需要强制实施的问题,松浦四郎认为主要应取决于社会工业化的水平和标准本身的性质。如果社会已经高度工业化,法律规定强制实施标准就不切实际,而主要应通过各方面的合作,对发展中国家来说,由于其尚处在积累工业实践经验的阶段,缺乏牢固的基础,采取某些立法措施和作出某些强制规定,对于实现本国的工业化计划,在初期似乎是必不可少的。

(16) 原理16。采取法律形式强制实施标准的必要性,必须考虑标准的性质和社会工业化的水平,审慎从事。

(17) 原理17。对于有关人身安全和健康的标准。

松浦四郎致力于标准化经济效果的研究工作,在大量的统计数据的基础上,给出了计算标准化经济效果的公式,以及品种简化同成本降低之间关系的经验公式和经验曲线。

(18) 原理18。用精确的数值定量评价经济效果,仅仅对于使用范围狭窄的具体产品才是有可能的。

(19) 原理19。在标准化的许多项目中确定优先顺序,实际上是评价的第一步。

松浦四郎对标准化理论的杰出贡献是把熵的概念引进了标准化,用来解释标准化的社会功能,并把标准化概括为创造负熵,使社会生活从无序向有序转化的一种活动。

4.1.3 国内标准化原理

我国标准化工作者对标准化原理的研究和探讨,虽然起步较晚,但也提出了一些具有独特见解的理论,如"四原理""五原理""六原理"等。其中影响力比较大的还是由李春田主编的《标准化概论》（于 1982 年出版），书中提出了"简化、统一、协调、最优化"的四原理；其后，在 1987 年 4 月出版的《标准化概论》（修订本）中，李春田从系统论的角度，将标准化作为一个系统来考虑，提出了标准系统的宏观管理原理——系统效应原理、结构优化原理、有序发展原理、反馈控制原理。此外，张锡纯在其主编的《标准化系统工程》一书中，也提出了标准化活动中的基本工作"四原理"有序化原理、统一/协调原理，系统优化原理、反馈控制原理，以及"相似设计原理""组合化原理"和"稳定过渡原理"等。

4.1.3.1 李春田标准化原理

我国著名的标准化专家李春田在 1982 年主编《标准化概论》，对我国标准化理论研究成果加以总结和归纳，提出"简化""统一""协调""最优化"四项标准化方法原理，并对每一项原理的含义、产生的客观基础、原理的应用以及四项原理之间的关系作了全面的论述。在后来的《标准化概论》的修订版中，他又提出了四项标准系统的管理原理，即系统效应原理、结构优化原理、有序发展原理和反馈控制原理。

1. 标准化方法原理

李春田在《标准化概论》第一版中，通过将前人的观点加以研究和归纳，总结出了四项标准化的原理，并将每一原理的含义、产生的客观基础以及原理的应用等作了进一步的论述，其要点如下。

（1）简化原理。简化原理是从简化这种形式的标准化实践中总结出来的并用以指导简化的规律性认识，即具有同种功能的标准化对象，当其多样性的发展规模超出了必要的范围时，即应消除其中多余的、可替换的和低功能的环节，保持其构成的精练、合理，使总体功能最佳。

这一原理除了指出简化时应削减的对象（多余的、可替换的、低功能的环节）之外，主要是指出简化时必须把握的两个界限。

1）简化的必要性界限。在事后简化的情况下，当"多样性的发展规模超出了必要的范围"时，就应该简化。所谓"必要的范围"是通过对象的发展规模（如品种、规格的数量）与客观实际的需要程度相比较而确定的。运用技术经济分析等方法可以使"范围"具体化、"界限"定量化。

2）简化的合理性界限。简化的合理性界限，就是通过简化以达到"总体功能最佳"目标。"总体"指的是简化对象的品种构成，"最佳"指的是从全局看效果最佳。它是衡量简化是否做到了既"精练"又"合理"的唯一标准。运用最优化的方法可以从几种接近的简化方案中选择"总体功能最佳"的方案。

李春田划分出了简化的相关界限，对于真正做到简化具有实践上的重大指导意义。

(2) 统一原理。统一化是标准化的基本形式，人类的标准化活动是从统一化开始的。统一原理即一定时期、一定条件下，对标准化对象的形式、功能或其他技术特性所确立的一致性，应与被取代的事物功能等效。

它的基本思想是：

1) 统一化的目的是确立一致性；

2) 要恰当地把握统一的时机，经统一而确立的一致性仅适用于一定时期，随着时间的推移，还须确立新的更高水平的一致性；

3) 统一的前提是等效，把同类对象归并统一后，被确定的"一致性"与被取代的事物之间必须具有功能上的等效性。也就是说，当从众多的标准化对象中选择一种而淘汰其余时，被选择的对象所具备的功能应包含被淘汰的对象所具备的必要功能。

(3) 协调原理。任何一项标准都是标准系统中的一个功能单元，既受系统的约束，又影响系统功能发挥。所以每制定或修订一项新标准都须进行协调。协调是标准化活动的重要方式。协调原理即在标准系统中，只有当各个标准之间的功能彼此协同时，才能实现整体的功能最佳。

1) 协调的作用。在相关因素的连接点上建立一致性；使内部因素与外部约束条件相适应；为标准系统的稳定创造最佳条件，使系统发挥其最理想的功能。

2) 协调的方式。协调的方式按不同的分类方法可分为不同的类型。

① 单因素协调。单因素协调多数是处理子系统内两个相关因素之间的关系。其目标是在相关因素的连接点上建立一致性。单因素协调是局部协调，但它又是整体协调的基础。没有局部的协调工作，就不可能实现整体的协调运行，但局部协调又不能脱离整体，它不仅受整体的制约，而且要从整体系统的总目标出发。这是单因素协调原则。

② 多因素协调。多因素协调是建立标准系统过程中经常的、大量的协调方式。它的目标多数是使系统的内部因素的构成与外部约束条件相适应，为系统的稳定建立合理的秩序。由于系统内的因素较多，外部的约束条件也较多，因此，常常形成错综复杂的联系。

③ 一般协调。对系统进行协调的目的，是要它完成特定功能，而且总希望它完成功能的效果最好。但是系统越复杂、协调的因素越多，越不易达到这样的目标。因此，在对系统进行协调时，除运用必要的计算工具进行定量外，有时也可以把人们长期从事标准化实践的经验判断吸收进来，灵活地解决问题。它虽然比不上数学方法那样严格、准确，但却可以简化复杂的运算过程。在标准化基础较差，最优化方法以及电子计算机的应用尚不普及的情况下，这也是常用的一种协调方式。

④ 最佳协调。最佳协调是在标准系统的目标确定之后，从若干种可行方案

中，选择一种效果最佳的协调方案。这种最佳协调方案的产生，是把各相关因素之间的关系用严格的数学模型反映出来，并且进行定量比较。因此，最佳协调，除较简单的单因素协调外，往往都要借助于数学方法和电子计算机，是较为高级、较为复杂的协调方式。

⑤静态系统的协调。所谓静态系统的协调，指的是在对某些标准指标进行协调时，将它所处的系统视为静态系统，即不受时间因素的影响而发生变化。这样便于把该标准的指标与整体系统的各项约束条件之间的关系，一一简化为单因素的协调问题，使协调工作易于进行。系统只有稳定，才能发挥其功能。因此，协调的一个重要目标是解决系统的稳定化问题。

⑥动态系统的协调。系统要稳定，但又不可能永远静止，永远稳定。稳定只能是相对的，系统终究是要运动的，所谓动态系统的协调，就是人们如何对系统进行干预的问题。协调的目标大体是两种情形：当我们从总体出发，希望系统要保持对可能破坏系统平衡的因素适当控制或调整；当系统中的某些主要因素（对系统有较大影响的）的质变是不可避免的，原有的平衡必定要被突破，即应着手建立新的平衡，以推进整个系统向着更高的水平发展。这就是动态系统的协调。

动态系统的协调，要运用动态控制的方法和工具。

协调是标准化活动的一项基本任务，是标准化活动中经常的大量的工作。一个先进的技术标准，应该是一个最佳协调的结果。一个好的产品、先进的工艺方法、合理的设计结构、最佳的参数和技术指标以及正确的管理方法等，都应该是系统内外经过最佳协调的产物。

（4）最优化原理。标准化的最终目的是要取得最佳效益。标准化活动的结果能否达到这个目标，取决于一系列工作的质量。在标准化活动中应始终贯穿着"最优"思想。但在标准化的初级阶段，制定标准时，往往凭借标准起草和审批人员的局部经验进行决策，常常不作方案比较，即使比较也很粗略。因而，被确定的标准方案常常不是最优的，尤其不易做到总体最优，这就影响到标准化效果的发挥。随着生产和科学技术的迅速发展，标准化活动涉及的系统也日益复杂和庞大，标准化方案的最优化问题更加突出、更为重要了。适应于这种客观上的需要，提出了最优化原理：按照特定的目标，在一定的限制条件下，对标准系统的构成因素及其关系进行选择、设计或调整，使之达到最理想效果。

1）最优的一般程序。

①确定目标：从整体出发提出最优化目标及效能准则（即衡量目标的标准）。

②收集资料：收集、整理并提供必要的数据和给定一部分约束条件。

③建立数学模型：在充分了解情况的基础上，找出反映问题本质因素的数学方程（即某些变量或参数之间的关系）和逻辑框图。

④计算：编制程序，通过计算求解，并提出若干可行方案加以比较。

⑤评价和决策：经过对方案的分析、比较，从中选出最优方案，由执行部门选定、决策。

2）最优化的方法。最优方案的选择和设计，不是凭经验的直观判断，更不是用调和争执、折中不同意见的办法所能做到的，而是要借助于数学方法，进行定量的分析。对于较为复杂的标准化课题，要应用包括计算机在内的最优化技术。对于较为简单的方案的优选，可运用技术经济分析的方法求解。

（5）简化、统一、协调和最优化原理之间的相互关系。上述的标准化原理，由于是从不同形式的标准化活动中概括出来的，因而带有很多的方法论特点。所以，这些原理都被称为标准化的方法性原理。

标准化的这些原理都不是孤立存在，孤立地起作用的。它们互相之间不仅有着密切联系，而且在实践应用过程中又是互相渗透，互相依存的，它们结成一个有机的整体综合反映标准化活动的规律性。

简化原理与统一原理是从简化与统一化这两种古典的标准化形式中总结出来的，在现代仍然被广泛地应用着。协调原理和最优化原理是从近代标准化的特点中概括出来的。但是，这绝不是说古代标准化就不存在协调和最优化问题，而是说这个问题的重要性在现代更为突出了。

从古至今，无论是简化还是统一，都要经过协调达到优化的目的。只是古代标准化，协调的方式较为简单，协调的内容也不复杂，比较容易达到优化的目标。现代标准化则不同了，在简化、统一化和协调过程中都贯穿着一个最一般的原则，就是从多种可行方案中选择或确定一种最优方案。在标准化活动中，对标准系统的构成加以简化，因素加以统一，关系加以协调，都要达到一个共同的目的，使整个系统的功能最佳。这就是最优化原理在起作用。由此足以说明这条原理的重要地位。

在实践过程中，简化和统一也是互相渗透的、有些简化是为以后的统一打下基础，而有些对象的统一化首先是从简化开始。无论简化还是统一，都要经过协调，未经协调的简化和统一是不可能达到总体功能最优的。

2. 标准系统的管理原理

按照现代系统论的观点，无论是自然界还是人类社会中，普遍存在着各种各样的系统。标准也同样具有系统属性，并且已经存在各种各样的标准系统。

由于标准系统是人造开放系统，这个系统的发展及其功能的发挥，不仅取决于系统内部诸要素间的相互作用，而且还取决于外部环境的变化；更由于这个系统不能进行自我调节，这就必然要求由人来对它进行管理。

对标准系统的管理，就是要运用计划、组织、监督、控制、调节等职能和手段，对标准系统内部各要素间的关系以及同外部环境间的关系进行协调，正确处理标准系统发展过程中的各种矛盾，充分发挥其系统功能，促进标准系统的健康发展。

在信息化高速发展的时代，李春田认为原有的理论和方法已经远远不足以适应于对标准系统的管理了，因而他在《标准化概论》的修订版中又提出了四项标准系统的管理原理：系统效应原理、结构优化原理、有序发展原理和反馈控制原理。

（1）系统效应原理。人类的每一项活动都是有目的的，都是为了取得一定的效应。建立标准系统的目的，是要它具备特定的功能，产生特定的效应，这也就是标准系统的目标，或者说是我们赋予这个标准系统的使命。

标准系统并非若干个互不相干的标准的简单集合，而是一个互相联系的有机整体标准系统与其要素（组成该系统的各个标准）的关系类似整体与局部的关系或总体与个体的关系。

每一个具体的标准都有其特定的功能，也都可以在实施中产生特定的效应，这种效应叫作个体效应或局部效应。由若干具有内在联系的标准个体组成的标准系统，也有其特定的功能，也可在实施中产生特定的效应，这种效应叫作总体效应或系统效应。系统效应需以个体效应为基础。

关于个体效应与系统效应的关系，通过标准化实践可以得出这样的结论：标准系统的效应，不是直接地从每个标准本身而是从组成该系统的互相协同的标准集合中得到的，并且这个效应超过了标准个体效应的总和。这就叫作系统效应原理。其含义是：

1）标准系统是一个不可分割的整体，其效应一定要从完整的系统来看，而不是从孤立要素的简单叠加来看。作为有机整体的标准系统，其效应既与组成该系统的各个标准及它们的结构有关，又不是各个标准个体效应的简单总和。同时，每个标准的个体效应，又同它所从属的系统有关，受系统的影响和制约。

系统效应之所以不同于个体效应，是因为在结构上合理的标准系统，已经不是互不相干的标准群体，而是形成了标准之间、标准与系统整体之间互相联系、互相作用、互相对立的矛盾统一体。系统效应就是从要素量的集合达到整体质的飞跃中产生的，是相关标准之间相互作用产生的相关效应。这种效应一般要比各个标准效应的简单总和大得多。所以说，系统效应必须在系统内部各级、各类子系统和要素间的错综复杂的协同作用中探求。倘若子系统之间协同性很差，也不会产生系统效应。

2）标准化活动是由人力、物力、财力、技术、信息等要素构成的社会活动。根据系统效应原理，这些要素的构成或组合方式不同，所产生的效果也很可能不同。倘若根据需要或特定的目标，通过对各要素的合理筹划和有机组合，形成系统，便可产生特殊的效应，即系统效应。它能使有限的资源产生更大的能量，用较小的代价取得更大的效益，在较短的时间内求得更快的发展速度。但在以往的标准化活动中，却偏重于追求单个标准的个体效应，较少考虑系统效应；往往偏重于标准的总数量，较少考虑标准的系统性以及标准系统的合理结构。因此，系统效应才是优化的目标。系统效应原理是现代标准化理论的核心。标志着标准化方法论的重大转变。

（2）结构优化原理。标准系统要素的阶层秩序、时间序列、数量比例及相关关系，依系统目标的要求合理组合，使之稳定，才能产生较好的系统效应。这就是结构优化原理。其含义如下：

1）标准系统的结构不是自发形成的，是经过优化的结果，只有经过优化的系统结构，才能产生较好的系统效应，这是标准系统的一个特点，由此决定了标准系统的优化是对标准系统进行宏观控制的一项重要任务。

2）标准系统的结构形式，总的来说是变幻无穷的，但最基本的有阶层秩序（层次级别的关系）、时间序列（标准的寿命时间方面的关系）、数量比例（具有不同功能的标准之间的构成比例）和各要素之间的关系（主要是相互适应、相互协调的关系），以及它们之间的合理组合。它要求我们按照结构与功能的关系，不断地调整和处理标准系统中的矛盾成分和落后环节，保持系统内部各组成部分有个基本合理的配套关系和适应比例，以提高标准系统的组织程度，使之发挥出更好的效应，这就是结构的优化。其实古代著名的"田忌赛马"的故事就充分说明了结构优化的重要作用。田忌通过马匹进行重新组合，形成新的结构，使自身由劣势转变为优势，最终赢得比赛。可见系统各要素的合理组合至关重要，结构优化原理的正确应用有时可以起到关键性的作用。

3）标准系统只有稳定才能发挥其功能，经过优化后的标准系统结构，应该能够保持相对稳定。所谓稳定，是指系统某种状态的持续出现，从而其功能可持续发挥。而要如此，一是要使各相关要素之间建立起稳定的联系（或相互协调的关系）；二是提高结构的优化水平，并特别注意处理好与环境的协调关系。因此，标准系统结构的稳定程度既是结构优化的目的，也是衡量优化水平的依据。

（3）有序发展原理。标准系统只有及时淘汰其中落后的、低功能的和无用的要素（减少系统的熵），或补充对系统进化有激发力的新要素（增加负熵），才能使系统从较低有序状态向较高有序状态转化。这就是有序发展原理，也可叫作标准系统的熵减少原理。这一原理的含义如下：

1）对标准系统来说，经过优化而获得的稳定结构，只能是暂时的，随着系统内外情况的变化必定要向不稳定状态转化，这就要及时对系统的构成要素加以调整，使系统从较低有序状态向较高有序状态发展，以求建立新的、更高水平的稳定结构。所以，这一原理是关于标准系统进化发展的原理。

2）要及时淘汰那些落后的、低功能的和无用的要素，因为这些要素同其他要素的关系并不密切，甚至毫无联系，系统中这类要素越多，系统越松散，熵越增大,越趋向无序。所以,不仅对标准化对象要经常运用简化的形式以提高产品系统的功能,而且对标准系统也应进行简化,使系统的熵减少,提高有序度。因此,又称这一原理为熵减少原理。

3) 根据客观实际需要,及时地向处于临界状态的系统补充对系统进化具有激发能力的新要素,尤其是功能水平较高的要素,是推动系统发展的负熵流,它先是使系统离开稳态进入非稳态,然后又推动系统进入新的稳态。标准系统就是这样通过从无序到有序,再从无序过渡到更高的有序的,复循环过程向前发展的,从这个意义上说,"标准化活动,基本上可看成人们为创造负熵所做的努力"。

(4) 反馈控制原理。根据结构优化原理和有序发展原理,系统结构的稳定性取决于系统的有序度,而有序度又与系统要素间的协同作用相关。此外,系统的进化与发展还受到环境条件的严格制约,还须与环境相适应。这种协同作用和环境适应性的出现,起主要作用的是信息反馈,即通过各要素间以及系统与环境之间的信息联系和以信息为基础所实现的反馈控制达到的。反馈控制是标准系统实现目标的决定性因素。由此得出下述结论:标准系统演化、发展以及保持结构稳定性和环境适应性的内在机制是反馈控制;系统发展的状态取决于系统的适应性和对系统的控制能力。这就是反馈控制原理,它的含义如下:

1) 标准系统在建立和发展过程中,只有通过经常的反馈(指负反馈),不断地调节同外部环境的关系,提高系统的适应性,才能有效地发挥出系统效应,并使系统向有序程度较高的方向发展。

2) 标准系统同外部环境的适应性和有序性,都不可能自发实现,都需要由控制系统(标准化管理部门)实行强有力的反馈控制。标准化管理部门的信息管理系统是否灵敏、健全,利用信息进行控制的各种技术和行政措施是否有效,即管理系统的控制能力、管理水平如何,对标准系统的发展有重要影响。

3) 标准系统效应的发挥,依赖于标准系统结构的优化,标准系统的稳定是有序化的结果,所以它又依赖于标准系统的演化发展(在发展过程中实现稳定),而所有这一切都离不开反馈控制。由此不仅可以看出反馈控制原理的重要意义,还可看出标准系统的四个管理原理之间的联系,它们实际上是一个整体,一个不可分割的理论体系。

4.1.3.2 国内其他主要代表人物提出的原理

除了李春田潜心研究提出标准化原理之外,国内其他不少学者也在不停地对标准化,原理进行探求,以下主要以提出理论的时间先后顺序对他们的主要观点进行介绍。

1. 王征五项原理

中国标准化综合所研究员王征在1981年发表的《标准化基础概论》一书中

提出了五项标准化基本原理：统一原理；简化原理；互换性原理；协调原理以及阶梯原理，这五项原理的具体含义如下。

（1）统一原理。王征认为，标准化的统一原理是标准化原理的核心和本质。统一原理和其他原理关系不是并列的，或者说其他原理都是统一原理的具体形式。

标准化的统一原理中"统一"的含义，是指科学、合理的统一。所谓科学、合理的统一，是指这个统一是辩证的，是对立中的相对的暂时的统一，不是僵化、绝对化的形而上学的统一。它以适应客观需要为准则，或者说，这种统一，根据不同情况有不同情况的统一。总之，统一既要科学又要合理，它包括一定范围、一定程度、一定级别、一定水平、一定时间和一定的多数的统一，也就是所说的"科学、合理"的内容。只有科学、合理的统一，才能使标准化有生命力，才能充分发挥标准化的作用，才能达到标准化预期的目的。王征的统一原理具有哲学辩证法的精神实质。

（2）简化原理。简化原理的实质，就是化繁为简，去劣选优，以少胜多，合理发展。特别是在品种规格发展中，随着技术的进步和生产的发展，品种规格变得越来越复杂化，常常出现极为混乱的状况。这就影响了生产技术的发展。为了解决这个问题，就必须通过标准化，将多余的品种、规格、型号去掉，保留和发展那些合理的品种规格，也就是通过简化，去掉那些杂乱的品种规格，用较少的品种规格满足较广泛的需要。

（3）互换性原理。互换性是标准化的重要原理之一。松浦四郎的十九项原理中也涉及互换性。互换性的实质是使零部件的尺寸、形状、性能、作用相同，彼此可以互相替换。利用互换性原理、可以大批量生产具有互换性的零部件，为产品的生产、装配、维修带来极大的方使。

在大机器生产中，由于分工和协作，客观上要求各协作单位生产的零部件具有互换性，以提高零件的成批生产效率、组装效率。互换性原理在标准化史上也是应用得很早的。在大工业中，19世纪末20世纪初就已被应用。美国的大批量生产是建立在互换性原理的基础上的，互换性原理被高度运用时，就出现了积木式的组合化。它用少量的高度互换性的零部件、构件或组合件，在较短时间内可以拼装出各种不同的机械、装备或建筑物。它是机械工业和工程建筑等方面经常采用的先进技术之一，也是机械制造和工程建筑的技术水平与深度的重要标志之 。

（4）协调原理。标准化的协调原理，是针对各部门之间、各专业之间、各企业之间、企业内各生产环节之间的关系来说的。该原理的实质，是将各专业间、部门间、企业间、各环节间的技术联系和技术特性关系，用标准统一起来，实现各方面的科学的、合理的连接、配合和协调。

社会生产分工越细，协作越密切。如何沟通各方面的技术联系，使之成为一个统一的有机整体，是标准化的一个重要任务，标准化是各方面联系的纽带、协调的依据，各专业、各部门、各企业、各环节之间有了标准化这个统一、协调的技术基础，相互之间在生产过程中，就可以很好地配合，使社会生产的秩序正常化，否则，社会生产失去了必要的协调，将会破坏生产技术正常秩序，造成技术、生产上的混乱。

（5）阶梯原理。所谓阶梯原理，是指标准化的发展动态原理。标准化发展的动态过程中其发展形势呈阶梯状：标准的制定—相对稳定—修订（提高）—相对稳定—修订（提高），每一修订都是提高到新的水平，好像上楼梯一样一阶一阶地上升，该原理包括技术发展过程与标准化的理想时机、技术发展的连续性与标准化的阶梯性、技术水平与标准化水平的关系等部分。

2. 常捷八字原理

中国人民大学工业经济系常捷教授提出了标准化的"八字"原理，即统一、简化、协调、优选。

（1）统一原理。统一即对具有等效功能的标准化对象（物质的、文字的），或其技术要素（如尺寸、参数）进行合理归并，使之达到互换或成为共同遵循的依据。常捷认为，统一的确定有两个层次：一个是功能统一，一个是结构统一。

功能统一是对事物功能认识和表述的统一，而结构统一是统一功能事物采取一致的结构。例如，床的功能是"供人睡卧"，功能确定后，结构可以是铁质床、木质床、弹簧床及相应结构参数等。

（2）简化原理。简化，即保证在一定时期内适应需要的前提下，合理减少品种、型号、规格，并使之形成系列。简化需要对对象功能进行分析，通过功能简化与结构简化，从许多可取项目中，合理选择最佳的数量。选出的项目在一段时间内，使其相对固定，以便重复利用。

简化原理的层次划分与统一原理的层次划分是相同的。其中，功能简化是对对象的过剩功能或存在的不必要功能消除多余，使功能构成精练。结构简化是对对象的复杂结构消除多余，使结构构成精练。例如，企业将功能相同或相近的部门机构进行合并，使机构精简，达到结构简化的目的。

（3）协调原理。协调，即在一定时间和空间内，使标准化对象内外相关因素达到平衡和相对稳定的原理。由于一个系统中事物的联系以及与系统外的联系，主要是功能之间的联系和结构间的联系，因此，事物之间和事物内部间的协调分为功能协调和结构协调。

功能协调是在系统目标一致的条件下，事物之间相关功能的功能参数协调。例如，制定衬衫产品标准，要保证与人体的相关功能协调，还要保证功能参数的协调，用满足人体需要的高度和围度等功能参数作为产品的规格参数。结构协调是在功能协调的基础上，实现构成互相连接配合的结构参数协调。

（4）选优原理。选优，即根据标准化目的，评价和求解标准目标的最优解答。选择最佳化的步骤是：第一，明确约束条件；第二，设立可行方案；第三，确定评价准则；第四，进行评价。

同时，常捷认为：统一是目标，协调是基础，简化选优是统一、协调的原则和依据。可见常捷的八字原理也是互相联系、密不可分的。

3. 洪生伟八项原则

洪生伟通过总结各学者的标准化原理，于2003年在其撰写的《标准化管理》一书中也提出了自己的观点，即标准化活动的八项原则：超前预防原则；系统优化原则；协商一致原则；统一有度原则；动变有序原则；互换兼容原则；阶梯发展原则；滞阻即废原则。

（1）超前预防原则。标准化的对象不仅要在依存标准化课题的实际问题中选取，而且更应从其潜在问题中选取，以避免该对象非标准化发展后造成的损失。这一原则实际上暗含着超前标准化的思想。例如，食品安全是一项非常需要有相关标准可依的活动，如果没有对食品安全进行标准化，那么对消费者造成的损害是无穷的。因而应当看到其潜在的危害，并进行超前预防。

（2）系统优化原则。标准化对象应优先考虑其所依存主体系统是否能获得最佳效益的问题。具体来讲就是：标准化对象应在能获取效益的问题中确定，没有标准化效益的问题，不必去实行标准化；在能获取标准化效益的问题中，首先应考虑能获取最大效益的问题；在考虑标准化效益时，不仅要考虑对象自身的局部标准化效益，更应考虑对象所在依存主体系统即全局的最佳效益。

（3）协商一致原则。标准化的成果应建立在相关各方协商一致的基础上。这一原则与桑德斯的原理2和松浦四郎的原理15都有异曲同工之处。

（4）统一有度原则。在一定范围、一定时期和一定条件下，对标准化对象的特性和特征作出统一规定，以实现标准化的目的。洪生伟认为统一有度原则是标准化的本质与核心，它使标准化对象的形式、功能及其他技术特征具有一致性。

（5）动变有序原则。标准应依据其所处环境条件的变化而按规定的程序适时修订，以保证标准的先进性和适用性。标准是一定时期内依存主体技术或管理水平的反映，随着时间的变化，必然导致标准使用环境条件的变化，因此必须适时修订标准。如我国的许多标准化方面的法律条文都在适时进行修订，每隔一段时间就会颁布修订案，使其不断完善，如"公司法""会计法"等。

（6）互换兼容原则。标准应尽可能使不同的产品、服务或过程实现互换和兼容，以扩大标准化效益。互换性与前面王征五项原理之一的互换性的含义基本相同，是指一种产品、服务或过程，能代替另一产品、服务或过程满足同样需求的能力。兼容性是指不同产品、服务或过程在规定条件下一起使用，能满足有关要求而不会引起不可接受的干扰的适宜性。

（7）阶梯发展原则。标准化活动过程，即标准的制定—实施（相对稳定一个时期）—修订（提高）—再实施（相对稳定）—再修订（提高），是呈阶梯状的发展过程。每次修订标准就把标准水平提高一步，就像走楼梯一样，一阶一阶地登高。这一观点也与王征的阶梯原理相类似。

（8）滞阻即废原则。当标准制约或阻碍标准化对象依存主体的发展时，应立即废止。任何标准都有二重性，它既可促进标准化对象依存主体的顺利发展而获取标准化效益，也可制约或阻碍其依存主体的发展而带来负效应。因此我们对标准要定期或不定期复审，确认其是否适用，如不适用，则应根据其制约或阻碍依存主体的程度、范围等情况决定审改或修订。

4. 其他学者提出的原理

除了以上提及的标准化原理，还有不少专家学者也提出了相关理论。例如，我国机械行业著名的标准化专家陈文祥自 20 世纪 50 年代就从事机械部标准化管理工作，80 年代他在为西安交通大学标准化双学士班授课时，依据自己数十年的标准化实践和研究成果，编写了《标准化原理与方法》教材。他在该教材中，从重复利用效应、经验积累规律与熵增加原理相结合的角度论述了简化原理是标准化的基本原理，同时提出标准化管理中应实施优化原则（包括功能结构优化和参数系列优化）、动态原则、超前原则、系统原则、反馈原则以及宏观控制和微观自由相结合原则。

北京理工大学教授郎志正在其主编的《标准化工程学》中提出标准化的五项指导原则、即效益原则、系统原则、动态原则、优化原则和协商原则。

张锡纯主编的《标准化系统工程》提出了标准化活动中的四项基本工作原理，即有序化原理、统一协调原理、系统优化原理和反馈控制原理。

叶柏林长期研究标准化经济效果问题，1984 年发表了《标准化经济效果基础》，对国内外标准化经济效果进行了研究和总结，提出了评价标准化经济效果的指标体系。

杨鸣铭在其 1995 年发表的著作《标准学及其理论和学说》中介绍了标准先声论，这是一个类似哲学的理论，即认为标准是第一性的，而标准化是第二性的。具体来说就是标准的制定与发布是产生标准化的原因，标准的实施与监督是标准广泛应用引起实现标准"化"的结果。这一理论从根源上对标准化原理进行了分析，是对标准化理论高度的科学概括和总结。

4.1.4 标准化理论的新发展

当今时代，国际贸易迅速发展、知识经济和全球化呈现出不断加强的态势，这样的现状迫切要求我们尽快建立能正确反映新生产力水平和新社会经济结构要求的新理论、新原则和新观念，以便更好地指导标准的制修订以及标准的推行和实施。在此大背景下，国内外标准化理论也有了新的发展，主要表现为标准化的多学科发展、综合标准化、超前标准化等方面。

4.1.4.1 标准化的多学科发展

标准化是一个典型的横跨多种学科的新兴学科。标准化理论与其他学科的结合，不仅丰富了标准化的理论内涵，也使其更加具有实践价值。

（1）标准化与技术和工程学科。当前高校中的很多学科都在直接或间接地讲授标准化知识，特别是像机械制造、自动化、电工电子、建筑、计算机等工科专业。制图课是很多专业的必修基础课，其中几乎通篇都与标准有关。与技术工程相关的专业，如机械制造、电工电子等专业的很多基础课程都伴随着专业技术标准知识的讲授。另外，标准化学科与系统工程、熵理论、统计学、法学、哲学都紧密相关。

（2）标准化与管理学科。标准化与管理学科同样紧密相关。前面谈到的管理学的鼻祖泰勒的经典著作《科学管理原理》中有很多部分都是在论述企业的标准化，包括工人的操作标准化、工具标准化、工作环境标准化、工时标准化等。ISO9000族系列国际标准在全球范围内的巨大成功，使标准化科学和管理科学之间形成了一种更特殊的关系。这大大促进了高校当中关心企业管理和质量管理的学者对这方面的研究和教学工作。

（3）标准化与工业工程。工业工程起源于20世纪初的美国，是一门在制造工程学、管理科学和系统工程学等学科基础上逐步形成和发展起来的交叉工程学科。标准化与工业工程学科也有非常紧密的关系，因为工业工程为企业给出的解决方案都需要技术标准的支撑，而且工业工程的一个重要分支——人因工程，或称为工效学，本身义是国际标准化组织中的一个重要领域（ISO/TC159）。

（4）标准化与心理学、行为学以及工业社会学。无论是企业标准、国家标准，还是国际标准，在本质上都是由人制定的，而且都是由人来实施的。这种意义上的人一般都是受雇于某个组织机构，受到组织机构基本利益的驱动。所以标准化学科与人的心理学和行为学，以及组织行为学都有一定的关系。德国学者康丝坦兹·安雅·克拉科（Constanze Anja Clarke）在文章中指出，企业中的标准化与工业社会学也有关系，因为企业的产品设计和生产系统在本质上也是社会关系的一种，人在其中占有重要的位置。

（5）标准化与经济学。最近20年当中，在标准化组织的推动下，经济学界开始关注标准化的经济利益研究，也不断出现有价值的成果。在这方面，英国和德国的研究令人瞩目。由英国政府贸工部（DTI）和标准化学会（BSI）支持，诺丁汉大学商学院、Fraunhofer系统与创新研究会等合作完成的《标准的实证经济学研究》包括三部分：第一部分为基于英国数据的公共标准对技术革新影响的幅度估计；第二部分为标准与国际技术扩散；第三部分探讨标准是促进还是阻碍创新。研究报告的结论认为，战后的英国生产率增长中，大约有 13% 的增长归因于通过标准途径传播的技术、管理经验，以及作为创新体系一部分的其他知识形式。这一传播过程补充并扩大了知识创新中研发及投入的价值。另一个值得注意的经济学成果是美国学者安德鲁·罗素（Andrew L. Russell）撰写的论文《美国体系：标准化的熊彼特学说史》，作者从熊彼特的经济学观点和创新理论对美国标准化发展史进行了全面的解析，很好的将标准化与经济学相结合。

（6）标准化与法学。由于技术标准中的知识产权问题与 ICT 产业和企业创新都有着直接的关系，而且它还引发了重要的知识产权政策问题，国际巨头和企业共同体开始用标准中的知识产权收取专利费（如高通公司），国际贸易中出现了技术标准与知识产权的纠纷，老的知识产权政策受到了严重挑战。由此这一问题受到了法学界的密切关注。进入 21 世纪之后，这方面的论著不断出现，各国知识产权的政府管理者也频频出现在相关的学术会上发表看法。

技术法规与标准的关系是另一个引起法学界关注的问题。欧洲在这一领域的研究相对成熟，并在欧盟的一体化进程中对法规体系和标准化体系建设，以相应的产业创新政策设计提供了巨大支持。

（7）标准化与国际贸易及政治学。标准化显然易与国际贸易及相应的政治学相结合。全美亚洲研究所（NBR）2006 年 6 月发表了理查德·苏迈德（Richard Suttmeier）、姚向葵、谭自湘合作撰写的研究报告《标准就是力量？中国国家标准化战略制定中的技术、机构和政治》。报告提出了"标准战"的概念，论述了中国的技术创新与标准化战略在全球发展中的碰撞，以及中国所面临的体制性及公共政策问题，举出的案例都是中国自主技术制定的标准在国际竞争中的态势，其中比较典型的案例是中国的标准 WAPI（中国无线局域网安全强制性标准）在国际上遭到有些企业的反对，在国际标准化组织中投票陷入困境，特别是在中美谈判中成为政治筹码。报告特别指出，"外国观察家甚至在探究 WAPI 是否预示着中国新技术民族主义标准战略的到来"。

（8）标准化与现代物流工程。物流技术是传统技术和现代信息技术相结合的产物，从表面上看好像它只不过是一个非常简单的传统标准化结果。但是，马克·莱文森（Marc Levinson）撰写的著作《魔箱——运输集装箱让世界变小，却让经济变大》向世界展现了在全球物流过程中处于核心位置的集装箱标准化过程的另一面。技术问题在其中已经不再重要，而国际巨头（利益相关方）各自为保护自身的利益作出巨大努力让人们看到经济驱动的惊人力量，但是多样化的世界最终还要建立最基本的秩序，经济全球化最终选择了标准化。标准化协商一致的背后实际上是经济利益的平衡。就像书中所说，"时至今日，集装箱运输已经日趋成熟，发展成了一个全球规模的、高度自动化和标准化的行业"。

除了以上几个学科，标准化理论还与公共管理、工业工程、制造工程等学科结合，形成了具有各学科特色的标准。

4.1.4.2 综合标准化

综合标准化是苏联标准化工作者的创造，在《综合标准化工作指南》（GB/T 12366—2009）中是这样定义的：综合标准化是为达到确定的目标，运用系统分析方法，建立标准综合体并贯彻实施的标准化活动。综合标准化强调标准化工作目的是解决具体问题而不是制定标准本身，工作重点是解决经济社会发展中重大的综合性问题而不是个别孤立的问题，工作方法是围绕特定目标制定成套标准而不是单个地、分散地制定标准，工作衡量标准是实施效益而不是制定的个数。

（1）综合标准化在我国的发展。20世纪80年代初，我国引进了苏联的综合标准化的经验，在1983年起组织实施了一系列综合标准化试点项目，彩色电视机的综合标准化就是一个成功的典型。1990年我国还颁布了国家标准《综合标准化工作导则》（GB/T 12366.1—1990～GB/T 12366.5—1990）。然而，在此后的20年里，由于各种原因，综合标准化逐渐淡出人们的视野。2009年，国家标准委又重新修订了《综合标准化工作指南》（GB/T 12366—2009），使综合标准化终于盼到了重新发挥作用的时机。

李春田从综合标准化引入的早期便开始潜心研究综合标准化的理论和方法，曾在2008年发表了《重提综合标准化》的文章，引起了标准化界的广泛关注。之后，他又完成了《综合标准化》的系列研究，涵盖了综合标准化的发展、特点、过程、理论基础和方法论、综合标准化的现实意义等内容。文中引用了大量实例，揭示了传统标准化的诸多不适应和现代标准化的必然发展趋势。

（2）综合标准化的特征。李春田认为，综合标准化与传统标准化比较有许多特点，其中主要包括以下六个方面。

1）整体性。所谓"整体性"也可以说是"系统性"。从认识论和方法论的角度来说，就是从整体出发考虑问题，或者是用系统观点考虑问题。综合标准化是遵照系统科学的原理发展起来的，系统理论的首要原则是整体性原则，系统科学方法论的首要特点就是整体性。

2）目的性。综合标准化的目的性非常突出。传统标准化是有目的的标准化，但它们的目的是相互独立的、分散的、各自为政的。而综合标准化是多个标准围绕一个目标，它不容许分散，更不容许各自为政。标准化综合体中不论包括多少标准，都必须服从一个总目标。标准综合体中的每一个标准虽然也有各自的目标，但这些目标都是为保证总目标的实现而确立的。

3）成套性。综合标准化不是一次只制定一个标准，而是在限定时间内制定一整套对实现既定目标起保证作用的标准，这叫标准的成套性。这种成套制定标准的方法相当于按订单生产，每套标准都有特定的用户，并且令用户满意；而常规的标准化相当于生产库存，谁使用谁是用户，没有用户便积压。

4）敏感性。苏联学者 A·K·加斯切夫（A. K. Gastev）认为，具有整体性特征的标准系统是"是一个十分敏感的综合体"。这就是说，如果确实是按照一个统一的目标建立了一个协调的标准系统（即标准综合体），就一定是个敏感的综合体，及其中的任何一个标准（尤其是处于核心地位的标准）的变更必将明显地影响到整个综合体，要求综合体作出反应——对其他标准进行相应调整，这就是标准综合体的敏感性特征。

5）全过程管理。所谓"全过程管理"，是指综合标准化不仅通过标准的制定，建立标准综合体，而且还要实施这个标准综合体，实施中或实施后都要通过监督检查反馈信息，对标准进行调整和修订，直到达到预定目标，实现标准化的目的。

6）计划和风险性。计划性这个特点是综合标准化固有的。综合标准化的每个主要阶段都有相应的计划，并且一环扣一环，成为综合标准化工作的具体路线图和每一步工作的依据。

风险性也是综合标准化固有的，它包括组织管理上的风险和技术上的风险。但是高风险常常伴随高效益，这个风险既是标准化工作者肩上的巨大压力，也是促进标准化工作者一丝不苟地做好每一步工作的推动力。它激励着标准化工作者有所作为和建功立业的精神，也推动着人们去思考、去创造。

综合标准化不仅仅改变了传统的标准化计划工作方法，而且开创了一整套标准化工作的新方法。这一整套方法又是建立在系统理论基础之上，彻底地遵循系统科学的整体性原则、结构性原则、动态开放性原则、目的性原则和系统的自组织原则，从而使综合标准化成为系统科学理论与方法论的实现形式。这是标准化这门学科发展过程中的一个重要的里程碑。

4.1.4.3　超前标准化

超前标准化的概念与综合标准化一样，都是从当时的苏联引入的。凡具有一定的超前期，而且其质量指标随着时间的变化而变化，并在整个有效期内始终处于最佳状态的标准化工作，就叫作超前标准化。这主要是基于基本信息技术和网络技术的发展，国际上出现了标准化组织中的标准制定与技术并行发展甚至超前于技术发展的情况。这种观点在我国政府部门的管理工作中有着很大影响，特别是希望在政府的大型科研和工程项目中能够做到标准化先行，使得项目的执行能够有标准可依。但是这一观点目前在标准化理论界颇有争论，至少认为这种观点应该是有前提限制的。

（1）超前标准化的特征。超前标准化具有以下两个特征：第一，具有一定的超前期，这个期限对于具体的情况和具体的最佳方案来说应该是最佳的；第二，在有效期内，标准要求的最佳性。

超前标准化的实质就在于，通过一定的预测方法确定出必要的原始数据（诸如需求关系、耗费、对象参数和时间的约束以及部分参数时间的关系等），并在这些值最佳化（动态最佳化或静态最佳化）的基础上确定出参数。

（2）"超前"的含义。"超前"二字的含义实际上包括了两个内容，即标准制定时间的超前和标准中所规定的指标的超前。简言之，即时间超前和指标超前。

1）时间超前。关于时间超前的问题，可分为两种情况。第一种情况，即在一般情况下制定标准（特别是制定新产品标准）时应将制定时间尽可能地向前提，最好能同新产品的开发研制过程全方位地相结合，以便在新产品投产时即能处在标准的有效控制之下，从而提高标准化的效果；第二种情况，即在组织开展综合标准化的情况下，当确定标准综合体规划中各项标准的制定顺序时要求对零部件标准和配套标准的制定时间尽量提前，以保证综合标准化的整体最佳效果。

2）指标超前。指标超前是超前标准化的核心。它要求通过预测将来指标分解为阶段指标纳入标准，并规定实施期限。但要指出，这种形式并不是唯一的，也可以规定未来指标，这根据具体情况决定。所谓未来指标，也叫远景指标，即在未来的某个时期必须达到的指标。这种指标往往高于现在能够达到的水平，所以它是超前的。当然，从形式上看，超前标准同一般的标准之间的区别好像只表现在指标高低和超前范围的数量方面，但在科学技术迅速发展的当代条件下，这种数量上的区别，却提高了新的质量水平。

虽然无论是标准化的工作者还是学者，已经从多个角度、多个领域对标准和标准化问题进行了探讨，但是从众多的研究文献来看，诸如标准化对象的特征问题还没有得到很好的解决。标准化的理论还需要更多、更深入地研究。

4.2 标准化的方法

标准化的方法，又叫标准化的形式，是标准化内容的存在方式。标准化有多种方法，每种方法都表现不同的标准化内容，针对不同的标准化任务，达到不同的目的。

标准化的方法也是由标准化的内容决定的，并随着标准化的内容的发展而变化。标准化的方法是有相对的独立性和自身的继承性，并反作用于内容，影响内容。标准化过程是标准化的内容和方法的辩证统一过程。

研究各种标准化方法及其特点，不仅便于在实际工作中根据不同的标准化任务，选择和运用适宜的标准化方法，达到既定的目标，而且能够根据标准化内容的发展和客观的需要及时地创立新方法取代旧方法，为标准化的进一步发展开辟道路。

比较主要的标准化方法有简化、统一化、系列化、通用化、组合化、模块化等。

4.2.1 简化

从汉语释义的角度讲,"简化"是指故意少说几句,略去具体细节而抓住主干,形神兼备地传达出形象或意念的大致轮廓与内在精髓的构思方式。将这种思路对应到标准化管理中,便形成了标准化的基本方法之一——简化。

任何事情只要有两个或两个以上的人在做,就会有多种做法;任何产品只要有两家以上的工厂生产,就会有多种式样。事物的多样化有其有利的一面,也有其不利的一面。一般来说,商品种类丰富是好事,但是,多得失去控制和无用处往往就会造成混乱。在生产和生活中,由于各种有意和无意的因素,如不加控制,事物总是向越来越多样化的方向发展。然而,人类有一种控制的本能,保护他们自身的利益,免除不必要的甚至是有害的差异的增长,有意识地进行合理的简化,减少事物的多样性和复杂性。

4.2.1.1 简化的定义

简化就是在一定范围内缩减对象(事物)的类型数目,使之在既定时间内足以满足一般需要的标准化形式。

这就是说,简化一般是事后进行的,也就是事物的多样化已经发展到一定规模以后,才对事物的类型数目加以缩减,这便是这种标准化形式的特点。当然,这种缩减是有条件的,它是在一定的时间和空间范围内进行的,其结果应能保证满足一般需要。

然而简化并不是消极的"治乱"措施,它不仅能简化目前的复杂性,而且还能预防将来产生不必要的复杂性。通过简化确立的品种构成,不仅对当前的生产有指导意义,而且能在一定时期、一定范围内预防和控制不必要的复杂性的发生。

4.2.1.2 简化的原理

具有同种功能的标准化对象,其多样性的发展规模超出了必要的范围时,需消除其中多余的、可替换的、低功能的环节,保证其构成的精练、合理,并使整体功能最差。这是简化的过程,简化是经济和社会发展的客观需要,简化操作也要遵循一定的原则。

(1) 简化的客观基础。

1) 事物的多样性是发展的普遍规律。在生产领域,由于科学、技术、竞争和需求的发展,使社会产品的种类急剧增多。社会产品(或商品)越来越增多、越来越多样化的趋势,是社会生产力发展的表现,一般来说是符合人类愿望的。

但是,在商品生产社会里,这种多样化的发展趋势,不可避免地带有不同程度的盲目性,如果不加控制地任其发展,那就有可能出现多余的、无用的和低功能的产品品种。这类产品的大量存在,是社会生产力的一种浪费,既不利于生产的进一步发展,也不利于满足社会需求。对这类产品,如果通过竞争加以淘汰,则要以相当大的经济损失和资源浪费为代价,因此简化是人类对社会产品的类型进行有意识地自我控制的一种有效形式。

2) 商品生产和市场竞争是产生多样化的重要原因。要使人们的需求更好地得到满足,社会商品更加丰富多彩,也必须运用简化的手段使生产更加合理化,从而为社会所需要的多样化的合理实现创造条件。只要商品生产还存在,社会产品的类型就有盲目膨胀的可能,简化这种自我调节、自我控制的手段就是必不可少的。

3) 控制对象类型的盲目膨胀是简化的直接目的。简化是为了控制对象类型的盲目膨胀,而不是一般地限制多样化。通过简化,消除了低功能和不必要的类型,使产品系统的结构更加精练、合理,这就不仅可以提高产品系统的功能,而且还为新的更必要的类型的出现,为多样化的合理发展扫清障碍。因此,简化是事物(尤其是产品系统)发展的外在动力。

(2) 简化的操作原则。简化不是对客观事物进行任意的缩减,更不能认为只要把对象的类型数目加以缩减就会产生效果。简化的实质也是对客观系统的结构加以调整使之优化的一种有目的的标准化活动。因此,必须遵循标准化原理(尤其是结构优化原理)以及从实践中确立的原则。

1) 对客观事务进行简化时,既要对不必要的多样化加以压缩,又要防止过分压缩。为此,简化方案必须经过比较、论证,并以简化后事物的总体功能是否最佳作为衡量简化是否合理的标准。

2) 对简化方案的论证应以特定的时间、空间范围为前提。在时间范围里,既要考虑到当前的情况,也要考虑到今后一定时期的发展要求,以保证标准化成果的生命力和系统的稳定性;对简化所涉及的空间范围以及简化后标准发生作用的空间范围,都必须较为准确地计算或估计,切实贯彻全局利益原则。

3) 简化的结果必须保证在既定的时间内足以满足一般需要,不能因简化而损害者的利益。

4) 对产品规格的简化要形成系列,其参数组合应尽量符合数值分级制度。

4.2.1.3 简化的效果评价

全面的效果评价要求对每个方案作恰当的分析,假如这种分析能够定量地进行,确定简化的合理性界限。

在制造领域中,对简化的效果评价原则主要有:减少设计差错,缩短设计时间,提高设计效率,便于文件管理;在流通与消费领域,对简化的效果评价原则主要有:便于包装,仓储和运输,减少消耗和管理费用,降低成本和价格。

事物的合理简化,将会给社会带来巨大的经济利益。这已为国内外无数的标准化实践所证明,许多国家的标准化学者都对合理简化的效果给予了高度的评价。日本松浦四郎认为:标准化活动最实质的问题是简化和统一,促使事物从复杂到简单,从多样性到统一性,从无序到有序。澳大利亚标准协会理事史蒂华尔特(W. I. Stewart)认为,在生产交换过程中、标准化表现出来的许多优点中,第一就是简化。简化的效果体现在生产的各个环节中。

(1) 设计阶段。品种规格的合理简化,能够提高设计的技术水平,减少设计的错误,缩短设计的出图时间,并且易于管理图纸,有充裕时间且可以集中力量进行产品的改进和新产品的开发。

20 世纪 60 年代,日本造船业为改变船舶产品多品种、小批量、低效率的状况,大量建造标准船,使 1970 年的设计工作量下降到 1965 年的 60%～70%。某电力整流器厂生产的半导体整流器,在将自冷风冷两种柜体由 40 种减为 1 种后,设计周期便由 15 天缩短到 1 天。

(2) 生产阶段。品种简化可使一种定型的产品相对持续稳定地生产,促使生产线运转时间延长。简化的效果在生产阶段可以归结为六个方面:①扩大生产批量;②生产稳定重复;③便于采用流水作业新工艺;④库存的适应性好;⑤缩短交货期;⑥操作人员熟练。

其中最突出的效果是减少不必要的品种规格,扩大生产批量,有利于采用高效的专用设备,实现生产过程机械化、自动化,为组织专业化生产创造条件。

(3) 经营管理阶段。由于品种规格的合理简化,扩大了生产批量,单位产品所分摊的折旧费、间接费以及流动资金的占用都会发生相应的变化。

4.2.1.4　简化的应用

简化既是古老的标准化形式,又是最基本的标准化形式。简化所需要的投资较少,而收效却很显著。简化的应用领域十分广阔,就产品的生产过程来说,从构成产品系列的品种、规格,原材料的品格、规格,工艺装备的种类,零部件的品种、规格,直到构成艰难的结构要素都可作为简化的对象,至于企业管理业务活动中可以简化对象的事物也很多。

(1) 物品种类的简化。任何一个生产企业都有大量的库存备品,种类繁多。其中有的长期无用,有的品种规格可以归并,只要实行简化便可消除许多无用的、多余的、可替换的类型,不仅减少资金占用、腾出库房面积,还可以改进管理。

(2) 原材料的简化。许多企业采购原材料不作论证,设计人员随意提要求,采购的品种规格过多、过杂。如某机器厂仅使用的润滑剂、冷却剂、切削液和热处理油就有 179 个品种,后经简化为 25 种,年节约材料资金近一半。

(3) 工艺装备简化。有些企业编制工艺文件时,采取分散工序的做法,并依此选加工工具。结果工具品种数量繁多。倘能通过工艺文件审查和使用统计,便可将通用性差的和可代替的加以简化。

（4）零部件简化。机电产品是由零部件、元器件组成的，有的产品中功能相近的零部件很多，如能归并简化，便可显著提高设计和制造效率。

（5）数值简化。不同的设计人员在设计过程中，如果自由取值，就会使同一参数出现多种数值（如销、轴直径），并使工具、量具的种类增多，管理复杂化。倘能加以简化，形成标准作为选用的依据，便可防止数值的不必要的多样化。

（6）结构要素（形面要素）简化。口孔径、螺纹直径、圆角半径、倒角等辅助要素的简化和统一化，会有极可观的效益。减少这些要素，就意味着减少工具和不同加工过程的数量，压缩信息在生产过程中的繁殖，降低生产成本。

4.2.2 统一化

事物总是有差异的，有差异就有矛盾，有矛盾就需要解决，这样，事物才能向前发展。标准化的主要任务之一就是运用统一原理去解决诸多客观事物的统一与不统一的矛盾。"统一"这个词通常被认为是事物的一种表现，或者说是事物发展的一种结局。这样理解的"统一"，是把"统一"作为名词或一种术语来看待的，因而似乎构不成什么原理。但我们这里所说的"统一"，是把它作为一种"行为"或一个"过程"来看待的，也就是说，把"统一"理解为从个性中提炼共性的行为，或理解为事物经过协调达到一致的过程。因此，所谓统一化原理，就是当事物发展到一定程度后人为地对其进行干预，从其个性中提炼共性的原理，是使事物经过协调保持一致性的原理，是使标准化对象提高协同性的原理。

4.2.2.1 统一化的定义

统一化是把同类事物两种以上的表现形态归并为一种或限定在一个范围内的标准化形式。统一化同简化一样，都是古老的标准化形式。古代人统一度量衡，统一文字、货币、兵器等，都是统一化的典型事例。

（1）统一化的含义。统一是指在一定范围、一定程度、一定时间、一定条件下，对标准化对象、功能或其他特征及特性所确定的一致性，且与被统一前事物的功能等效。统一化的实质是使对象的形式、功能（效用）或其他技术特征具有一致性，并把这种一致性通过标准确定下来。因此，统一化的概念同简化的概念是有区别的。前者着眼于取得一致性，即从个性中提炼共性；后者肯定某些个性同时共存，故着眼于精练，在简化过程中往往保存若干合理的品种，简化的目的并非简化为只有一种。虽然在实际工作中两种形式常常交叉并用，甚至难以分辨清楚，但它们毕竟是两个出发点完全不同的概念。

（2）统一化的目的。统一化的目的是消除由于不必要的多样化而造成的混乱，为人类的正常活动建立，共同遵循的秩序。由于社会生产的日益发展，各生产环节和生产过程之间的联系日益复杂，特别是在国际交往日益密切的情况下，需要统一的对象越来越多，统一的范围也越来越大。需要指出的是，在推进信息化的进程中，许多信息化工程要特别注意统一化的工作，系统总体工作的重要内容就是进行统一化的工作，而大部分统一性的要求则是以标准文件的形式给出。

（3）统一化的分类。统一化有两类。一类是绝对的统一，它不允许有什么灵活性。例如，各种编码、代号、标志、名称、单位、运动方向（开关的转换方向、电机轴的旋转方向、交通规则）等。另一类是相对的统一，它的出发点或总趋势是统一，但统一中还有灵活，根据情况区别对待。例如，产品的质量标准便是对该产品的质量所进行的统一化，不仅质量指标允许有灵活性（如分级规定、指标上下限、公差范围等）而且允许有自由竞争的空间，不能一律强求统一。

从理论上讲，绝对统一是指无条件的、永恒的、无限的统一；相对统一是指有条件的、暂时的、有限的统一。事实上，真正绝对的统一是不存在的。这里所说绝对统一是与相对统一比较而言的，绝对统一之中，犹如绝对真理是无数相对真理的总和，绝对真理只存在于各个相对真理之中一样。

4.2.2.2 统一化的原则和方法

统一化是一个动态的过程。矛盾论指出，矛盾双方同处在一个统一体中，而且在一定的条件下会互相转化。标准化也是如此，当事物发展到一定阶段，出现无规则的多样化，阻碍了科学技术与生产的发展时，客观上就提出了制定标准、进行统一的要求。这时，不统一就让位于统一，但随着科学技术水平的进一步提高，原有的规定已不能适应，统一又被打破，转化成新的不统一，经过对原有规定的修订，又在新的基础上达到新的统一。如此螺旋上升，每统一一次，就使被统一的对象上升到一个新的水平。在这个动态过程中需要遵循一定的原则。统一是标准化活动的目的之一，统一化应符合以下一般原则。

（1）适时原则。统一化是事物发展到一定规模、一定水平时，人为地进行干预的一种标准化形式。干预的时机是否恰当，对事物未来的发展有很大影响。把握好统一的时机，是搞好统一化的关键，也是统一化的一条原则。

所谓"适时"，就是指统一的时机要选准，既不能过早，也不能过迟。如果统一过早，特别是已经出现的类型并不理想，而新的更优秀、更适宜的类型正在酝酿过程中，这时强行统一，就有可能使低劣的类型合法化，不利于优异的类型的产生；如果统一过迟，就是说必要的类型早已出现，但重复的、低功能的类型也已大量产生的时候才进行统一，这时虽然能选择出较为合适的类型，但在淘汰低劣类型过程中必定会造成较大的经济损失，增加统一化的难度。这类现象在高新技术领域将会逐渐增多，不可能继续沿用以往那种待技术成熟、生产稳定后，再通过协商或协调制定统一标准的做法。对这类对象的统一化，可行的对策是：在研究、开发的早期阶段即应制定对技术或产品发展起先导作用的标准，对与网络或系统起连接作用的部分，以及通用性、兼容性之类的问题先行统一，防止不必要的多样化和混乱的发生，同时又不妨碍产品的竞争和创新。

根据实践经验，标准化活动中，统一过早的事例并不多见，而统一过迟的事却屡见不鲜。

（2）适度原则。统一要适度，这是统一化的另一条原则，所谓"度"，就是在一定"质"的规定中所具有的一定"量"的值，"度"就是"量"的数量界限。对客观事物进行的统一化，既要有定性的要求，又要有定量的要求，所谓适度，就是要合理地确定统一化的范围和指标水平。例如，在对产品进行统一化时，不仅要对哪些方面必须统一、哪些方面不作统一、哪些要在全国范围统一、哪些只在局部进行统一，哪些统一要严格、哪些统一要灵活等作出明确的规定，而且必须恰当地规定每项要求的数量界限，在对标准化对象的某一特性作定量规定时，对可以灵活规定的技术特性指标，还要掌握好指标的灵活度。

所谓指标的灵活度，也就是指标允许值的灵活幅度。统一化的本质是取得一致性，但由于统一化对象的复杂性和客观要求的多样性，所以对某些对象的统一化只能实现相对的统一，也就是有灵活度的统一。这就是总的方向是统一，但统一中又有灵活。尤其以产品质量、工作质量为对象的统一化常需施以灵活度。

（3）等效原则。任何统一化都不可能是任意的，统一是有条件的。首要的前提条件是等效性。所谓等效，指的是把同类事物两种以上的表现形态归并为一种（或限定在某一范围）时，确定的"一致性"与被取代的事物之间必须具有功能上的可替代性。就是说，当从众的标准化对象中确定一种而淘汰其余时，被确定的对象所具备的功能应包含被淘汰对象所具备的必要功能。

统一化常常是对原有的各种类型的综合或是在某一较好类型基础上加以改进。但是也有从原型中优选的，不过它仍遵守等效原则。秦统一文字、货币示意图如图 4.1 所示。

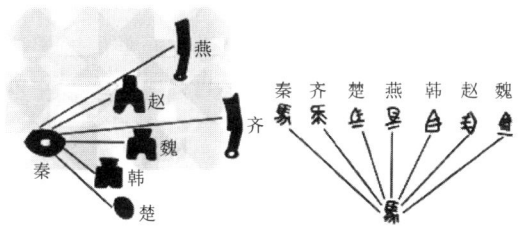

图 4.1　秦统一文字、货币示意图

（4）先进性原则。等效原则只是对统一化提出了基本要求，因为只有等效才有统一可谈；统一化后必须保持社会所需要的功能，否则便失去了统一的意义。

但统一化的目标绝非仅为了实现等效替换，而是要使建立起来的统一性具有比被淘汰的对象更高的功能，在生产和使用过程中取得更大的效益，为此还需贯彻先进性原则。

所谓先进性，就是指确定的一致性（或所作的统一规定）应有利于促进生产发展和技术进步，有利于社会需求得到更好的满足。就产品标准来说，就是要能促进质量提高，既不能只描述现状，更不能迁就落后，甚至保护落后。统一化过程实质上是打破旧平衡、树立新平衡的过程。这是统一化的灵魂，也是统一成败的关键。

总而言之，统一是有时间和条件的。标准化所说的统一是在一定时间和一定空间范围内有效的，过了这个时间或离开了这个空间，标准就不一定适用。统一也必须具有被取代前事物功能上的等效性，即统一后的事物必须与被统一取代的事物在功能上具有等效性。例如，某些汽车零部件统一化的前提是确保功能上的等效性。

4.2.2.3　统一化的应用和效果评价

从上面的案例中可以看到，标准化工作不仅要解决"异中之同"，即统一的问题，而且在某些时候还要十分注意"同中之异""一中之多"的问题。统一化是使对象的形式、功能、技术特征、程序和方法等具有一致性，消除混乱，建立社会实践活动的统一性。在现代社会实践中，需要统一的对象越来越多，需要统一的范围越来越广。

（1）统一化的应用对象和方法。统一化的对象很多，衡量统一化的结果往往是标准形式固定化。统一化是产品标准化的主要形式，应用范围极广。实施统一化最有效的措施就是协调，可以说"协调工作完成之日，就是统一化开始之时"。统一化的对象主要有以下几种：①计量单位、术语、图形、符号、代码、标志；②产品性能；③零部件及其结构要素；④试验方法、检验方法、仲裁方法；⑤软硬件接口；⑥设计文件、工艺文件、检验文件、随机文件；⑦体制、制式；⑧信息格式、信息编码。

统一化的目的是确立一致性，即消除由于不必要的多样化而造成的混乱，为人类正常活动建立共同遵守的秩序。统一化的方法很多，在不同情境中需要采用不同的统一方法。主要方法有：

1）选择统一。在需要统一的对象中选择并确定一个，以此来统一其余对象的方式。它适用于那些相互独立、相互排斥的被统一的对象。如交通规则、方向标准等。

2）融合统一。在被统一对象中博采众长，取长补短，融合成一种新的更好的形式，以代替原来的不同形式的方式。适于融合统一的对象都具有互补性。如手表、闹钟结构性产品，都是采用融合统一的方法。

3) 创新统一。用完全不同于被统一对象的崭新的形式来统一的方式。适宜采用创新统一的对象有：在发展过程中产生质的飞跃的结果（如以集成电路统一晶体管）；由于某种原因无法使用其他统一方式的情况（如用国际计量单位来统一各国的计量单位、用欧元统一各国的货币等）。

（2）统一化的效果评价。统一化的作用是保证事物发展所必需的秩序和效率，对事物的形成、功能或其他特性，确定适合于一定时期和一定条件的一致规范，并使这种一致规范与被取代的对象在上达到等效。因此，可以用是否达到了比统一前更有秩序更有效率的效果来评价统一化的过程。

4.2.3 系列化

汽车产品的系列化，简单地说，就是汽车生产厂家在一两种基本车型的基础上，采用更换一些不同部件（如发动机或车身）的办法，衍生出一系列的不同车型，从而满足不同用户的需要。例如，一种基本型的载货汽车，可以衍生出汽油车和柴油车、长头车和平头车、单排座和双排座驾驶室、短轴距和长轴距、越野车、自卸车、牵引车、厢式车以及各种各样的专用汽车。车型可多达几十种，这些衍生出来的车型和基本车型一起，就组成了一个车型系列。系列化是标准化的又一主要形式。

4.2.3.1 系列化的定义

系列化是对同一类产品中的一组产品通盘规划的标准化形式。

系列化是通过对同一类产品国内外产需发展趋势的预测，结合自己的生产技术条件，经过全面的技术经济比较，将产品的主要参数、型式、功能、基本结构等作出合理的安排与规划。因此，也可以说系列化是使某一类产品系统的结构优化、功能最佳的标准化形式。

4.2.3.2 系列化的过程

工业产品的系列化一般可分为制定产品基本参数系列标准、编制系列型谱和开展系列设计等三方面内容。系列化是对同一类产品中的一组产品同时进行标准化的一种形式。

1. 制定产品基本参数系列标准

产品的参数系列如何选择，关系到合理地发展产品的品种规格。选择参数系列一般要注意一些原则。首先，参数系列的选择既要满足当前大多数的需要，又要考虑长远的发展；其次，参数系列的选择要注意协调同类产品和配套产品之间的关系；再次，参数系列的选择要充分注意提高产品参数系列的技术水平和扩大适用范围；最后，参数系列的选择要采用合理的分档密度，应最大限度地采用优先数和优先数系。

（1）制定产品基本参数系列的意义和作用。产品的基本参数是产品基本性能或基本技术特征的标志,是选择或确定产品功能范围的基本依据。

产品的基本参数按其特性可分为性能参数与几何尺寸参数。

性能参数是表现产品的基本技术特性的参数,如载荷、功率、容量、转速、压力等。

几何尺寸参数是表征产品规格的参数。

在一个产品的若干基本参数中,起主导作用的参数称为主参数(主要参数)。主参数能反映产品最基本的特性,如电动机的功率、起重机的起重量等。

产品的性能参数与几何尺寸参数之间、主参数与其他参数之间,一般都存在某种内在的联系,通过理论推算或试验,可以发现这种联系的规律性,有的还可以用某种函数关系来表示,这对实验产品的相似设计,即通过涉及少数典型产品,然后按相似关系设计整个系列的产品有重要意义。

由产品的基本参数构成的基本参数系列,是指导生产厂发展的品种,指导用户选用产品的基本依据。

产品的基本参数系列确定得是否合理与否,不仅直接关系到该产品与相关产品之间的配套协调,而且在很大程度上影响企业的经济效益乃至国民经济效益。

产品基本参数系列是产品系列化的首要环节,也是编制系列型谱、进行系列设计的基础。

(2)制定基本参数系列标准的步骤和方法。

1)选择主参数和基本参数。主参数是各项参数中起主导作用的参数。参数应能,反映产品的最主要特征,应是产品中最稳定的参数,应从方便使用出发,优先选择性能参数,其次选几何尺寸参数。主参数的数目一般只选一个,最多也只能选两个。基本参数是能反映产品基本性能和基本尺寸的参数,对于不同种类的产品其参数的内容是很不相同的,必须具体分析。

2)确定主参数和基本参数的上下限。确定上下限,就是确定参数系列的最大值、最小值。这个数值的范围,一般要经过对国内外用户近期和长远的需要情况、国内该产品的生产情况、质量水平,以及国外同类产品的生产和使用情况作周密的分析才能确定。

3)确定参数系列。主要是确定在上下限之间的参数如何分布,整个系列安排多少档,档与档之间选用怎样的公比等。完成这项任务除了必须进行的调查、掌握足够的统计资料之外,一般都应提出几个可行方案,然后运用统计资料进行技术经济比较,从而选择最优方案。

2. 编制产品系列型谱

根据上述参数的论述,可以确定产品的型式、系列结构、用途、结构性能特点、品种、通用化关系及尺寸参数表等,并把基型产品和变型产品的关系及品种发展的总趋势用图表反映出来,形成一个品种系列表。系列型谱应确定现有品种和今后若干年内可能需要发展的新品种。因此，产品系列型谱是产品发展的总蓝图，是制订产品品种发展规划及开发新产品的基础，也是指导产品设计的用户选择产品的依据。

（1）编制系列型谱的必要性。有了参数系列为什么还要编制系列型谱？因为社会对产品的需要是多方面的，只对参数分级分档，划分不同的规格，有时还是不能满足需要，还要求同一规格的产品有不同的型号和样式，以满足不同的特殊要求。解决这个问题是系列型谱的任务。

一种产品的系列型谱，实际上是该产品的品种发展规划的一种表现形式，它是一种具有战略意义的基础性标准，对整个企业未来产品的发展有着重要的指导意义。因此，编制型谱是一件很复杂、很细致又很慎重的工作，要以大量的调查资料和科学的分析预测为基础。

（2）系列型谱的作用。

1) 它是指导产品发展方向和制定产品与技术发展规划的重要依据。

2) 可以根据型谱所确定的产品品种，合理安排产品的发展计划及同类产品企业的生产分工，充分发挥系列产品通用性强的优越性，提高生产专业化水平。

3) 可以防止盲目设计落后的没有发展前途的品种，避免平行设计同一型式的产品，有了型谱以后，还可以把有关企业的技术活动统一起来，把设计力量组织起来，进行集中设计、统一设计，以及对系列产品进行系列设计。这是挖掘社会技术经济潜力，发挥联合与协作的优势，加快技术和产品发展的科学方法。

系列型谱还可以起到整顿现有产品的作用，既可迅速地发展新品种（利用基型发展变型）以满足社会多种多样的要求，又可避免整个社会产品品种杂乱，提高产品系统的功能，最大限度地发挥系统效应。

3. 产品的系列设计

根据产品的型式尺寸参数、产品的系列型谱、产品的制造与验收技术条件和国内外技术经济分析及社会需要，对包括基型和变型产品的整个系列进行技术设计和施工设计，无论是基型产品的系列设计，还是变型产品的系列设计，都要选好基型产品，做好基型产品设计。

（1）系列设计的作用。系列设计是最有效的统一化，也是最广泛的选型定型工作。它能有效地防止同类产品形式、规格的杂乱。系列设计可以最大限度地发挥出企业的设计优势，能以最快地发出市场急需的新产品，并能显著降低开发成本，做到最大限度地节约设计力量，防止企业盲目设计落后产品。

系列设计的产品，基础件通用性好，它能根据市场的动向和消费者的特殊要求，采用发展变型产品的经济合理的办法，机动灵活地发展新品种，既能及时满足市场的需求，又可以保持企业生产组织的稳定。

系列设计不是简单地选型定型，而是选中有创，选创结合，经过系列设计定型的产品，一般都有显著改进，所以它也是推广新技术、促进产品更新的一个手段。系列化设计便于组织专业化协作生产，便于配套维修。

（2）系列设计的方法。

1）首先在系列内选择基型。基型应该是系列内最有代表性、规格适中、用量较大、生产较稳定、结构较先进，经过长期生产和使用考验，结构和性能都比较可靠，又很有发展前途的型号。

2）在充分考虑系列内产品之间，以及与变型产品之间的通用化的基础上，对基型产品进行总体设计或详细设计。

3）向横的方向扩展，设计全系列的各种规格。这时要充分利用结构典型化和零部件通用化等方法，扩大通用化程度；或者对系列内的产品的主要零部件确定几种结构型式（叫作基础零部件），在具体设计时，从这些基础件中选择合适的。

4）向纵的方向扩展，设计变型系列或变型产品。变型与基型要最大限度地通用，尽量做到只增加少数专用件即可发展一个变型产品或变型系列。

4.2.3.3 系列化的应用和经济意义

系列化广泛应用在武器装备、工具材料、计算机软件等的产品设计、产品更新、产品包装等方面。下面主要从产品包装角度说明系列化的应用。

系列化包装是现代包装设计中较为普遍、较为流行的形式。它是将一个企业或一个商标、牌名的不同种类的产品用一种共性特征来统一的设计，可用特殊的包装造型特点、形体、色调、图案、标识等统一设计，形成一种统一的视觉形象。这种设计的好处在于：既有多样的变化美，又有统一的整体美；上架陈列效果强烈；容易识别和记忆；能缩短设计周期，便于产品新品种发展设计，方便制版印刷；增强广告宣传的效果，强化消费者的印象，扩大影响，树立名牌产品。

同时，实现产品系列化有重要的经济意义：

1）可以加速新产品的设计，发展新品种、提高产品质量，方便使用和维修，减少备品配件的储备量；

2）合理简化品种，扩大通用范围，增加生产批量，有利于提高专业化程度；

3）缩短和减少产品工艺装备的设计与制造的期限和费用。

4.2.4 通用化

在同一类型不同规格或不同类型的产品或装备之间，总会有相当一部分零部件的用途相同、结构相近，或者用其中的某一种可以完全代替时，经过通用化，可使之具有互换性。在设计和试制另一种新产品时，该种零部件的设计（包括工装设计与制造）的工作量都得到节约，此外还能简化管理，缩短设计试制周期，扩大生产批量，提高专业化水平，为企业带来一系列经济效益。

4.2.4.1 通用化的定义

通用化是指在互相独立的系统中，选择和确定具有功能互换性或尺寸互换性的子系统或功能单元的标准化形式。可以看到，通用化要以互换性为前提。

(1) 互换性的定义。互换性指的是不同时间、不同地点制造出来的产品或零件，在装配、维修时不必经过修整就能任意替换使用的性质。互换性概念有两层含义：一是指产品的功能可以互换，叫作功能互换性，它要求某些影响产品使用特性（常指线性尺寸以外的特性）的参数按照规定的精确度互相接近；二是尺寸互换性，当两个产品的线性尺寸相互接近到能够保证互换时，就达到了尺寸互换性。尺寸互换性是功能互换性的部分内容，它对于零部件的通用化具有突出作用，但功能互换性问题在标准化过程中越来越显得重要。如机器上的螺钉、灯泡，自行车、缝纫机、钟表上的零部件等。因此，通用化的概念还应该包括功能互换的含义，即具有某种功能的产品的通用性在内。

(2) 通用化的意义。对于具有功能互换性的复杂产品来说，它的通用化的意义就更为突出了。例如，一个生产柴油机的企业，如果它所设计的柴油机通用性较强，既可用于拖拉机，又可用于汽车、装运机、推土机和挖掘机等，那么它的产品的销路就会较广，生产的机动性较大，对市场的适应性也较强。发展这样的产品，对于防止不必要的多样化、组织专业生产提高经济效益都有很大意义。

4.2.4.2 通用化的方法

在进行产品系列设计时，要全面分析产品的基本系列及派生系列中零部件的共性与个性，从中找出具有共性的零部件，先把这些零部件作为通用件，以后根据情况有的，还可以发展成为标准件。如果对整个系列产品中的零部件都经过了认真地研究和选择，能够通用的都使之通用，这就叫系列通用。这是通用化的重要环节和基本方法。

在单独设计某一种产品时，也应尽量采用已有的通用件。新设计的零部件应充分考虑到使其能为以后的新产品所采用，成为通用件。

在对已有的产品进行整顿时，根据生产和使用过程中的经验，特别是产品维修过程中暴露出来的问题，对可以通用的零部件经过分析、试验实现通用，这是老产品整顿的一项内容。

在企业里可以把通用件编成图册，也可以编写典型工艺，供设计和生产人员参考选用。通用化虽然不是标准化的典型形式，但它是标准化过程中的一个重要阶段。许多通用的零部件经过生产和使用考验以后有可能提升为标准件，所以它是标准化的必要阶段。另外像具有某种功能的产品的通用更是标准化的其他形式所无法代替的。

4.2.4.3 通用化的效果评价

通用化的对象主要有两大类：第一类为"物"，如产品及其零部件的通用化要使零部件成为具有互换性的通用件必须在尺寸上具备互换性，功能上具备一致性，使用上具备重复性，结构上具备先进性；第二类为"事"，如方法、规程、技术要求等的通用化。

通用化的效果体现在简化管理程序，缩短产品设计和试制周期，扩大生产批量，提高专业化生产水平和产品质量，方便维修，最终获得各种活劳动和物化劳动的节约。

4.2.4.4　通用化的应用

通用化在工艺工作中得到了广泛的应用，主要是工艺规程典型化和成组工艺。

（1）工艺规程典型化。工艺规程典型化是从工厂的实际条件出发，根据产品的特点和要求，从众多的加工对象中选择结构和工艺方法相接近的加以归类，也就是把工艺上具有较多共性的加工对象归并到一起并分成若干类或组，然后在每一类或组中选出具有代表性的加工对象，以它为样板编制出的工艺规程叫典型工艺，只需稍作调整，便可适用于该类中的每一种零件。所以，它实际是通用工艺规程。在产品品种多变的企业，典型工艺还可以作为编制新工艺规程的依据，一定程度上起着标准的作用。

编制典型工艺可以零件组为对象，也可以各种零件中的同一工艺要素为对象，即以工序为对象，如电镀、涂漆、包装等。

工艺规程典型化有利于改进企业工艺管理，减少工艺文件的编制数量（工作量）简化工艺试验和验证，缩短生产准备周期，为应用新技术、组织专业化生产创造条件；可以提高工装的通用化程度，节约加工工时，简化车间的生产组织和计划管理。

（2）成组工艺。它是指零件成组加工或处理的工艺方法和技术。成组工艺是在总结典型工艺经验的基础上发展起来的。典型工艺与成组工艺的相同之处是两者都要在零件分类的基础，上实现工艺通用化（典型化），不同之处是：

1）实现通用化的依据不同。典型工艺是以相似零件具有共同的工艺过程为基础；而成组工艺则是以工序内容相似为基础。

2）零件分类原则不同。典型工艺侧重零件结构形状的统一，以求得相似零件工艺过程的统一；成组工艺是以被加工表面要素的定位夹紧方式统一为基础，以达到工序内容的统一。

3）适用范围不同。典型工艺建立在工艺过程相似的基础上，要找出足够多的结构、工艺等方面高度相似的零件是比较困难的；成组工艺仅要求个别工序内容相似，不受零件几何形状的约束，应用范围很广，即使在单位小批生产的情况下，能够进行成组加工的零件种类也是较多的。

4.2.5 组合化

组合化是受积木式玩具的启发而发展起来的,所以也有人称它为"积木化"。组合化的特征是通过统一化的单元组成物体,这个物体又能重新拆装,组成新的结构,而统一化单元则可以多次重复利用。

建筑用砖从"组合化"角度来看是最原始的组合件,活字印刷术是组合化的典型创造。文字和数字符号也是表达语言和数量的组合单元。音乐中的乐谱是选择最佳音响的组合式系统。可见,组合化很早就已经被人们用来作为生产建设和生活交往的科学手段。

4.2.5.1 组合化的定义和原理

组合化是按照统一化、系列化的原则,设计并制造出若干组通用性较强的单元,根据需要拼合成不同用途的物品的一种标准化的形式。

组合化建立在系统的分解与组合的理论基础上。把一个具有某种功能的产品看作一个系统,这个系统又可以分解为若干功能单元。由于某些功能单元不仅具备特定的功能,而且与其他系统的某些功能单元可以通用、互换,于是这类功能单元便可以分离出来,以标准单元或通用单元的形式独立存在,这就是分解。

为了满足一定的要求,把若干个事先准备的标准单元、通用单元和个别的专用单元,按照新系统的要求有机地结合起来,组成一个具有新功能的新系统,这就是组合。组合过程,既包括分解也包括组合,是分解与组合的统一。

组合化是建立在统一化成果多次重复利用的基础上。组合化的优越性和它的效益取决于组合单元的统一化(包括同类单元的系列化),以及对这些单元的多次重复利用。因此,也可以说组合化就是多次重复使用统一化单元或零部件来构成物品的统一化形式。通过改变这些单元的连接方法和空间组合,使之适用于各种变化了的条件和要求,创造出有新功能的系统。

4.2.5.2 组合化的前提

无论在产品设计、生产过程,还是在产品的使用过程中,都可以运用组合化的方法。组合化的前提内容,主要是选择和设计标准单元和通用单元,这些单元又可叫作"组合元"。

确定组合元的程序,大体是先确定其应用范围,然后划分组合元,编排组合型谱(由一定数量的组合元组成产品的各种可能形式),检验组合元是否能完成各种预定的组合,最后设计组合元件并制定相应的标准。除确定必要的结构型式和尺寸规格系列外,拼接配合面(接口)的统一化和组合单元的互换性是组合化的关键。此外,还可预先制造并储存一定数量的标准组合元,根据需要组装成不同用途的物品。

例如，机械加工过程中使用的夹具，常常具有比较复杂的结构，可以看作具有某种功能的系统。但这类系统不管如何复杂，都是可以分解的，都是由具备某些特定功能的零部件所组成的。整个系统的功能经过分解，一般是对工件起定位、导向、压紧等作用。由此，便可将夹具的元件划分为基础件、支承件、定位件、导向件、压紧件、紧固件等类型。每一类元件根据其作用和使用范围，又可设计成几种结构型式，每种结构形式的元件又可形成不同的尺寸规格系列，并按一定的编号原则编号。这些统一化的夹具单元可成批制造、分类保存、反复使用。

4.2.5.3 组合设计系统

组合设计系统，不仅仅是一种新的设计思想，而且是一个高效能的设计系统。组合设计系统指在设计新产品或新零件时，不是将其全部组成部分和零件都重新设计，而是根据功能要求，尽量从存储的标准件、通用件和其他可继承的结构和功能单元中选择。即使重新设计的零件，也要尽量选用标准的结构要素，实现固有技术和新技术的组合，扩大标准化的重复利用成果。这是把组合化的方法运用于产品开发设计，能够适应市场竞争，经济的生产各种类型产品的设计思想和设计系统。

组合设计系统的工作程序如下：

（1）输入产品的有关信息，主要是消费者的要求（这些要求集中地反映在产品标准中）和产品的应用范围，并对消费者的功能要求（标准中的综合性技术要求）进行分解。通常是用族树分析的方法进行功能展开，根据产品的应用范围选定产品的品种类型，提出明确的设计要求，确定产品结构和对每一功能单元（零部件）的性能要求并据以确定其结构形式。这是组合设计的准备阶段。

（2）从存储子系统中检索、选择符合要求的单元（零部件）或典型结构；同时，对必须重新设计的新单元，按设计标准的要求重新设计，然后将两部分加以组合，这是产品组合设计图纸的产生过程。

（3）通过审查评价系统，对图纸进行审查、评价。

运用这种设计方法，能根据市场动向和顾客要求及时改变产品性能、产品结构甚至产品品种，能显著缩短产品设计周期、迅速响应市场，接受小批量订货，而又无须大规模调整生产流程和改造设备。这就有可能使企业取得技术上、经济上的优势，获得经营上的活力和对市场的应变能力。

4.2.5.4 组合化的意义

组合化的原则和方法已广泛应用于机械产品、仪表产品的设计和制造，工艺装备的设计、制造和使用，家具的设计和制造，在建筑业中也广泛采用组合式建筑结构。在所有这些领域里，组合化都显示出明显的优越性。此外，对于像编码系统和计算机程序之类的软件，也同样可以通过组合化使之更加合理化，在这方面组合化同样有着广阔的发展前景。

组合化具有以下重要意义：

（1）依据对功能结构的分解而确定的单元能以较少的种类和规格组合成较多的制品，它能有效地控制零部件（功能单元或结构单元）的多样化，从而取得生产的经济性。

（2）组合化开创了适应多种组装条件的可能性，从而为实现既能满足多种要求又尽量少增加新的结构单元这样理想的生产方式（如大规模定制）奠定了基础。

（3）按组合化原则设计的单元，以及单元的分类系统，为实行成组加工打下基础，批量较大的标准单元还可组织专业化集中生产。

（4）由于通过组合化能更充分地满足消费者的要求，用户能及时地更新老产品（如设备更新），有时只需要换某些单元，不致全盘报废，这同样会给消费者带来经济效益。

（5）在基础件（单元）统一化、通用化的条件下，对产品的结构和性能采用组合设计，可以实现多品种、小批量、产品性能多变的生产方式，既满足市场需求，又保证生产结构相对稳定，保持一定的生产批量，不降低生产专业化水平。这就为那些单一品种大批量生产的企业向多品种小批量生产的转变，找到了一条出路。这种办法，对批量小、结构复杂、研制周期长、性能变化快的产品设计和制造具有特殊意义。

（6）运用组合设计系统，还可改变过去那种产品投产后再强行统一化的传统做法，有可能引起标准化的方法和原则发生深刻变化。

4.2.6 模块化

模块化是工业化时代的产物，大约是在 20 世纪中期发展起来的一种标准化形式。它产生的背景同产品和工程的复杂程度提高有很密切的关系。高度现代化的舰船武器系统、大型装备、航天器和电子设备等高度复杂的产品的快速设计和快速生产向传统的设计方式和生产模式提出了挑战。一些工业发达国家研制的舰船武器系统、指挥系统和火控系统，早在 20 世纪 70 年代就已经采用了模块化的设计方法，而英国从 60 年代后期就应用模块化概念开发武器系统。由于集成电路的发展，美国首先出现了标准电子模块，美国海军从 70 年代开始大力推广这一技术。

4.2.6.1 模块化的定义

当人类活动（设计、制造或研究、开发）面对庞大、复杂的系统时，通常的处理和思考问题的方法已无能为力。其信息量之巨大，远远超出了人的大脑处理信息的能力。在这种情况下，把大系统加以分割，分成若干个相对独立的部分，变复杂为简单,从而使问题易于解决。随着经济的发展和技术创新步伐的加快,复杂的大系统日渐增多,模块化也就成了人们用来处理复杂问题的常用方法。

(1) 模块的含义。模块是模块化的基础。"模块"这一概念早已普遍流行。虽然不同专业曾对这一概念给出过定义,但互相差别较大,至今尚未形成统一的一般性定义。

李春田在《标准化概论(第五版)》中综合了国内外已有定义之后,给出了如下的定义:"模块通常是由原件和零部件组合而成的、具有独立功能、可成系列单独制造的标准化单元,通过不同形式的接口与其他单元组成产品,且可分、可合、可互换。"

这个定义概括描述了模块的基本特征,但不够精练,可简化为:"模块是构成系统的,具有特定功能,可兼容、互换的独立单元",这是李春田对"模块"定义方式的进一步精简,主要是想突出模块如下的基本特征:

1) 模块是系统的构成要素。模块既可构成系统,又是系统分解的产物。用模块可以组成新系统(系统创新)乃至复杂的大系统。这是模块与一般零部件的重要区别。

2) 模块具有特定的、相对独立的功能。因此,商品的形式单独生产和销售,可以依据一定规则单独设计、运转、测试。这是模块化设计和模块化产品一系列优势的本源,也是它和一般零部件的区别。

3) 模块的互换性和可兼容性是模块化操作或模块运筹组合的条件(它要求模块,具有相互连接并传递信息和功能的接口及相应的结构),由此模块便具备了通用性和多种组合的可能性。

(2) 模块的种类。按照模块的用途和特征可以划分许多种类,其中常见的有以下几类。

1) 功能模块。按照价值工程的功能分析方法,可将产品系统分为具有不同功能的单元,执行这些功能的模块称功能模块。功能模块又可分为基本功能模块、辅助功能模块、特殊功能模块等,而它们又可根据产品的特点进一步细分为功能更具体的模块。

2) 结构模块。依据模块在产品系统中所处的地位和模块之间的关系,可将模块划分为不同等级,叫作分级模块,在这个分级体系中通常包括高层模块、分模块(或子模块),或一级模块、二级模块、三级模块等。

3) 高层模块。通常是由相应分级系统中低一级的模块组成;最低等级的模块则由元件或分元件组成,元件或分元件的构成要素叫作负分元件,它是分级体系中最基本的模块元件。

此外,还可依据模块的通用程度分为通用模块、专用模块、特别模块等。通用模块是指该类模块的通用化程度高,它不仅用于某一种产品中,而且能在该类产品系列中通用甚至能做到跨系列、跨大类产品通用，这种模块通常是成系列开发、成批制造，不断产生派生、变型产品，其应用面广、生命周期长、经济效益好。专用模块是为某种产品或某项用途而专门设计制造的，一般需单独研制。特别模块是根据系统的特殊要求而特殊设计的。

（3）模块化的定义。

模块化是以模块为基础，综合了通用化、系列化、组合化的特点，应对复杂系统类型、多样化、功能多变的一种标准形式。

模块化的对象是可分解的复杂系统。这个系统的特点是结构复杂、功能多变、类型多样。模块化操作有利于减少复杂性，创造多样性和多变性。

模块化是标准化的一种形式。它是在综合了标准化其他形式特点的基础上发展起来的标准化的高级形式。模块化是对标准化其他形式的继承和发展。

4.2.6.2 模块化的原理

模块化是由系统工程、系列化、通用化、组合化派生出来的一种新技术。系统工程将极其复杂的研制对象称为系统，也就是用系统的观点来看问题、分析问题。模块化接受系统工程的思维方式，将产品的功能作为一个系统，并且以这个系统作为对象进行研究，再考虑产品的系列化、通用化。模块化是以组合化的分解、组合为基础来达到产品，功能最优的目的。

模块化过程一般来说包括模块化的全部活动内容。这里重点讨论模块化策划、模块的划分、模块的创建、模块的组合、模块化生产、模块化装配。

（1）模块化策划。对一个企业来说，要真正实施模块化，首要的工作是认真策划。策划的内容会因对象不同而有所不同，但较为共同的方面主要有：模块化的目的和目标，模块化采取的措施和途径，模块化系统总体设计，制定详细的实施计划。

（2）模块的划分。合理划分模块，是模块化过程的又一个关键问题，是系统分解的核心工作内容。产品模块划分是将通过市场调查和需求预测所掌握的对产品的总功能要求，分解为若干个功能单元，由此确定相应的功能模块的过程。划分模块时应遵循的原则是：功能单元分解化原则，功能单元独立化原则，部件模块化原则，组件模块化原则，基础件模块化原则。

（3）模块的创建。模块化设计，也就是模块的创建，可有两种情形：一种是为生产某种复杂产品或为完成某项工程，采用模块组合的方法，根据该产品或工程系统的功能要求，选择、设计相应的模块，确立它们的组合方式；另一种是在对各种不同类型、不同用途、不同规格产品，进行功能分析的基础上，从中提炼出共性较强的功能，据此设计功能模块，目的不仅仅是满足某种产品的需要，而是要它在更广的范围内通用。

模块化设计的程序同产品系列设计极其相似：在市场调查的基础上明确目标

要求（性能、结构等）；确定拟覆盖的产品种类和规格范围（确定参数范围和系列型谱）；进行基型产品设计（确定基型产品的结构和功能，提出对高层模块的要求）；进行分系统设计（确定分系统的结构和功能，对构成分系统的模块提出要求）；模块设计（根据分系统的要求，确定模块的结构和功能，对构成模块的元件提出要求）；元器件设计（根据模块的要求，设计或选用元器件，按尺寸、性能、精度、材料等形成系列并尽量标准化）。

在基型设计的基础上根据需要发展变形。完成设计的各级、各类模块要建立编码系统，将其按功能、品种、结构、尺寸等特点分类编码，进行管理。

模块系列的创建，不是轻而易举的事，可以说是一项复杂的系统工程。不经过严密科学的分析、论证，不掌握科学方法，不按照必要的科学程序是难以取得好的效果的。

（4）模块的组合。模块的组合又叫"模块集中"，是利用创建的模块组合产品的过程，也就是模块化产品的设计过程，但还不是模块化产品的制造装配过程。模块组合，是对模块的灵活运用。设计师可以充分发挥自己的聪明才智，设计出千变万化的产品以满足用户的各种需求。

模块组合并不是模块实体的生产组装，它仍属于设计范畴。它是根据市场或用户的需求进行功能分析，然后选用现有模块或设计（采用）个别专用模块进行组合。如果组合产品的总功能充分满足了需求（目标），则可以进行产品化；如果不能满足要求，则需重新选用模块，必要时须重新设计模块或改进某些模块后，再进行组合，直到满足要求为止。模块组合就是这样一个设计、试验、分析、评估等一系列活动的综合。

模块化产品设计通常是产品系列设计，模块组合的战略目标是产品系列型谱中的所有品种、规格，并力求以较少的模块组合成尽量多的不同功能和性能的产品，随着市场形势的变化仍能具有应变能力。

（5）模块化生产。模块化生产指的是模块的制造。由于模块本身就是一件标准化的产品，并且构成模块的元件和分元件也基本上是标准化的，所以模块的生产制造，有可能采用先进、高效的制造技术，如成组技术（GT）、计算机辅助制造技术（CMA）、柔性制造技术（FMS）、计算机集成制造技术（CIM）等，以提高模块的制造质量和生产效率。

模块化过程流程图如图 4.2 所示。

（6）模块化装配。模块化装配是由模块组装成所需产品的过程。有些产品是在工厂里完成装配之后，运送给用户；有些产品或工程由于规模过于庞大无法整体运输，可将各类模块配套之后，运到现场装配，如模块化变电所、模块化居室、模块化锅炉等。目前个人计算机的用户也常常根据自己的经济条件、爱好和实际需要，选购适当的配套设备（功能模块）组成产品系统。这是模块化的突出

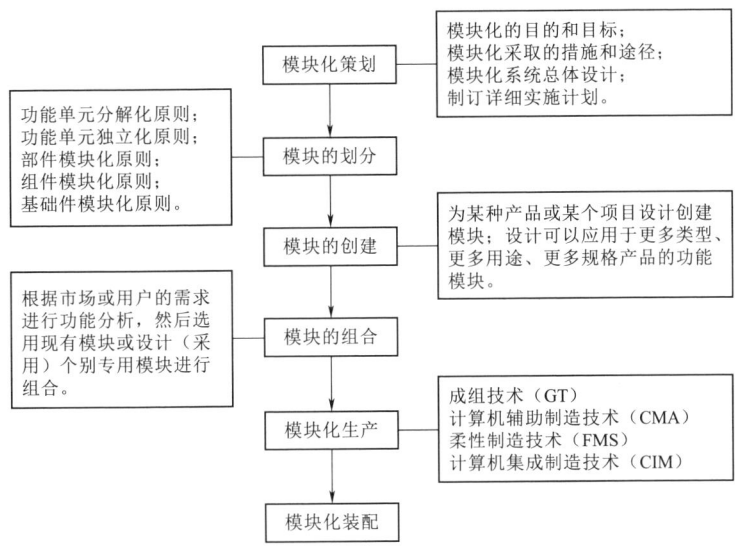

图 4.2　模块化过程流程图

特点，也是它适应时代要求得以发展的原因。

4.2.6.3　模块化的应用

模块化最初是制造业提出来的，组合机床可以说是模块化机床的雏形，后来推广到电器制造，仪器、仪表制造和各种高精度测试设备的设计和制造。

兵器制造特别是船舶和舰艇的模块化是成功的典范，它极大地提高了这类产品的生产效率，降低了制造成本，更重要的是使舰艇可以根据实战的需要随时改变其某些功能。在造船行业通常把模块化叫作模件化。

集成电路、大规模集成电路、超大规模集成电路是电子工业领域最典型也最杰出的模块化成果。正因为有了它们，产品设计师才有可能从纷繁无比的电子元器件中解放出来，采取直接选用标准集成块来组成产品的设计方式，从而引起了电子行业革命性的变化，电子产品成为更新换代最快的产品，诸如通信设备、电视技术装备、计算机硬件和软件等都走上了模块化的道路。

大型设备，如海洋平台、宇宙飞船都是模块化的杰作，苏联的"和平号"空间站就是按模块化的思路设计和制造的，从而具有功能模块可分、可合、可互换的特点。

模块化从产品起源到现在已扩展到工程领域。模块化工程体现出多、快、好、省的优越性。模块化教育系统和模块化电子战系统均已在实际应用中得以广泛运用。

4.2.6.4　模块化的技术经济意义

（1）模块化产品的派生和更新换代，可通过更换或增减模块的方式实现，这是以少变求多变的产品开发策略。

（2）模块化基础上的新产品开发，实际上就是研制新模块，取代产品中功能落后（不足）的模块，有利于缩短周期、降低开发成本、保证产品的性能和可靠性（基本不变部分占绝大比重），为实行大规模定制生产创造了前提。

（3）模块化设计、制造是以最少的要素组合最多产品的方法，它能最大限度地减少不必要的重复，又能最大限度地重复利用标准化成果（模块、标准元件）。

（4）产品维修和更新换代都可通过更换模块来实现，不仅快捷方便，而且使用户减少损失，节约资源。

（5）模块化产品的可分解性，模块的兼容性、互换性和可回收再利用等，均属绿色产品的特性。这种产品具有广阔的发展前景和强大的市场竞争力。

新技术革命有个十分重要的特征，就是科学技术的高度分化与高度综合，各种自然学科的分支越来越多，它们互相渗透、互相交叉，又产生了很多横断交叉学科。工业上也由专业化、自动化发展形成一个现代化综合性生产体系，科学技术和工农业生产的横向综合，向整体化发展、推动了标准化管理向系统化、综合化发展，产生了综合标准化。所谓综合标准化，又可叫作"全面标准化"或"整体标准化"，就是针对不同的标准化对象，以考虑整体最佳效果为主要目标，把所涉及的全部因素综合起来进行系统处理的标准化管理方法。综合标准化的特征有以下三个：系统性、目标性、整体最佳性。

开展综合标准化工作，首先要求针对不同的标准化对象，制定一整套相互协调的标准技术文件，我们把这一整套经过系统处理，能够保证对象整体最佳效果的标准和标准技术文件称为标准综合体。它是综合标准化的物质基础。

开展综合标准化，可以显著提高标准化的有效性，是保证和提高产品质量的有效措施，有利于发展经济协作与联合，对发展农业生产有特殊意义。

第5章 南水北调工程运行安全管理标准化建设

5.1 南水北调工程概况

南水北调东、中线一期工程是缓解中国华北及工程沿线地区水资源短缺的国家战略性工程，是中国水资源优化配置的战略性工程。南水北调东、中线一期工程的顺利通水，在目标上实现了跨流域水资源优化配置，促进了经济社会的可持续发展，在保障和改善民生的重大战略性基础设施方面做出了举世瞩目的贡献。

5.1.1 南水北调中线工程

南水北调中线工程从丹江口水库引水经过长江流域和淮河流域，沿唐白河流域和黄淮海平原西部边缘开挖渠道，在郑州以西采用隧洞穿过黄河，沿京广铁路西侧北上，自流到北京、天津。主要向唐白河平原和黄淮海平原中西部供水，主要以供京、津、冀、豫、鄂五省（市）城市生活和工业用水为主，并兼顾沿线生态环境和农业用水。

中线工程总干渠从河南省淅川县陶岔渠首枢纽开始，渠线大部分位于嵩山、伏牛山、太行山山前，京广铁路以西。渠线经过河南、河北、北京、天津四个省市，跨越长江、淮河、黄河、海河四大流域，线路总长1431.945km，其中陶岔—北拒马河段长1196.362km，采用明渠输水方案，渠道采用梯形过水断面，对全断面进行衬砌，防渗减糙。北京段长80.052km，采用PCCP管和暗渠相结合的输水形式。天津段全长155.531km，采用暗涵输水形式。

南水北调中线干线工程采用三级管理机制，即中国南水北调集团中线有限公司、各分公司（包括渠首分公司、河南分公司、河北分公司、北京分公司、天津分公司）和各现场管理单位三级管理机构分层管理的方式。南水北调中线干线工程全线采用明渠输水，跨度长规模大，面临的风险因素众多，运行安全管理十分复杂。

5.1.2 南水北调东线工程

南水北调东线工程的基本任务是从长江下游调水，向黄淮海平原东部和山东半岛补充水源，以解决我国北方地区水资源紧缺问题。供水目标主要是解决调水线路沿线和山东半岛的城市和工业用水，改善淮北部分地区的农业供水条件。

南水北调东线工程以电力为动力，通过泵站逐级提高水头，在各级泵站之间依靠水位差通过河道自流输送，在调水沿线设有若干个用于调蓄的湖库。东线工程利用江苏省江水北调工程，扩大规模向北延伸。南水北调东线一期工程从扬州附近长江干流取水，利用大运河等河道，经泵站提水输水北送，连通洪泽湖、骆马湖、南四湖、东平湖，并作为调蓄水库，经泵站逐级提水进入东平湖后，分水两路，一路向北穿黄河经小运河等自流至德州大屯水库，另一路向东开辟山东半岛输水干线至威海米山水库。调水总线路长达 1466.50km，其中长江至东平湖 1045.36km，黄河以北 173.49km，胶东输水干线 239.78km，穿黄河段 7.87km。全线共建设 13 个梯级泵站，总扬程约 65m。

南水北调东线工程采取南水北调东线总公司、各地分公司和各现场管理单位三级管理方式，部分现场管理单位为委托管理，使得东线工程的运行安全管理更为复杂，如何有效地开展工程的运行安全管理，将安全管理责任制落到实处，推动工程运行安全管理标准化体系的完善，值得深入研究。

5.2　南水北调工程运行安全管理标准化建设过程

5.2.1　研究背景

5.2.1.1　基本概念

企业安全生产标准化是指企业通过落实企业安全生产主体责任，通过全员全过程参与，建立并保持安全生产管理体系，全面管控生产经营活动各环节的安全生产与职业卫生工作，实现安全健康管理系统化、岗位操作行为规范化、设备设施本质安全化、作业环境器具定置化，并持续改进。

这一定义涵盖了安全生产工作的全局，从建章立制、改善设备设施状况、规范作业人员行为等方面提出了具体要求，是生产经营单位实现管理标准化、现场标准化、操作标准化的基本要求和衡量尺度；是生产经营单位夯实安全管理基础、提高设备本质安全程度、加强人员安全意识、落实生产经营单位安全生产主体责任、建设安全生产长效机制的有效途径；是安全生产理论创新的重要内容；是科学发展、安全发展战略的基础工作；是创新安全监管体制的重要手段。

5.2.1.2　发展沿革与现状

安全生产标准化建设源于实践探索。安全标准化的由来可以概括为煤矿行业基层首创，有色、建材、电力、黄金等多个行业自发开展，国家全面推动，总结提升。

20世纪80年代，在安全第一、质量为本管理理念的指导下，我国煤炭行业基层管理工作者系统地总结了质量标准化建设经验，把标准化工作引入安全管理领域，提出并开展了安全质量标准化创建活动。随后，有色、建材、电力、黄金等多个行业相继跟进，开始安全质量标准化创建活动。2003年10月，国家安全生产监督管理总局和中国煤炭工业协会在黑龙江省七台河市召开了全国煤矿安全质量标准化现场会，提出了新形势下煤矿安全质量标准化的内容，会后出台的《关于在全国煤矿深入开展安全质量标准化活动的指导意见》（煤安监办字〔2003〕96号），提出了安全质量标准化的概念。2004年，《国务院关于进一步加强安全生产工作的决定》（国发〔2004〕2号）首次提出了在全国所有的工矿、商贸、交通、建筑施工等企业普遍开展安全质量标准化活动的要求。同年，国家安全生产监督管理局制定了《关于开展安全质量标准化活动的指导意见》（安监管政法字〔2004〕62号），推动规范煤矿、非煤矿山、危险化学品、烟花爆竹、冶金、机械等行业、领域开展安全质量标准化创建工作。随着安全质量标准化建设的深入开展，人们对安全管理工作认识不断深化，安全生产标准化的概念逐渐从安全质量标准化中分离并独立出来，成为标准化管理的一项独立的新内容、新工作。

2010年4月15日，为了全面规范各行业企业安全生产标准化建设工作，使企业安全生产标准化建设工作进一步规范化、系统化、科学化、标准化，做到有据可依、有章可循。在总结相关行业企业开展安全生产标准化工作的基础上，结合我国国情及生产经营单位安全生产工作的共性要求和特点，国家安全生产监督管理总局制定了安全生产行业标准《企业安全生产标准化基本规范》（AQ/T 9006—2010，以下简称《基本规范》），从安全生产目标等十三个方面，全面、系统地对开展安全生产标准化建设的核心思想、基本内容、形式要求、考评办法等方面进行了规范，通过建立现代安全管理模式，建立持续改进的安全生产长效机制，成为各行业企业制定安全生产标准化的标准、实施安全生产标准化建设的基本要求和核心依据，对达标分级等考评办法进行了统一规定。这一规范的出台，使我国安全生产标准化建设工作进入了一个新的发展时期。

2010年5月7日，国家安全生产监督管理总局发出《关于宣传贯彻〈企业安全生产标准化基本规范〉的通知》（安监总政法〔2010〕72号），安全生产标准化工作在全国范围内全面展开。

2010年7月19日，《国务院关于进一步加强企业安全生产工作的通知》（国发〔2010〕23号）中明确提出："深入开展以岗位达标、专业达标和企业达标为内容的安全生产标准化建设，凡在规定时间内未实现达标的企业要依法暂扣生产许可证和安全生产许可证，责令停产整顿；对整改逾期未达标的，地方政府要予以关闭。"并要求"安全生产监管监察部门、负有安全生产监管职责的有关部门和行业管理部门要按职责分工，对当地企业包括中央和省属企业实行严格的安全生产监督检查和管理，组织对企业安全生产状况进行安全标准化分级考评评价，评价结果向社会公开，并向银行业、证券业、保险业、担保业等主管部门通报，作为企业信用评级的重要参考依据"。

2011年3月，国务院办公厅印发《国务院办公厅关于继续深化"安全生产年"活动的通知》（国办发〔2011〕11号），要求有序推进企业安全标准化达标升级。各有关部门要加快制定完善有关标准，分类指导，分步实施，促进企业安全基础不断强化。2011年5月，国务院安全生产委员会发布《国务院安委会关于深入开展企业安全生产标准化建设的指导意见》（安委〔2011〕4号），要求"要建立各行业（领域）企业安全生产标准化评定标准和考评体系；不断完善工作机制，将安全生产标准化建设纳入企业安全生产经营全过程，促进安全生产标准化建设的动态化、规范化和制度化，有效提高企业本质安全水平"。

2011年11月26日发布《国务院关于坚持科学发展安全发展促进安全生产形势持续稳定好转的意见》（国发〔2011〕40号）强调："推进安全生产标准化建设。在工矿商贸和交通运输行业领域普遍开展岗位达标、专业达标和企业达标建设，对在规定时间内未实现达标的企业，要依据有关规定暂扣其生产许可证、安全生产许可证，责令停产整顿；对整改逾期仍未达标的，要依法予以关闭。加强安全标准化分级考核评价，将评价结果向银行、证券、保险、担保等主管部门通报，作为企业信用评级的重要参考依据。"

《安全生产"十二五"规划》（国办发〔2011〕47号）提出："到2011年，煤矿企业全部达到安全标准化三级以上；到2013年，非煤矿山、危险化学品、烟花爆竹以及冶金、有色、建材、机械、轻工、纺织、烟草和商贸8个工贸行业规模以上企业全部达到安全标准化三级以上；到2015年，交通运输、建筑施工等行业（领域）及冶金等8个工贸行业规模以下企业全部实现安全标准化达标。"

《国务院安委会关于深入开展企业安全生产标准化建设的指导意见》（安委〔2011〕4号）要求："各有关部委制定实施方案；各行业建立评定标准和考评体系；国家有关部门负责标准化一级单位的评审，省级有关部门负责标准化二级、三级单位的评审。"

2012年，《国务院办公厅关于继续深入扎实开展"安全生产年"活动的通知》（国办发〔2012〕14号）中，要求"着力推进企业安全生产达标创建。加快制定和完善重点行业领域、重点企业安全生产的标准规范，以工矿商贸和交通运输行业领域为主攻方向，全面推进安全生产标准化达标工程建设。对一级企业要重点抓巩固、二级企业着力抓提升、三级企业督促抓改进，对不达标的企业要限期抓整顿，经整改仍不达标的要责令关闭退出，促进企业安全条件明显改善、管理水平明显提高"。

2013年，水利部颁发了《水利安全生产标准化评审管理暂行办法》（以下简称《办法》）和有关评审标准，要求水利生产经营单位落实安全生产主体责任，强化安全基础管理，规范安全生产行为，促进运行安全生产和工程建设标准化。

2014年8月，为适应安全生产工作的新形势和新要求，九届人大十二次会议审议通过的《中华人民共和国安全生产法》中第四条明确规定："生产经营单位必须遵守本法和其他有关安全生产的法律、法规，加强安全生产管理，建立健全安全生产责任制和安全生产规章制度，改善安全生产条件，推进安全生产标准化建设，提高安全生产水平，确保安全生产。"

这一系列重要文件均对安全生产标准化工作提出了要求，标志着以岗位达标、专业达标和企业达标为内容的安全生产标准化建设作为有效防范事故、建立安全生产长效机制的重要手段，推动企业落实安全生产主体责任的重要抓手，成为创新社会管理、创新安全生产监管体制机制、促进企业转型升级和加快转变经济发展方式的重要内容。

5.2.2 南水北调工程运行安全标准化试点

近年来，国家高度重视安全生产标准化的推动、实施工作，在各级安全监管部门和相关行业管理部门的大力推动下，广大企事业单位不断探索，积极开展安全生产标准化创建工作。安全生产标准化工作在增强安全发展理念、强化安全生产红线意识、夯实安全生产基础、推动落实安全生产主体责任、提升安全生产管理水平等方面发挥了重要作用，取得了显著成效。《中华人民共和国安全生产法》首次将推进安全生产标准化建设写入法律条文，成为企事业单位的法定职责。安全生产标准化建设越来越受到重视，成为提高企业本质安全、推进隐患排查治理和风险防控的基本措施。

南水北调东、中线一期工程分别于2013年、2014年相继建成通水，由建设期转入运行管理阶段，跨流域、长距离调水工程的运行安全管理面临着巨大挑战，工作内容、方式等发生了本质改变，工程运行安全管理制度建设尚不完善，各级运行管理单位需要加快角色和职能转变，强化安全管理主体责任意识，迫切需要通过运行安全标准化建设提高运行管理水平。要加强南水北调工程建设期运行管理阶段的安全管理，开展南水北调工程运行安全管理体系的标准化建设是非常必要的。

2016年初，基于国家法规要求，按照"稳中求好，创新发展"的总体工作思路，结合工程运行管理初期特点和运行管理需求，落实安全管理主体责任，规范安全管理行为，加强运行安全管理，国务院南水北调办公室提出了南水北调工程的运行安全管理标准化建设的基本设想。

国务院南水北调办公室建设管理司在研究国家法规要求和行业标准化建设过程中，按照长距离、跨流域和三级管理体制运行安全管理要求，在充分调研的基础上，先行提出以第三级管理机构为基础，以运行安全管理责任为核心，建立运行安全管理标准化体系，实行安全管理行为清单管理（即五大体系和四项清单），通过大数据、云技术、互联网+运行安全管理等手段，积极推进了工程运行安全管理标准化建设，通过试点工作，健全了各级管理的安全管理规章制度和标准体系，明确了各级的管理责任和工作要求，增强了全员安全管理意识，规范了管理者的安全管理行为，为加强运行安全规范化管理起到了积极的推动作用。但随着标准化的不断深入，体系建设、行为清单建设和考核机制方面需要进一步完善，于是在2017年年初国务院南水北调办公室建设管理司根据试点工作情况，提出了较为完善的"八大运行管理体系和四项安全行为清单"，并持续开展了南水北调工程运行安全管理标准化建设工作，进一步健全了各级运行的安全管理规章制度和标准体系，明确了各级的管理责任和工作要求。

南水北调中线、东线工程开展实施运行安全管理标准化建设以来，逐步明确了"八大体系"的组织机构、岗位职责、制度体系、管理流程以及各体系的监督检查，逐步明确了各级管理机构的责任与工作要求。在总结南水北调工程运行安全标准化建设试点工作的基础上，研究构建南水北调工程东、中线运行安全三级标准化管理体系和东、中线运行安全标准化管理拓扑图，为促进南水北调中线、东线工程的标准化建设提供支持。

5.2.3 研究意义

现代安全管理以安全技术、安全管理和教育培训为手段，安全生产标准化是现代安全管理手段的集成，也是我国在安全生产管理领域上的一次创新、一个贡献。它借鉴了质量、环境和职业健康安全管理标准化管理的原理和做法，强调以人为本、安全第一和红线意识，具有系统性、先进性、预防性、全过程控制和持续改进的特点。安全生产标准化建设工作，对保障生产经营单位职工群众生命财产安全有着重要的作用和意义。

开展运行安全管理标准化建设，规范安全生产行为，对于南水北调工程的运行管理意义重大。

南水北调工程运行安全管理标准化是落实运行安全管理主体责任的重要途径。国家有关安全生产法律法规政策明确要求，严格企业安全管理，全面开展安全达标。运行管理单位是安全生产的责任主体，也是运行安全管理标准化建设的主体，要通过加强每个岗位和每个生产环节的安全管理标准化建设，不断提高安全管理水平，促进运行管理单位全面落实安全生产主体责任。

南水北调工程运行安全管理标准化是强化安全管理基础工作的长效制度。运行安全管理标准化建设涵盖运行安全管理的组织机构、岗位职责、制度体系、管理流程等内容，增强了人员安全素质、提高设备设施管理水平、强化岗位责任落实等各个方面，是一项长期的、基础性的系统工程，有利于全面工程管理单位提高安全生产保障水平。

南水北调工程运行安全管理标准化是实施安全管理分类指导、分级监管的重要依据。依据工程运行管理单位的管理体制，通过开展运行安全管理标准化建设，实行标准化建设考评，能够客观真实地反映出运行管理单位安全管理状况，为加强安全监管提供有效的基础支撑。

南水北调工程运行安全管理标准化是有效防范事故发生的重要手段。深入开展运行安全管理标准化建设，能够进一步规范从业人员的安全行为，促进现场各类隐患的排查治理，有效防范和遏制事故发生，推进安全管理长效机制建设和信息化建设，促进运行安全管理持续稳定发展。

南水北调工程运行安全管理标准化是运行管理单位建立约束机制、树立良好形象的重要措施。运行安全管理标准化强调过程控制和系统管理，将贯彻国家有关法律法规、标准规范的行为过程及结果量化或定性化，使运行安全管理工作处于可控状态，并通过绩效考核、内部评审等方式、方法和手段的结合，形成了有效的安全生产激励约束机制。通过运行安全管理标准化建设，将南水北调工程建管单位的管理上升到一个新的水平，减少安全事故，加上相关的配套政策实施及宣传手段，以及全社会关于安全发展的共识和社会各界对于安全生产标准化的认同，为南水北调工程建管单位树立良好的社会形象。

结合南水北调工程的运行管理现状，在总结南水北调工程运行安全管理标准化建设试点工作的基础上，研究了安全标准化管理体系的建设内容，本研究可提升工程安全管理水平，推动南水北调工程运行安全管理的标准化发展，保障工程运行安全和供水安全。

5.3 南水北调运行安全管理标准化体系系统分析

5.3.1 南水北调工程运行安全管理标准化体系构建思路与方法

5.3.1.1 运行安全管理标准化系统构建思路

标准化体系的构建首先需要确定需要哪些体系组成，再分析各体系之间相互联系，最终构建一个适应环境需要的标准化体系。由于依存主体是标准化服务的对象，因此在进行系统分析及构建之前，首先分析了依存主体，确定标准化对象，从而进一步地构建标准化体系。南水北调工程运行安全管理标准化体系构建基本思路如图 5.1 所示。

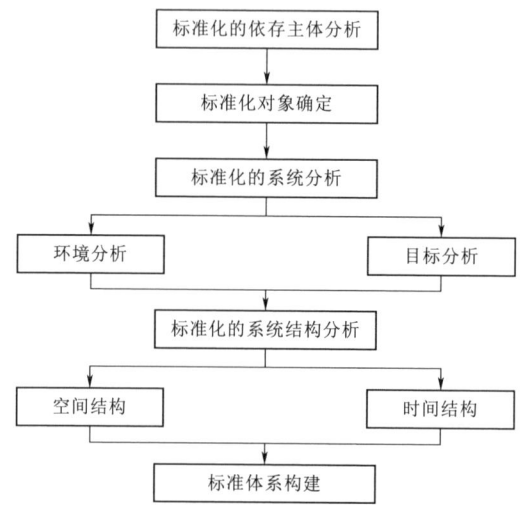

图 5.1　南水北调工程运行安全管理标准化体系构建基本思路

5.3.1.2　运行安全管理标准化系统构建原则

依据标准化体系构建原则与工程运行安全管理的现实要求，标准化体系构建时遵循了以下原则：

（1）全面覆盖原则。工程运行安全管理体系的组成应当全面完整，除现有的体系外，应覆盖所有阶段及各个环节的工作程序等内容。

（2）层次清晰原则。层次性体现在体系的结构特征上。工程运行安全管理体系要覆盖南水北调工程东、中线三级管理机构并分层，各层次之间相互补充，形成每一层都功能完整的层次性结构。

（3）协调配套原则。工程运行安全管理体系的协调配套，不仅指系统内部排列合理有序，也指各个体系之间互相协调，不致产生重复或矛盾。

（4）适度前瞻原则。标准化体系应考虑未来的需要，因此在构建标准化体系时，在分析依存主体发展趋势基础上，对未来可能需要的内容加以预期，预留足够的可扩展空间。

5.3.1.3　运行安全管理标准化系统构建方法

在安全管理标准化系统的构建过程中主要应用了系统工程的相关理论，系统工程方法应用主要体现在以下三个方面：

（1）建立系统的思想。现代标准化的特征是以系统理论为指导。在南水北调工程运行安全标准化系统的构建中，以系统理论为指导，依据《企业安全生产标准化基本规范》，建立系统的思想，一方面体现系统的整体性，从更全面的角度构建标准化体系，合理协调运行安全管理各体系之间的关系，使得标准化体系的整体性和系统秩序最佳，另一方面体现系统结构的有序性。

（2）明确研究的对象系统。标准化体系构建的首要任务是对依存主体的分析，主要采用霍尔的系统工程三维结构方法。标准化体系构建结合了分类方法、过程方法与系统工程方法相结合的方法。南水北调工程运行安全管理标准化体系构建关联模型如图 5.2 所示。

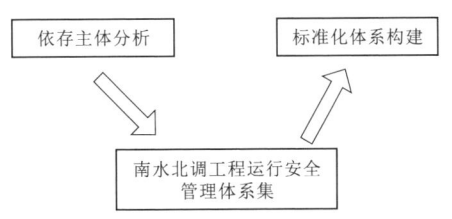

图 5.2 南水北调工程运行安全管理标准化体系构建关联模型

（3）合理应用标准化系统工程的方法论空间。运用标准化三维标准空间分析标准系统，确定系统在各个维度上的可重复性事物或概念，进而形成标准，按照标准属性分类，确定其在标准属性空间中的准确位置。

5.3.2 南水北调工程运行安全管理体系依存主体分析

依存主体是南水北调工程运行安全管理系统的主要工作对象，也是标准化体系依赖和服务的对象。在其他行业的标准化体系构建中，从认识论层面对标准化体系的依存主体进行分解已有较好成果的应用。对依存主体的框架和内容进行分析，从系统论层面总体认识南水北调工程运行安全管理体系依存主体的本质特征、基本结构以及发展规律，是研究运行安全管理系统，构建标准化体系，设计和制定相关标准体系的重要理论依据和前提。

5.3.2.1 依存主体的总体框架

南水北调工程运行安全管理是一项综合自然、社会等各方面因素，由多学科理论与方法来支撑和指导的人类活动。用系统理论的视角来分析，运行安全管理应当是一个集自然要素、社会要素和人文要素为一体的系统工程，其中既包括工程运行管理实践中需要的人员、物质资料、信息等实体要素，也包括工程运行安全管理理论、方法、技术和政策法规等概念要素，是一个实体与概念的复合系统。

从系统论的视角出发，每一个依存主体都可按理论维度、技术维度和实践维度对依存主体进行分解，三者相互作用，共同支撑着体系的运行和发展。将南水北调工程运行安全管理体系分为理论、技术、实践三个主体。这三个主体的相互作用，均可继续分解，形成了依存主体的基本静态组成结构、动态时序结构和形态发展结构。这三个结构分别反映了依存主体在空间组成、时序演变以及发展水平三方面的特征。运行安全管理体系依存主体总体框架如图 5.3 所示。

静态组成结构反映了依存主体的静态组成要素，包括工程运行安全管理的各

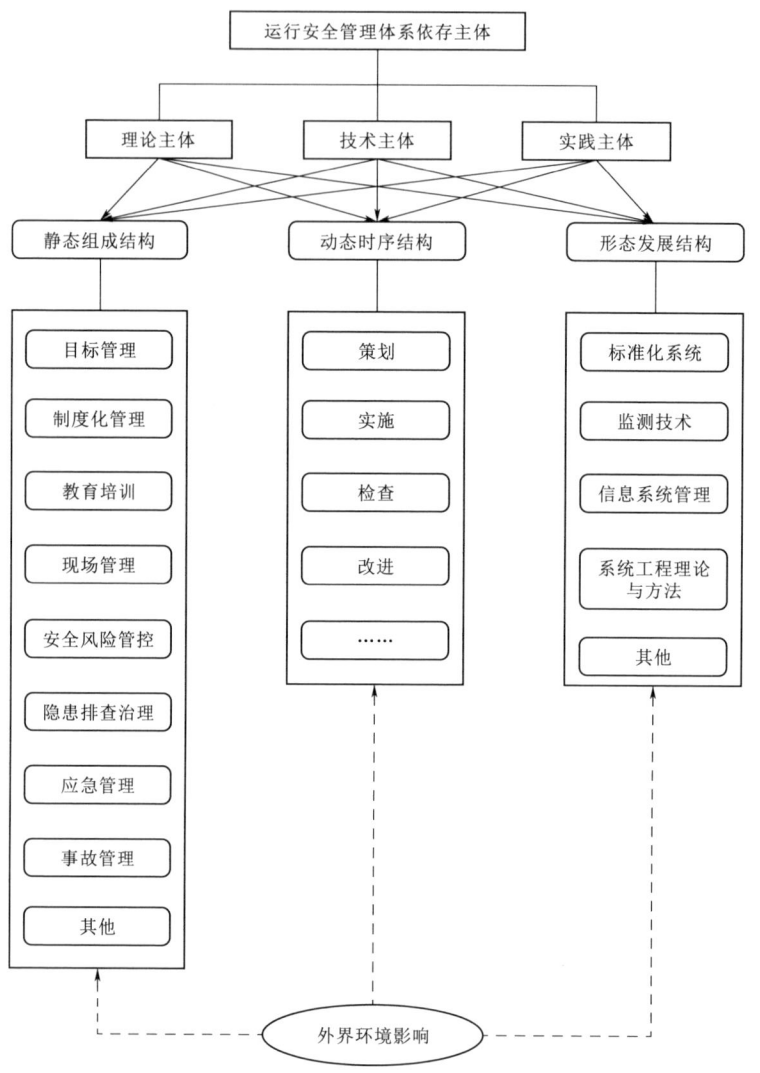

图 5.3 运行安全管理体系依存主体总体框架

个方面，分为目标职责、制度化管理、教育培训、现场管理、安全风险管控及隐患排查治理、应急管理、事故管理和持续改进等。

动态时序结构反映了依存主体随时间变化的动态运行过程，具体来说是以安全管理需要经历的所有阶段，每一个阶段还可以进一步细化或分解为更具体的工作环节。对动态时序的划分可以在标准化工作中覆盖安全管理的全过程，将每一个运行阶段细分至需要的具体内容，避免对其中若干环节的忽略和遗漏，造成体系的缺失和不完整。依据《基本规范》要求，南水北调工程运行安全管理体系建设采用"策划、实施、检查、改进"的动态循环的现代安全管理模式,在逻辑结构和标准框架上更具有国际化、通用性、系统性的鲜明特征。

形态发展结构反映了工程运行安全管理理论、技术等方面的最新进展,可以反映运行安全管理发展的未来趋势。形态结构发展随科技发展进步,充分说明了标准化体系为适应依存主体发展应及时优化更新。

标准化是指导实践的重要活动,为使构建的标准体系与依存主体相匹配,应将工程运行安全管理分解所得的实践主体在各个结构上划分,分析其构成元素和主要工作,以明确标准化对象。而目前标准化活动和标准体系的构建主要立足于当前,因此暂时不考虑形态发展结构,将实践主体从静态组成和动态时序两个角度,分析其时间和空间结构,进而分析依存主体的标准化对象要素。

5.3.2.2 依存主体构成要素

静态组成结构、动态时序结构和形态发展结构均来源于理论主体、技术主体和实践主体的支撑。为进一步深化说明对工程运行安全管理体系的认识,应对其三个主体的具体构成要素和主要工作内容作进一步探讨分析。

(1) 理论主体。理论主体是工程运行安全管理标准化依存主体系统的重要组成部分,是组成依存主体系统的基础。理论主体构成如图 5.4 所示。南水北调工程运行安全管理体系理论主体主要包括系统理论、风险管理理论、组织行为理论、人本原理、责任原理、可持续发展理论、项目管理理论,这些相关学科理论支撑、促进工程运行安全管理的不断发展。

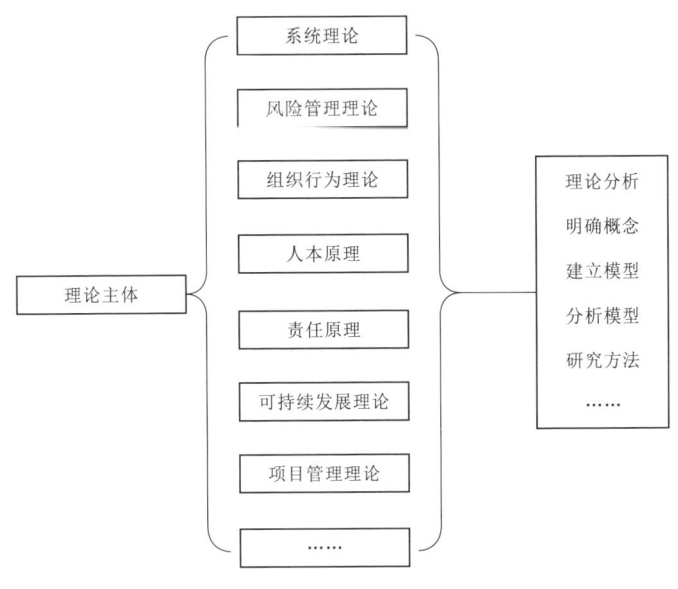

图 5.4 理论主体构成

理论主体的研究主要有明确工程运行安全管理的基本概念，揭示现象的理论依据，预测未来发展方向，建立工程运行安全管理的理论体系，解决其中重要科学问题的功能。

（2）技术主体。技术主体是依存主体的重要组成部分，其主要作用是将工程运行安全管理的基本概念、主要对象等，通过使用相应的技术、工艺和手段，转变为实际的具体工作，这些在理论主体指导下的技术、工艺和手段即组成了依存主体的技术主体。技术主体设计运行安全管理领域的主要技术内容，包括勘测技术、监测技术、工程技术、信息化技术以及其他相关技术。

技术主体的主要具体工作内容包括目标职责、制度化管理、教育培训、现场管理、安全风险管控及隐患排查治理、应急管理、事故管理和持续改进等。技术主体构成如图 5.5 所示。

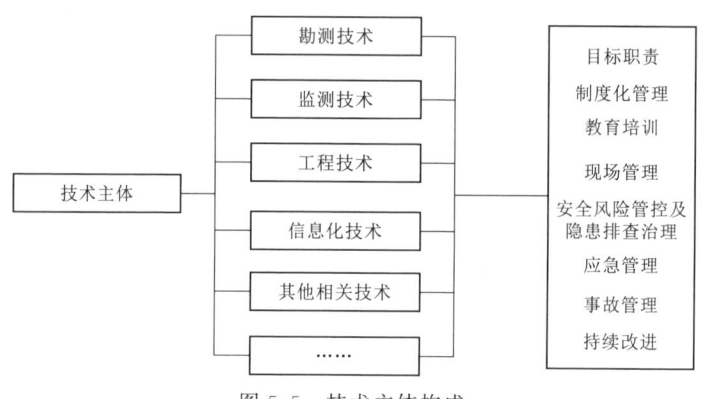

图 5.5　技术主体构成

（3）实践主体。实践主体是在理论主体和技术主体的基础上发展起来的。实践主体包括策划、实施、检查、改进、标准化建设等基本活动，这与系统工程三维空间中的时间维和逻辑维是一致的。实践主体完成的主要成果，体现了运行安全管理理论和技术的实践成效和发展水平。

实践主体的主要作用之一是完成理论实践运用，主要活动内容包括组织机构设置、安全文化建设、规章制度建立、信息化建设、人员教育培训、设备设施管理、安全风险管理、隐患排查治理、应急预案、事故调查和处理等。

需要注意的是，南水北调工程运行安全管理标准化作为指导实践的重要依据，其标准体系的建立以及具体标准的制、修订，必须与实践主体相匹配，这样对实践主体的规范和统一才更具针对性和有效性。首先标准建立的逻辑过程必须与实践主体的运行发展过程相一致，其次标准的内容和水平也要与实践主体的发展程度相适应，标准的范围也将实践主体的领域全面覆盖。实践主体构成如图 5.6 所示。

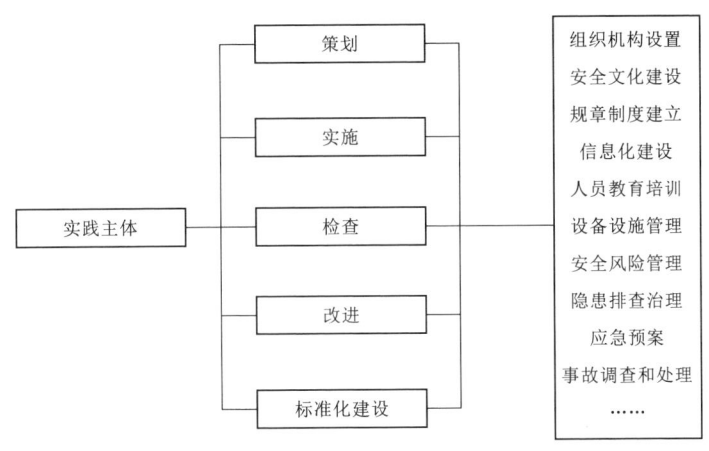

图 5.6　实践主体构成

5.3.3　南水北调工程运行安全管理标准化体系对象确定

确定南水北调工程运行安全管理标准化对象是体系构建的首要任务。标准化的对象主要是围绕：成果、过程、行为和条件四个方面展开。

（1）成果。工程运行安全管理标准化的成果对象是指运行安全管理措施和作用的实体对象，包括通过运行安全管理的各项措施，以及通过运行安全管理避免的损失。

（2）过程。工程运行安全管理标准化的过程对象是从体系建设、具体实施渗透到工程运行全过程及其包含的阶段和程序。

（3）行为。指人的活动。工程运行安全管理标准化的行为对象主要指各级管理人员的工作标准和操作流程等。

（4）条件。运行安全管理标准化的条件因素包括运行管理所需人员、物资、装备、信息等方面的条件。

工程运行安全管理标准化的成果、过程、行为和条件，都可以成为标准化领域中的对象，形成与之相对应的体系标准。从系统的角度分析，工程运行安全管理标准化的对象可视为一个系统，条件是过程系统的输入，成果是过程系统的输出，行为贯穿整个过程系统，是系统的重要组成部分，因此，基于过程系统的观点对工程运行安全管理标准化对象系统进行分析，可以明确标准化的具体对象。标准化对象系统示意图如图 5.7 所示。

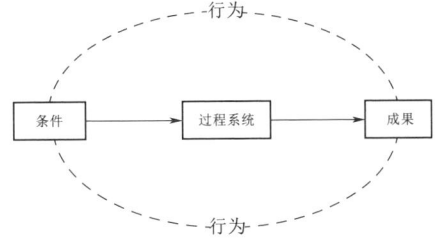

图 5.7　标准化对象系统示意图

5.3.4 南水北调工程运行安全管理标准化系统分析

5.3.4.1 系统环境分析

标准化体系的系统环境是指标准体系存在和发展的，与系统相互作用的外界条件的总和。南水北调工程运行安全管理标准化体系的系统环境是一系列经常变化的动态系统，包括自然环境和社会经济环境，而主要影响体系的环境因素是自然环境因素，包括水文环境、地质环境等。环境分析的目的在于能够明确影响系统的环境因素并及时察觉这些环境因素的发展变化态势，分析其变化对标准化需求的变化以及对标准体系的影响，对标准体系结构进行相应的调整或重构，使之更能适应系统环境的变化，进而使得标准体系反作用于环境，对系统环境发挥积极作用。

本书从南水北调工程运行安全管理标准化体系的需求和发展现状来分析体系的系统环境。需求是环境对系统作用的结果，而现状是系统对环境作用的反馈。

（1）需求分析。我国关于长距离引水工程的运行安全管理尚无足够的实践经验，且南水北调工程规模大、战线长、建筑物多、设备种类多，专业化要求高，运行管理十分复杂。现阶段国家施行了相关的法律法规及标准作为指导性文件，大力推行企业安全生产标准化建设，迫切要求各企事业单位建立一套系统、科学的体系机制，落实安全生产责任制，加强安全生产规范化建设，提升自身的安全管理水平。南水北调工程在转入运行期后面临的运行安全管理工作十分复杂，制度建设有待完善，需要通过运行安全标准化的建设提高工程的运行管理规范化水平，保证工程的运行安全和供水安全。

（2）现状分析。当前，南水北调工程已全面由建设管理转入运行管理，安全管理体系，工作内容、对象、方式和管理要求都发生了本质变化。①管理体系由工程建设安全管理体系向工程运行安全管理体系转变；②工作内容、对象、方式、重点已由施工、监理、设计等单位的生产安全管理向工程管理单位自身的运行安全管理转变；③管理责任已由间接管理责任向直接管理责任转变；④管理重点由工程建设安全向工程运行安全转变；⑤管理要求由工程建设管理的法规向工程运行法规转变。在工程转入运行管理阶段，在各单位角色和职能发生转变的情况下，工程管理单位的安全管理观念也需及时转变，必须切实强化安全管理主体责任意识，建立、健全安全管理责任制和各项规章制度，改善安全生产和管理条件，全面推进运行安全管理标准化建设，提高运行安全管理水平，确保工程运行安全。

5.3.4.2 系统目标分析

系统的目标决定了整个系统工程的方向、规模等相关决策的确定，是系统运行的重要依据。明确系统目标可以对系统建设起方向性引导，更好地实现系统功能。南水北调工程运行安全管理标准化体系的最终目标是规范和促进工程的运行安全管理工作及其开展：

（1）覆盖全面。构建的体系应覆盖工程运行安全管理的各项工作及各个环节。

（2）结构合理。系统的结构是否合理将决定系统的功能能否实现，构建合理的标准体系系统结构，使得工程运行安全管理各体系之间关系协调，层级明确，形成最佳秩序，促进标准化体系系统最佳功能的实现。

（3）实现标准化体系与依存主体系统的统一协调。工程运行安全管理标准化体系依赖于其依存主体，且对各个体系起规范约束作用。两者之间相互依赖、相互作用，要求标准化体系必须适应于工程运行安全管理的发展水平，满足实际发展需要，与整体的系统结构相协调。

5.3.5 南水北调工程运行安全管理标准化体系结构分析

标准化体系是由各个体系按照内在联系构成，标准化体系的结构分析是确定由哪些体系按照什么关系组成。系统结构的分析可以分为空间结构分析和时序结构分析。前者是对系统组成元素以及元素之间相互关系的分析，后者主要对系统元素按照动态演化过程的内在联系和顺序关系结合的形式进行分析，以反映其系统的有序性和时间性。

5.3.5.1 标准化系统空间结构

南水北调工程的运行安全管理，是以东、中线的三级管理机构为基础的，每个体系内容的实施均依靠各个管理层级实现。工程运行安全管理系统在空间上是一个呈层级的结构。由于标准化系统结构与依存主体结构相一致，因此南水北调工程运行安全管理标准化系统的空间结构也为层次结构，上下层之间呈隶属关系。南水北调工程运行安全管理体系空间结构如图5.8所示。

5.3.5.2 标准化系统时序结构

用系统工程观点分析工程运行安全管理系统的时间结构，结合工程运行安全管理的策划、组织、检查、改进等几个阶段，各个阶段又包括技术过程和控制过程两个并行的过程。可见工程运行安全管理系统是以人员、资金、设备、技术等条件因素为输入，经过策划、组织、检查、改进等几个阶段，以体系建设成果为输出，并实现其经济效益、社会效益和生态效益。

计划阶段确定了工程运行管理的主要目标、任务以及目标任务的分解和落实，属于控制过程。具体内容包括防洪方案、应急预案、运行安全管理工作方案、安全保护方案、运行安全问题治理工作方案、运行安全管理责任检查方案、安全文化管理方案等。组织实施阶段确定了工程运行安全管理各项工作的组织机构以及工作方式。其中技术过程包括：确立组织机构、岗位职责、管理制度及标

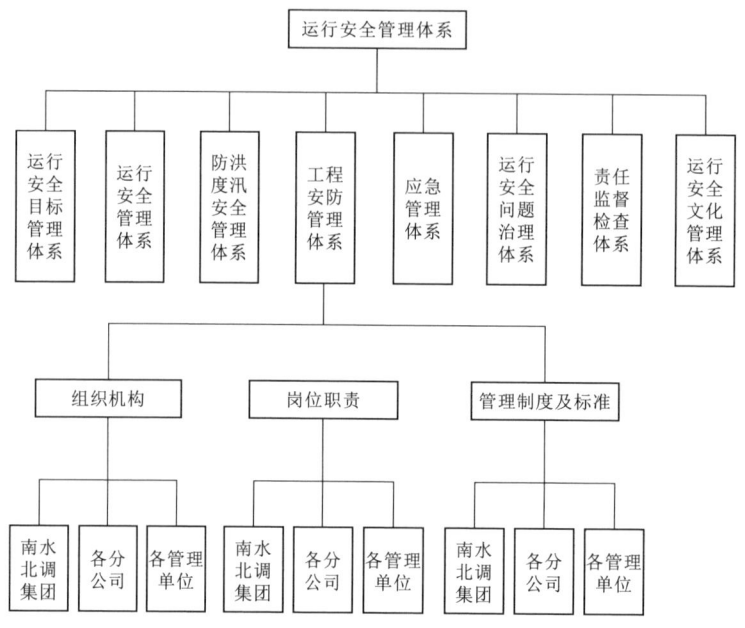

图 5.8　南水北调工程运行安全管理体系空间结构

准。控制过程包括工程巡查、监督检查、工程监测、动态监管等。而后通过持续改进阶段形成良性循环，从而实现标准化。

基于对工程运行安全系统时间结构的分析，将运行安全管理系统按时间序列关系排列组成系统的时间结构，南水北调工程运行安全管理体系时间结构如图 5.9 所示。

以上两种结构理论上应该包含工程运行安全管理体系的所有组成要素，形成了完整的工程运行安全管理体系。但从实际操作来看，由于两种结构各有侧重点，如空间结构侧重单项的标准体系，而时间结构侧重工程安全管理的各个环节的技术及管理标准。若采用单一方法分析标准化系统的结构进而形成系统，容易产生疏忽和遗漏，因此需要引入系统工程方法来从系统工程角度分析系统结构，将系统的时间和空间结构在系统工程三维空间上反映出来。

5.3.5.3　标准系统结构模型

在对工程运行安全管理体系空间结构和时间结构进行分析的基础上，运用标准化系统工程六维空间的思想，结合工程运行安全管理系统自身特点，适当调整必要的维度和内容，选择类型维以反映系统空间结构，专业序列维反映系统时间结构，对象为反映对象内容，构建一个专业序列维-类型维-对象维的工程运行安全管理体系三维结构。

(1) 专业序列维。鉴于在系统工程研究中,人们常常把逻辑维和时间维合在一起,归纳成为基本的工作程序,因此在系统构建过程汇总,将时间维表示的策划、实施、检查、改进几个阶段和逻辑维表示的每个阶段内的工作内容综合考虑,并运用简化、统一原理归纳形成专业序列,表示对象涉及的专业领域。其中调研、设计、实施、标准化、信息化属于技术领域;规划、预算、监督、监测、动态监管属于控制领域。

(2) 类型维。表示工程运行安全管理所针对的具体工作,包括运行安全目标管理、工程运行安全管理、防洪度汛安全管理、工程安防管理、应急管理、运行安全问题治理、责任监督检查、运行安全文化管理。

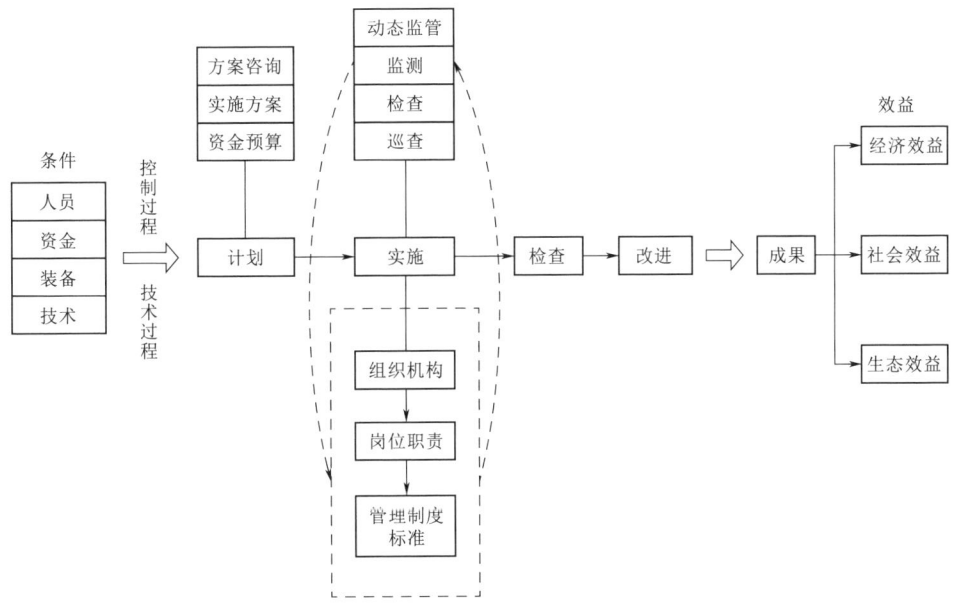

图 5.9　南水北调工程运行安全管理体系时间结构

(3) 对象维。对象维表示标准化的对象。鉴于标准化对象围绕成果、过程、行为、条件展开,因此对象维也在这四项内容的基础上继续划分。

运用系统工程方法构建的工程运行安全管理体系三维结构,包含了每种工作内涵及其对象,理论上可以包含工程运行管理的所有对象。对这些对象进行标准化活动,将形成各种体系,集合了按时间结构和空间结构划分的所有体系,并将层次性和时序性在三维空间上联系起来,更能体现系统的整体性和结构性。南水北调工程运行安全管理体系三维结构如图 5.10 所示。

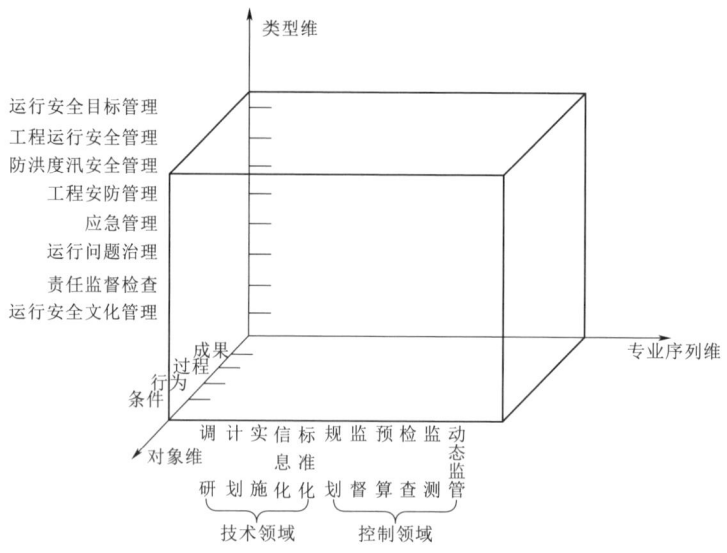

图 5.10　南水北调工程运行安全管理体系三维结构

5.4　南水北调工程运行安全管理标准化体系拓扑图构建

5.4.1　拓扑图定义

拓扑是将各种物体的位置表示成抽象位置。在网络中，拓扑形象地描述了网络的安排和配置，包括各种结点和结点的相互关系。拓扑不关心事物的细节也不在乎比例关系，只将讨论范围内的事物之间的相互关系通过图表示出来。南水北调工程安全标准化管理体系结构主要有网状结构、环形结构、星形结构、树形结构、混合型结构等。

（1）网状拓扑结构。在网状拓扑结构中，网络的每个节点之间均有点到点的链路连接，系统可靠性高，容错能力强。

（2）环形拓扑结构。环形结构由网络中若干节点通过点到点的链路首尾相连形成一个闭合的环，各节点地位平等，无中心节点控制，其传递方向总是从发送信息的节点开始向两端扩散。各节点在接收信息时都进行地址检查，看是否与自己的节点地址相符，相符则接收信息。环形结构有如下特点：信息流在网中是沿着固定方向流动的，两个节点仅有一条道路，故简化了路径选择的控制；由于信息源在环路中是串行地穿过各个节点，当环中节点过多时，势必影响信息传输速率，使网络的相应时间延长。

(3) 星形拓扑结构。管理体系的星型结构成辐射状，节点以星形方式连接。网络有中央节点，其他节点都与中央节点直接连接，这种结构以中央节点为中心，因此又称为集中式网络。星形结构具有如下特点：结构简单，便于管理；控制简单，便于建网；网络延迟时间较小，传输误差较低。

(4) 树形拓扑结构。树形结构是分级的集中控制式网络，与星形相比，它的通信线路总长度短，成本较低，节点易于扩充，寻找路径比较方便，但除了节点及其相连的线路外，任一节点或其相连的线路故障都会使系统受到影响。

(5) 混合型拓扑结构。在网络拓扑结构中，往往有两种或几种拓扑结构，如星形和树形混合，环形与树形混合等。

5.4.2 南水北调工程运行安全标准化管理体系拓扑图

《企业安全生产标准化基本规范》（GB/T 33000—2016）中定义了企业安全生产标准化的定义："企业通过落实安全生产主体责任，全员全过程参与，建立并保持安全生产管理体系，全面管控生产经营活动各环节的安全生产与职业卫生工作，实现安全健康管理系统化、岗位操作行为规范化、设备设施本质安全化、作业环境器具定置化，并持续改进"。其中规定的"安全生产管理体系"是指构成南水北调工程运行安全管理标准化中的"运行安全管理体系"，主要包括运行安全目标管理体系、工程运行安全管理体系、防洪度汛安全管理体系、工程安防管理体系、应急管理体系、运行安全问题治理体系、责任监督检查体系及运行安全文化管理体系。上述定义揭示了运行安全管理体系具有如下内涵：运行安全管理体系是一个系统，其组成元素是安全管理的八个分体系，而运行安全管理体系是八个分体系最佳秩序的体现；运行安全管理体系中的八个分体系是有目的纳入的；运行安全管理体系中的分体系按照一定的分类属性关系集中摆放。

运行安全管理体系的一个重要属性是它表现了各分体系之间的内在联系，而管理体系结构即这种内在联系的外部表征。管理体系的结构，可以表达各分体系的隶属关系、逻辑关系、路径关系、类别关系、综合关系等，是管理体系中各分体系组成关系的全貌反映。各分体系的结构是管理体系建立的前提和基础，只有科学、系统地认识管理体系结构，并掌握其适用关系，才能建立合理、协调、全面的管理体系。

依据《企业安全生产标准化基本规范》（GB/T 33000—2016），在总结南水北调工程运行安全管理标准化建设试点工作的基础上，研究构建了南水北调工程东、中线运行安全三级标准化管理体系。运行安全管理体系中的分体系是由南水北调工程三级管理单位组织机构，各管理机构职责、管理制度及标准、各级管理单位的相互联系形成的系统。南水北调工程安全标准化管理体系结构拓扑图反映了三级管理单位之间的关系，各分体系的三级管理机构关系，各级管理单位与职能部门之间的关系,各分体系的关系,各级管理机构与该级安全标准化管理体系之间的关系,各体系的管理制度体系之间的关系。

5.4.2.1 三级管理单位结构拓扑图

南水北调工程运行安全管理体系中的一级管理单位、二级管理单位及三级管理单位(形成的组织结构为树型拓扑结构),各层级管理单位按照各自实际情况,开展运行安全管理标准化八大体系四大清单的建设工作。南水北调工程三级管理单位结构拓扑图如图 5.11 所示。

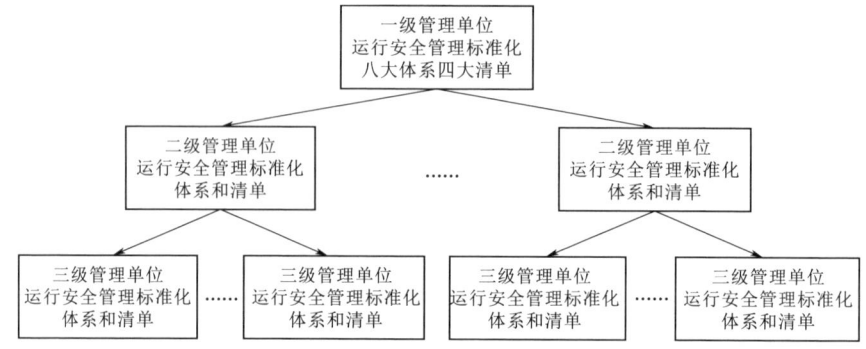

图 5.11 南水北调工程三级管理单位结构拓扑图

5.4.2.2 运行安全管理体系各分体系结构拓扑图

运行安全管理体系的八大体系之间地位平等,相互联系,构成一个统一的整体,各体系之间均有点到点的链路连接,因此运行安全管理体系各分体系为网状拓扑结构。运行安全管理体系各分体系结构拓扑图如图 5.12 所示。

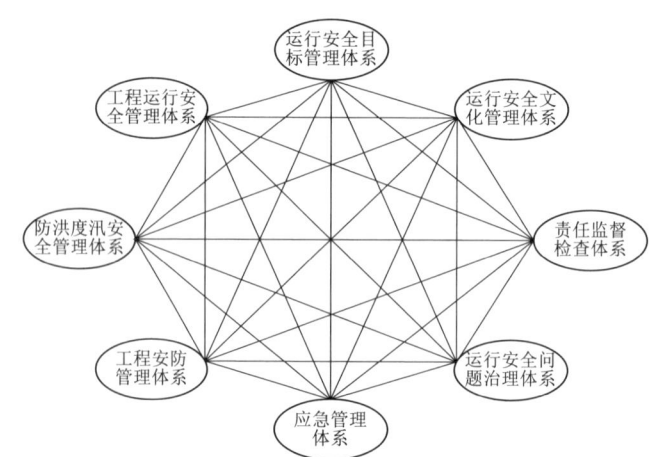

图 5.12 运行安全管理标准化各分体系结构拓扑图

5.4.2.3 运行安全管理体系结构拓扑图

运行安全管理体系包括八大分体系,各分体系是由南水北调工程三级管理单位组织机构、各管理机构职责、管理制度及标准、各级管理单位的相互联系形成的系统,因此运行安全管理体系结构拓扑图是由网状结构、星形结构、树形结构及环形结构混合形成的。运行安全管理体系结构拓扑图如图 5.13 所示。

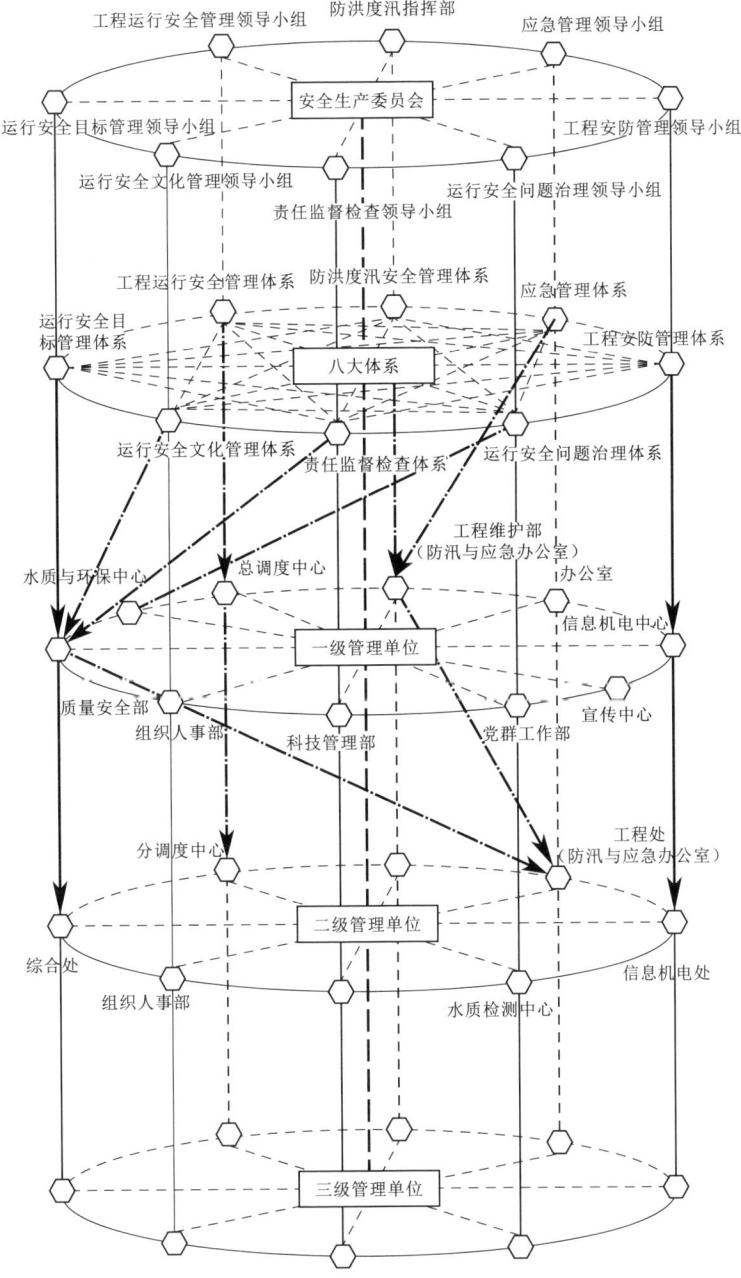

图 5.13 运行安全管理体系结构拓扑图

5.5 南水北调工程运行安全管理标准化建设流程

5.5.1 南水北调工程运行安全管理标准化建设步骤

5.5.1.1 运行安全管理标准化建设总体流程

依据国家有关法律法规、标准规范等要求，结合国内外先进安全管理经验，南水北调工程运行管理单位运行安全管理标准化建设可分为策划、实施、检查和改进四个阶段，运行安全管理标准化建设总体流程如图5.14所示。

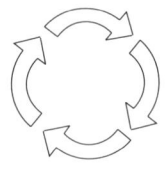

图5.14 运行安全管理标准化建设总体流程

（1）运行安全管理标准化策划阶段。南水北调各运行管理单位在运行安全管理标准化策划阶段主要工作包括下列内容：

1）根据有关规定和单位实际需求，成立运行安全管理标准化组织机构，明确人员职责，全面部署、协调，实施运行安全管理标准化建设工作。

2）识别和获取适用的运行安全管理标准化法律法规，标准规范及其他要求。

3）对单位运行安全管理规定进行评估，创建运行安全管理标准化实施方案。

4）领导高度重视运行安全管理标准化建设，并公开表明态度。

（2）运行安全管理标准化实施阶段。南水北调各运行管理单位在运行安全管理标准化执行阶段的主要工作包括下列内容：

1）组织全面、分层次的安全生产标准化教育培训，使单位各级、各部门员工理解并掌握安全生产标准化建设及评审的要求和内容,理解安全生产标准化达标对本单位和个人的重要意义,保证安全生产标准化建设工作的顺利实施。

2) 根据识别和获取的适用安全生产标准化法律法规,标准规范及其他要求,创建本单位安全生产标准化体系文件,对本单位安全生产标准化文件进行制定、修订和完善。

3) 加强设备设施管理、作业现场控制、事故隐患排查治理、重大危险源监控、事故管理、应急管理等工作,严格落实安全生产标准化文件的规定,确保各项管理制度、操作规程等落实到位,有效实施安全生产标准化工作。

(3) 运行安全管理标准化检查阶段。南水北调各运行管理单位应定期组织安全管理标准化建设情况的检查。一方面督促各职能部门、各分公司以及各现地管理单位安全生产标准化工作的落实;另一方面及时发现存在的问题、及时整改,实现持续改进。

(4) 运行安全管理标准化改进阶段。南水北调各运行管理单位在完成安全检查后,对检查中发现的问题及时落实整改,主要包括下列内容:

1) 制定整改计划,落实整改的责任部门、责任人、时间等。

2) 各责任部门、责任人按照整改计划,编制并实施整改方案。

3) 运行安全管理标准化组织机构对问题整改情况及时验证、并进行统计分析。

5.5.1.2 运行安全管理标准化建设基本保障

(1) 领导重视。只有领导高度重视,才能在人、物、财方面给予支持和保障,才能保证目标的实现。因此,运行安全管理单位的主要负责人应对安全生产标准化建设持正确的态度,并通过会议等形式公开、明确态度,让各级人员从上到下树立高度统一的认识。

(2) 安全生产投入。保证必要的安全生产投入是实现安全生产的重要基础。南水北调工程运行管理单位必须安排适当的资金,用于改善安全设施,进行安全教育培训,更新设备设施,以保证南水北调工程运行管理单位达到法律法规、标准规范规定的安全生产条件。

(3) 责任落实。运行安全管理标准化是一项复杂的系统工程,涉及部门众多,建立健全、落实各级安全生产责任制尤为重要。

(4) 动态管理。由于现场危险有害因素、隐患都是发展变化的,南水北调工程运行管理单位必须监控这种发展变化,遵循"策划、实施、检查、改进"的模式实行安全生产标准化的动态管理,并经常性地开展"回头看"活动。

(5) 切合实际。在安全标准化建设过程中,各管理单位要注重与本单位实际相结合。可以按照"先简单后复杂、先启动后完善、先见效后提高"的要求,统一规划,分步实施,切实抓好安全标准化建设工作。

5.5.2 南水北调工程运行安全管理标准化策划阶段

5.5.2.1 运行安全管理标准化组织机构建立

南水北调集团中线有限公司应组织建立"统一指挥、分级管理的"工程运行安全管理标准化组织机构，指导、监督、落实安全管理标准化的法律法规、规章制度，纠正不安全行为，消除安全隐患，确保工程运行安全。

南水北调运行安全管理标准化组织机构框图如图 5.15 所示。

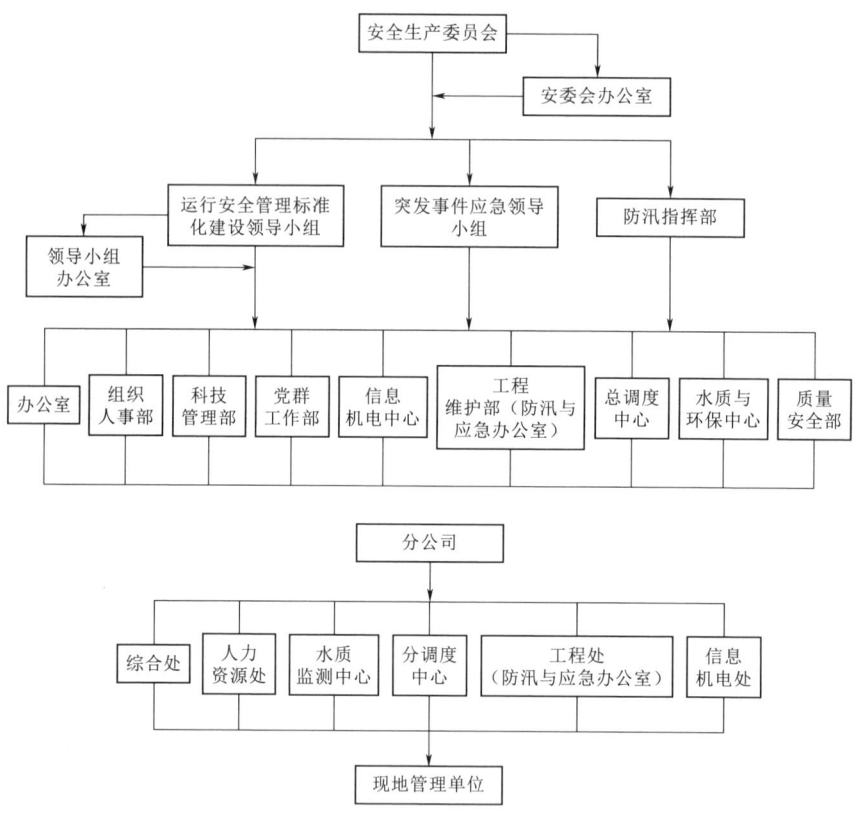

图 5.15 南水北调运行安全管理标准化组织机构框图

5.5.2.2 安全生产法律法规、标准规范的识别、获取

运行安全管理标准化就是安全管理、安全生产的标准化，即管理环节、生产环节和相关岗位的安全工作，必须符合国家安全生产法律法规、标准规范规定，达到和保持一定的标准，因此、南水北调各运行管理单位必须首先识别、获取安全生产法律法规、标准规范。

（1）安全生产法律法规、标准规范识别、获取范围。

1）国家安全生产法律、行政法规、规章、标准规范。

2）行业安全生产规章、标准规范。

3）地方性安全生产法规、规章、标准规范。

（2）安全生产法律法规、标准规范识别、获取途径。

1）国家安全生产法律法规、标准规范可从专业报纸、杂志、互联网及上级主管部门发文等渠道获取。

2）行业安全生产规章、标准规范从水利部、水利厅、行业协会等处获取。

3）地方性安全生产法规、规章、标准规范从当地安全生产监督管理局、环境保护局、消防局、总工会等部门获取。

（3）安全生产法律法规、标准规范识别、获取流程。

1）安全生产法律法规、标准规范识别、获取。南水北调工程运行管理单位安全生产法律法规、标准规范的识别、获取主管部门（以下简称"主管部门"），通过各种途径识别，获取安全生产法律法规、标准规范，并建立适用的安全生产法律法规、标准规范的清单。

2）安全生产法律法规、标准规范发布。南水北调工程运行管理单位主管部门负责建立和更新本单位适用安全生产法律法规、标准规范的目录清单（台账）和文本库（含电子版），并经主要负责人签字批准后，定期通过文件、网络等形式发布。

3）安全生产法律法规、标准规范融入。南水北调工程运行管理单位将识别、获取的安全生产法律法规、标准规范融入安全生产管理制度中。本单位负责制度修订的主管部门依据新修订的法律法规中的相关内容，结合本单位的管理实际情况，修订本单位的制度和操作规程，并及时下发到相关部门和相关岗位。

4）安全生产法律法规、标准规范传达。南水北调工程运行管理单位将识别、获取的安全生产法律法规、标准规范及时传达给从业人员和相关方，并通过宣传、培训和考试等方式，使从业人员和相关方熟悉新的法律法规的要求。以便规范他们的安全生产行为，保障安全生产。

5）安全生产法律法规、标准规范的贯彻。南水北调工程运行管理单位从业人员，严格执行本单位的安全生产管理制度和操作规程，切实将安全生产法律法规、标准规范的要求贯彻到各项工作中。

6）安全生产法律法规、标准规范清单更新。当获取的适用的安全生产法律法规、标准规范发生修改或更新时，主管部门应及时对本单位获取的安全生产法律法规、标准规范清单进行更新。

南水北调各运行管理单位每年至少组织一次对适用的安全生产法律法规、标准规范符合性评价，确保在用安全生产法律法规、标准规范的有效性。

南水北调工程运行管理标准化相关法律法规清单见表5.1。

表 5.1　南水北调工程运行管理标准化相关法律法规标准清单

序号	编号	名称	生效日/最新修订日	颁布部门	相关条款说明
1	中华人民共和国主席令第十三号	《中华人民共和国安全生产法》	2014年12月1日	全国人大	第二十五条～第二十八条 第三十三条～第三十八条 第四十条本条生产经营单位进行爆破、吊装以及国务院安全生产监督管理部门会同国务院有关部门规定的其他危险作业,应当安排专门人员进行现场安全管理,确保操作规程的遵守和安全措施的落实。 第四十二条生产经营单位必须为从业人员提供符合国家标准或者行业标准的劳动防护用品,并教育和督促从业人员按照使用规则佩戴、使用。 第五十四条从业人员在作业过程中,应当严格遵守本单位的安全生产规章制度和操作规程,服从管理,正确佩戴和使用劳动防护用品。
2	中华人民共和国主席令第二十八号	《中华人民共和国劳动法》	1995年1月1日	全国人大	第三章　劳动合同和集体劳动 第四章　工作时间和休息休假 第五章　工资 第六章　劳动安全卫生 第八章　职业培训 第九章　社会保险和福利 第十章　劳动争议 第十二章　法律责任
3	中华人民共和国主席令第七十八号	《中华人民共和国标准化法》	2018年1月1日	全国人大	第一章　总则 第二章　标准的制定 第三章　标准的实施 第四章　法律责任

续表

序号	编号	名称	生效日/最新修订日	颁布部门	相关条款说明
4	中华人民共和国主席令第四十号	《中华人民共和国特种设备安全法》	2014年1月1日	全国人大	第一条 为了加强特种设备安全工作，预防特种设备事故，保障人身和财产安全，促进经济社会发展，制定本法。 第二条 使用、特种设备的生产（包括设计、制造、安装、改造、修理）、经营、检验、检测和特种设备安全的监督管理，适用本法。 第十三条 特种设备生产、经营、使用单位及其主要负责人对其生产、经营、使用的特种设备安全负责。 第十四条 特种设备安全管理人员、检测人员和作业人员应按照国家有关规定取得相应资格，方可从事相关工作。特种设备安全管理人员、检测人员和作业人员应当严格执行安全技术规范和管理制度，保证特种设备安全。 第十五条 特种设备生产、经营、使用单位对其生产、经营、使用的特种设备应当进行自行检测和维护保养，对国家规定实行检验的特种设备应当及时申报并接受检验。 第三十三条 特种设备使用单位应当在特种设备投入使用前或者投入使用后三十日内，向负责特种设备安全监督管理的部门办理使用登记，取得使用登记证书。登记标志置于该特种设备的显著位置。 第三十四条 特种设备使用单位应当建立特种设备安全技术档案。 第三十五条 特种设备使用单位应当制定操作规程、特种设备管理制度、保证特种设备安全运行。 第三十九条 特种设备使用单位应当对其使用的特种设备进行经常性维护保养和定期自行检查，并作出记录。
5	中华人民共和国主席令第四十七号	《中华人民共和国道路交通安全法》	2011年5月1日	全国人大	第十五条及第四十八条

续表

序号	编号	名称	生效日/最新修订日	颁布部门	相关条款说明
6	中华人民共和国主席令第六号	《中华人民共和国消防法》	2009年5月1日	全国人大	第一条 为了保护劳动者的合法权益，调整劳动关系，建立和维护适应社会主义市场经济的劳动制度，促进经济发展和社会进步，根据宪法，制定本法。第二条 在中华人民共和国境内的企业、个体经济组织（以下统称用人单位）和与之形成劳动关系的劳动者，适用本法。第四条、第五十二条～第五十六条、第五十九条～第六十一条、第七十二条
7	中华人民共和国主席令第六十九号	《中华人民共和国突发事件应对法》	2007年11月1日	全国人大	第二十二条 所有单位应当建立健全安全管理制度，定期检查本单位各项安全防范措施的落实情况及时消除事故隐患，掌握并及时处理本单位存在的可能引发社会安全事件的问题，防止矛盾激化和事态扩大；对本单位可能发生的突发事件采取安全防范措施的情况，应当按照规定及时向所在地人民政府或者人民政府有关部门报告。
8	中华人民共和国国务院令第302号	《国务院关于特大安全事故行政责任追究的规定》	2001年7月15日	国务院	全部条款
9	中华人民共和国国务院令第586号	《工伤保险条例》	2003年4月27日	国务院	全部条款

续表

序号	编号	名称	生效日/最新修订日	颁布部门	相关条款说明
10	中华人民共和国国务院令第493号	《生产安全事故报告和调查处理条例》	2007年3月28日	国务院	第三条 根据生产安全事故（以下简称事故）造成的人员伤亡或者直接经济损失，事故一般分为以下等级： （一）特别重大事故，是指造成30人以上死亡，或者100人以上重伤（包括急性工业中毒，下同），或者1亿元以上直接经济损失的事故； （二）重大事故，是指造成10人以上30人以下死亡，或者50人以上100人以下重伤，或者5000万元以上1亿元以下直接经济损失的事故； （三）较大事故，是指造成3人以上10人以下死亡，或者10人以上50人以下重伤，或者1000万元以上5000万元以下直接经济损失的事故； （四）一般事故，是指造成3人以下死亡，或者10人以下重伤，或者1000万元以下直接经济损失的事故。 国务院安全生产监督管理部门可以会同国务院有关部门，制定事故等级划分的补充性规定。 本条第一款所称的"以上"包括本数，所称的"以下"不包括本数。 第九条 事故发生后，事故现场有关人员应当立即向本单位负责人报告；单位负责人接到报告后，应当于1小时内向事故发生地县级以上人民政府安全生产监督管理部门和负有安全生产监督管理职责的有关部门报告。情况紧急时，事故现场有关人员可以直接向事故发生地县级以上人民政府安全生产监督管理部门和负有安全生产监督管理职责的有关部门报告。 第十一条 安全生产监督管理部门和负有安全生产监督管理职责的有关部门逐级上报事故情况，每级上报的时间不得超过2小时。 第十六条 事故发生后，有关单位和人员应当妥善保护事故现场以及相关证据，任何单位和个人不得破坏事故现场、毁灭相关证据。

续表

序号	编号	名称	生效日/最新修订日	颁布部门	相关条款说明
11	国发〔2004〕2号	《国务院关于进一步加强安全生产工作的决定》	2004年1月9日	国务院	一、提高认识，明确指导思想和奋斗目标 二、完善政策，大力推进安全生产各项工作 三、强化管理，落实生产经营单位安全生产主体责任 四、完善制度，加强安全生产监督管理 五、加强领导，形成齐抓共管的合力
12	国发〔2010〕23号	《国务院关于进一步加强企业安全生产工作的通知》	2011年12月2日	国务院	全部内容
13	国发〔2011〕40号	《国务院关于坚持科学发展安全发展促进安全生产形势持续稳定好转的意见》	2012年11月23日	国务院	全部内容
14	安委〔2011〕4号	《国务院安委会关于深入开展企业安全生产标准化建设的指导意见》	2011年5月3日	国务院安委会	工作要求 （一）加强领导，落实责任。 （二）分类指导，重点推进。 （三）严抓整改，规范管理。 （四）创新机制，注重实效。 （五）严格监督，加强宣传。各地区、各有关部门要分行业（领域）、分阶段组织实施，加强对安全生产标准化建设工作的督促检查，严格对有关评审和咨询单位进行规范管理。

续表

序号	编号	名称	生效日/最新修订日	颁布部门	相关条款	说明
15	安委〔2012〕10号	《国务院安委会关于进一步加强安全培训工作的决定》	2012年11月23日	国务院安委会	全部条款	
16	国家安全生产监督管理总局令第16号	《安全生产事故隐患排查治理暂行规定》	2007年12月22日	国家安全生产监督管理总局	第二章 生产经营单位的职责 第三章 监督管理	
17	国家安全生产监督管理总局令第21号	《生产安全事故信息报告和处置办法》	2009年5月27日	国家安全生产监督管理总局	第二章 事故信息的报告 第三章 事故信息的处置	
18	国家安全生产监督管理总局令第47号	《工作场所执业卫生监督管理规定》	2012年6月1日	国家安全生产监督管理总局	第二章 用人单位的职责 第三章 监督管理 第四章 法律责任	
19	国家安全生产监督管理总局令第48号	《职业病危害项目申报办法》	2012年3月6日	国家安全生产监督管理总局		第五条 用人单位申报职业病危害项目申报表》和下列文件、资料： （一）用人单位的基本情况； （二）工作场所职业病危害因素种类、分布情况以及接触人数； （三）法律、法规和规章规定的其他文件、资料。 第六条 职业病危害项目申报同时采取电子数据和纸质文本两种方式。 用人单位应当首先通过"职业病危害项目申报系统"进行电子数据申报，同时将《职业病危害项目申报表》加盖公章并由本单位主要负责人签字后，按照本办法第四条和第五条规定，连同有关文件、资料一并上报所在地设区的市级、县级安全生产监督管理部门。

续表

序号	编号	名称	生效日/最新修订日	颁布部门	相 关 条 款 说 明
20	国家安全生产监督管理总局令第49号	《用人单位职业健康监护监督管理办法》	2012年3月6日	国家安全生产监督管理总局	第八条 用人单位应当组织劳动者进行职业健康检查，并承担职业健康检查费用。 第九条 用人单位应当选择由省级以上人民政府卫生行政部门批准的医疗卫生机构承担职业健康检查工作，并确保参加职业健康检查机构的真实性。 第十条 用人单位应当及时将职业健康检查结果及职业健康检查机构的建议以书面形式如实告知劳动者。 第四章 法律责任
21	国家安全生产监督管理总局令第77号	《安全生产违法行为行政处罚办法》	2007年11月9日	国家安全生产监督管理总局	第一章 总则 第二章 行政处罚的种类、管辖 第三章 行政处罚的程序 第四章 行政处罚的适用 第五章 行政处罚的执行和备案
22	国家安全生产监督管理总局令第80号	《安全生产培训管理办法》	2015年7月1日	国家安全生产监督管理总局	第二章 安全培训机构 第三章 安全培训 第四章 安全培训的考核 第六章 监督管理

续表

序号	编号	名称	生效日/最新修订日	颁布部门	相关条款说明
23	国家安全生产监督管理总局令第80号	《生产经营单位安全培训规定》	2015年7月1日	国家安全生产监督管理总局	第九条 生产经营单位主要负责人和安全生产管理人员初次安全培训时间不得少于32学时。每年再培训时间不得少于12学时。 第十三条 生产经营单位新上岗的从业人员，岗前安全培训时间不得少于24学时。 第十五条 车间（工段、区、队）级岗前安全培训内容应当包括： （一）工作环境及危险因素； （二）所从事工种可能遭受的职业伤害和伤亡事故； （三）所从事工种的安全职责、操作技能及强制性标准； （四）自救互救、急救方法、疏散和现场紧急情况的处理； （五）安全设备设施、个人防护用品的使用和维护； （六）本车间（工段、区、队）安全生产状况及规章制度； （七）预防事故和职业危害的措施及应注意的安全事项； （八）有关事故案例； （九）其他需要培训的内容。 第十六条 班组级岗前安全培训内容应当包括： （一）岗位安全操作规程； （二）岗位之间工作衔接配合的安全与职业卫生事项； （三）有关事故案例； （四）其他需要培训的内容。 第二十一条 生产经营单位应当将安全培训工作纳入本单位年度工作计划。保证本单位安全培训工作所需资金。 第二十二条 生产经营单位应当建立健全从业人员安全生产教育和培训档案，由生产经营单位的安全生产管理机构以及安全生产管理人员详细、准确记录安全生产教育和培训的时间、内容、参加人员以及考核结果等情况。

续表

序号	编号	名称	生效日/最新修订日	颁布部门	相关条款说明
24	国家安全生产监督管理总局令第88号	《生产安全事故应急预案管理办法》	2016年6月3日	国家安全生产监督管理总局	第八条 应急预案的编制应当符合下列基本要求： （一）有关法律、法规、规章和标准的规定； （二）本地区、本部门、本单位的安全生产实际情况； （三）本地区、本部门、本单位的危险性分析情况； （四）应急组织和人员的职责分工明确，并有具体的落实措施； （五）有明确、具体的应急程序和处置措施，并与其应急能力相适应； （六）有明确的应急保障措施，满足本地区、本部门、本单位的应急工作需要； （七）应急预案基本要素齐全、完整，应急预案相关附件提供的信息准确； （八）应急预案内容与相关应急预案相互衔接。 第二十条 地方各级安全生产监督管理部门应当组织有关专家对本部门编制的部门应急预案进行审定；必要时，可以召开听证会，听取社会有关方面的意见。 第二十七条 生产经营单位申报应急预案备案，应当提交下列材料： （一）应急预案备案申报表； （二）应急预案评审或者论证意见； （三）应急预案文本及电子文档； （四）风险评估结果和应急资源调查清单。 第三十条 各级安全生产监督管理部门、各类生产经营单位应当采取多种形式开展应急预案的宣传教育，普及安全事故避险、自救和互救知识，提高从业人员和社会公众的安全意识与应急处置技能。
25	AQ/T 9004—2008	《企业安全文化建设导则》	2008年11月19日	国家安全生产监督管理总局	全部条款

续表

序号	编号	名称	生效日/最新修订日	颁布部门	相关条款说明
26	AQ/T 9005—2008	《企业安全文化建设评价准则》	2008年11月19日	国家安全生产监督管理总局	全部条款
27	AQ/T 9007—2011	《生产安全事故应急演练指南》	2011年9月1日	国家安全生产监督管理总局	1.1 应急演练定义 1.2 应急演练目的 1.3 应急演练原则 1.4 应急演练分类 3. 应急演练准备 4. 应急演练实施
28	AQ/T 9009—2015	《生产安全事故应急演练评估规范》	2015年9月1日	国家安全生产监督管理总局	5. 演练评估准备 6. 演练评估实施
29	GB/T 29639—2013	《生产经营单位生产安全事故应急预案编制导则》	2013年10月1日	国家安全生产监督管理总局	全部条款
30	GB/T 33000—2016	《企业安全生产标准化基本规范》	2017年4月1日	国家安全生产监督管理总局	全部条款
31	GB/T 28001—2001	《职业健康安全管理体系要求》	2002年1月1日	国家质量监督检验检疫总局	全部内容
32	GB/T 15496—2003	《企业标准体系要求》	2003年10月1日	国家质量监督检验检疫总局	全部内容

续表

序号	编号	名称	生效日/最新修订日	颁布部门	相关条款说明
33	GB/T 15497—2003	《企业标准体系 技术标准体系》	2003年10月1日	国家质量监督检验检疫总局	4. 技术标准体系构成 5. 技术标准制、修订基本要求 6. 技术标准的结构和格式
34	GB/T 15498—2003	《企业标准体系 管理标准和工作标准体系》	2003年10月1日	国家质量监督检验检疫总局	4. 管理标准体系的编制原则及基本要求 5. 管理标准体系的构成 6. 管理标准的格式和编写要求 7. 管理标准的构成及指南
35	GB/T 19273—2003	《企业标准体系 评价与改进》	2003年10月1日	国家质量监督检验检疫总局	4. 评价原则和依据 5. 自我评价
36	中华人民共和国水利部令第4号	《水利工程建设安全生产管理规定》	2005年9月1日	水利部	第六章、第九条、第十一条、第十四条 第十六条 施工单位从事水利工程的新建、扩建、改建、加固和拆除等活动，应当具备国家规定的注册资本、专业技术人员、技术装备和安全生产条件，依法取得相应等级的资质证书，并在其资质等级许可的范围内承揽工程。
37	水国科〔2003〕546号	《水利标准化工作管理办法》	2003年11月13日	国务院水利部	第二章 组织机构与职责 第三章 标准项目的立项 第四章 标准的编制 第五章 标准的发布与实施 第六章 标准的复审 第七章 标准的实施与监督
38	水建管〔2006〕202号	《水利工程建设重大质量与安全事故应急预案》	2006年6月15日	水利部	全部条款

续表

序号	编号	名称	生效日/最新修订日	颁布部门	相关条款说明
39	水安监〔2011〕374号	《水利水电工程施工企业主要负责人、项目负责人和专职安全生产管理人员安全生产考核管理办法》	2011年7月15日	水利部	第二条 在中华人民共和国国境内从事水利水电工程施工活动的施工企业管理人员以及实施对水利水电工程施工企业安全生产考核管理的，必须遵守本规定。 第八条 水行政主管部门对水利水电工程施工企业管理人员进行安全生产考核，不得收取考核费用，不得组织强制培训。 第十条 应在一个月内到原发证机关办理变更手续，水利水电工程施工企业管理人员变更姓名、所在法人单位等，应当认真履行安全生产管理职责，接受水行政主管部门的监督检查。 第十五条 水利水电工程施工企业管理人员取得安全生产考核合格证书后，应当认真履行安全生产管理职责，接受水行政主管部门的监督检查。
40	水安监〔2011〕346号	《水利行业深入开展安全生产标准化建设实施方案》	2011年7月6日	水利部	全部条款
41	水安监〔2013〕88号	《水利部关于进一步加强水利安全培训工作的实施意见》	2013年2月20日	水利部	全部条款
42	水安监〔2013〕189号	《水利安全生产标准化评审管理暂行办法》	2013年4月7日	水利部	全部条款
43	水安监〔2016〕220号	《水利安全生产信息报告和处置规则》	2016年6月14日	水利部	二、隐患信息 三、事故信息 四、信息处置

5.5.3 南水北调工程运行安全管理标准化实施阶段

5.5.3.1 运行安全管理标准化培训

安全管理标准化工作需要全员参与，需要提高全员对安全管理标准化工作的重要性的认识。因此，南水北调各运行管理单位在全面推进安全管理标准化建设之前，必须针对领导层和员工做好宣传培训工作，使本单位领导和员工对安全管理标准化创建工作有个全面了解和认识，夯实安全管理标准化建设的安全基础。

南水北调各运行管理单位可以采用以下方式进行安全管理标准化培训工作。

（1）管理层培训。外聘专家对安全管理标准化相关法律法规知识、评审办法、评审标准解读，提高主要负责人、各部门负责人、安全管理人员等管理层人员对安全管理标准化的认识和理解。

（2）作业人员的培训。可通过下列方式组织作业人员的培训、宣贯，全面普及工程运行安全管理标准化知识，形成良好的安全管理标准化建设氛围。培训方式有安全教育培训、安全工作例会、宣传图册和学习材料等。

（3）融入日常安全检查。将标准条款融入日常安全检查中，不断提醒各级人员按标准化作业。

南水北调工程运行安全管理标准化年度安全教育培训计划编制流程图如图5.16所示，安全教育培训流程图如图5.17所示，安全教育培训档案见表5.2，安全教育培训台账见表5.3，年度安全教育培训计划表见表5.4，安全教育培训记录见表5.5。

5.5.3.2 安全管理标准化文件管理

完整、有效的安全管理标准化文件是进行安全管理标准化建设各项活动的依据。因此，南水北调各运行管理单位应重视安全管理标准化文件的制定、修订和完善工作，将标准条款与本单位规章制度、操作规程等有机融合，建立一套符合标准要求、有单位特色、可操作性强、员工易于理解和接受的安全管理标准化体系文件，为安全管理标准化达标奠定基础。

1. 安全管理标准化文件类型

南水北调各运行管理单位应有的安全生产标准化文件类型包括下列内容：

（1）安全管理规章制度。
（2）安全管理操作规程。
（3）应急预案体系。
（4）各项安全记录、档案、台账等。

2. 安全管理标准化文件制定与修订

（1）安全管理标准化文件制定与修订要求。

南水北调各运行管理单位对照评审标准，对各职能部门、各分公司、各现地

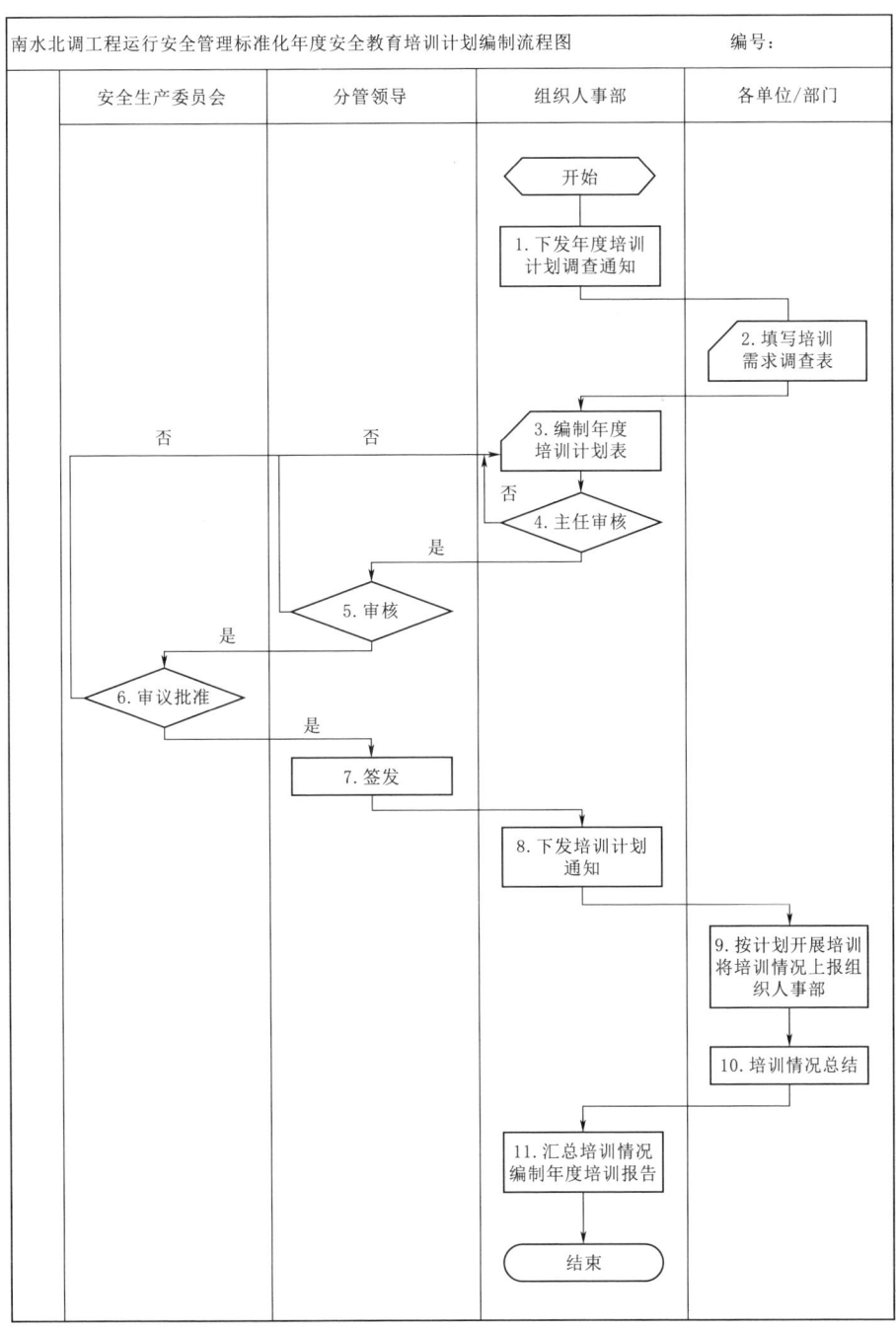

图 5.16 南水北调工程运行安全管理标准化年度安全教育培训计划编制流程图

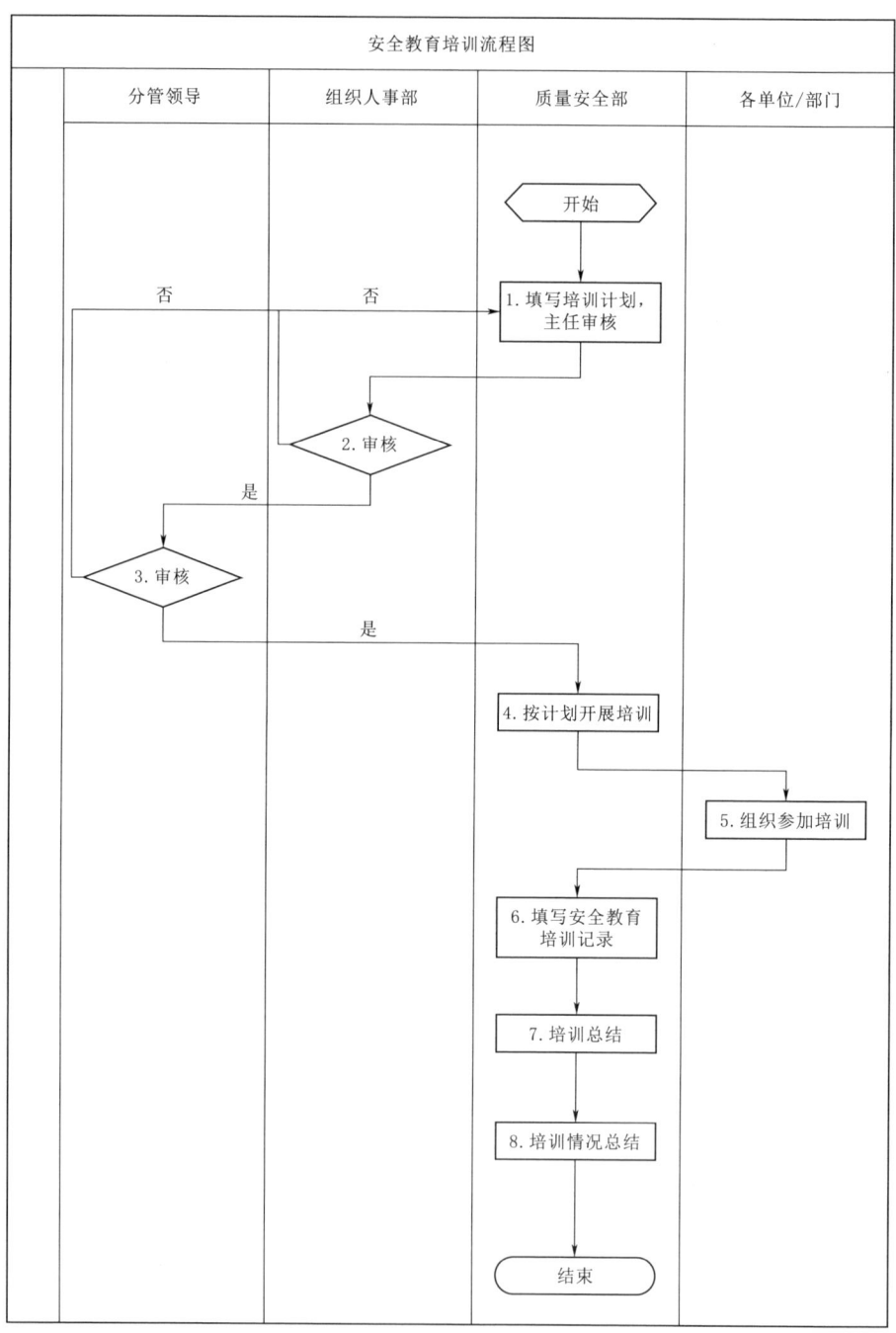

图 5.17 安全教育培训流程图

表 5.2　　　　　　　　　安 全 教 育 培 训 档 案

编号：

员工安全生产教育培训档案						
姓名		性别		民族		出生年月	
籍贯				身份证号码			
单位				班组		职务	
岗位				职称		文化程度	
工作简历							
起止年月			在何地、何部门、任何职			备注	
学历培训记录							
毕业学校		学习专业		毕业时间		证书等级	
各种培训证书记录							
证书类别	证书编号		发证时间		发证机关		有效期
参加各类培训班记录							
培训班名称	培训类型		培训时间		培训地点		组织单位
各类培训考试记录							
考试时间		考试内容			组织单位		考试成绩

填写说明：本表适用于员工参加各类安全考试、培训、竞赛考核等成绩记录。

表5.3　　　　　　　　　　安 全 教 育 培 训 台 账

培训活动名称：　　　　　　　　　　　　　　　　　　　　　　　　编号：

序号	日期	部门	项目部	姓名	考试成绩

表5.4　　　　　　　　　　年度安全教育培训计划表

单位（部门）：　　　　　　　　　填报时间：　　年　月　日　　　编号：

序号	项目	参加人员	参加人数	完成时间	主办单位	协办单位	资金/万元
1							
2							
3							
4							
5							
6							
7							
8							
9							
…							

　　　　　　　　　　　批准人：　　　　　　审核人：　　　　　　制表：

表 5.5 安全教育培训记录

单位（部门）： 编号：

培训主题			主讲人	
培训地点		培训时间	培训课时	
参加人员				
培训内容	记录人：			
培训评估方式	□考试　　□实际操作　　□事后检查　　□课堂评价			
培训效果评估	评估人：　　　　　　　　　　　　　年　月　日			

填写人： 日期： 年 月 日

管理单位安全管理标准化文件进行梳理、分析、识别、判断文件亟待加强和改进的薄弱环节，各职能部门、各分公司自行对相关文件进行修订。

（2）安全管理标准化文件制定与修订原则。南水北调各运行管理单位安全管理标准化文件应根据本单位现状和国家相关的法律法规适时进行完善和修订。文件制定与修订应遵循的原则如图5.18所示。

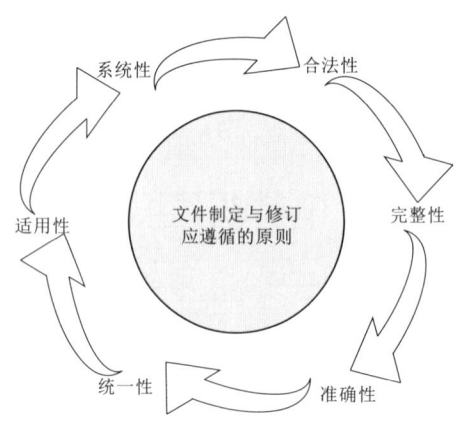

图5.18 文件制定与修订应遵循的原则

1）系统性。安全管理标准化文件在其范围所规定的界限内按需要力求完整，覆盖其所有的生产活动。

2）合法性。安全管理标准化文件应贯彻国家有关政策、法律法规和标准规范，与同级有关文件相协调，下级要求不得与上级要求相抵触。

3）准确性。安全管理标准化文件的文字表达应准确、简明、易懂、逻辑严谨，避免产生不易理解或不同理解的可能性。管理制度的图样、表格、数值和其他内容应正确无误。

4）统一性。安全管理标准化文件中的术语、符号、代号应统一，并与其他相关管理制度一致，已有国家标准的应采用国家标准，同一概念与同一术语之间应保持唯一对应关系，类似部分应采用相同表达方式和措辞。

5）适用性。安全管理标准化文件应尽可能结合单位的事实编写，同时符合本单位的战略规划，力求具有合理性、先进性和可操作性。

（3）安全管理标准化文件制定与修订的流程。

1）收集整理相关资料。南水北调各运行管理单位在编写安全管理标准文件之前，应先收集、整理相关资料，综合分析后确定文件内容。

应收集整理的相关资料主要包括：国家相关的法律法规、标准规范等；上级单位相关的安全管理体系、制度、规范等文件；同行业相关的安全管理体系、制度、案例等；本单位以往的体系、制度、规范等，分析不足和差距，查找死角和漏洞，确定制定制度的重点和方向；本单位职工提出的合理化建议、相关会议决定等。

2）安全管理标准化文件编制。安全管理标准化文件各层次的文件由承担其管理职能的部门组织编制，完整的文件必须包含文件名称、文号、编制时间、版次等。

安全管理标准化文件的编制应满足的基本要求：在满足要求的前提下追求最小化，包括文件数量、文件栏目数量、段落，文字的最小化；尽量避免重复，同样的内容不应在多个文件中重复,同样的语句尽量不要在一个文件中重复。

3)安全管理标准化文件审核。安全管理标准化各层次文件审核签发由相应管理部门的负责人、相关领导会签,并对会签内容负责,对出现重大失误的制度会签人,要给予处罚。

4)安全管理标准化文件实施。安全管理标准化文件审核签发后,由相应管理部门负责发布,然后由相关部门组织安全管理标准化文件的培训,并严格监督文件的落实。

5)安全管理标准化文件的检查评估。每年至少对安全生产法律法规、规程规范、规章制度、操作规程的执行情况进行一次全面检查评估,检查评估可以采取检查评估表的形式落实,文件检查评估表见表5.6。

表5.6 文件检查评估表

主持人		记录人	
日期		地点	
参加部门			
文件名称:			
执行情况: □有效执行。 □未执行。			
评估意见: □符合现行安全生产法律法规标准等相关要求。 □符合单位现行文件的要求。 □符合单位实际情况。 □按下列要求修订。			
评估结论: □该文件符合实际情况的需要,同意继续施行。 □该文件已不符合实际情况需要,按评估意见亟须修订			
评估人员签名:			

6)安全管理标准化文件修订。当出现下列情况,造成原有文件无法适应和满足安全工作要求时,南水北调各运行管理单位应对安全管理标准化文件进行修订完善,实现对文件的闭环管理。安全生产法律法规、标准规范、其他要求发生变化;安全管理标准化文件执行过程中出现的问题;本单位内、外部环境变化情况;安全管理标准化检查评估发现问题。

5.5.3.3 安全管理标准化实施运行

根据建立的安全管理标准化文件,按照安全管理标准化实施方案,对照考评标准的内容,实施安全管理标准化管理工作。

南水北调各运行管理单位通过开展下列活动,保证本单位危险有害因素处于受控状态,消除或有效控制人的不安全行为、物的不安全状态以及管理缺陷,实现本质安全化管理。

(1) 对单位安全生产设施或场所进行危险源辨识、评估,确定危险源或重大危险源,并加强对重大危险源的监控。

(2) 按照隐患排查治理方案,排查所有与工程运行相关的场所、环境、人员、设备设施和活动中存在的隐患并进行治理。

(3) 对生产现场管理和生产过程进行控制,对现场作业环境进行监控,对作业人员行为进行管理,确保人员作业安全。

(4) 结合本单位实际情况开展职业健康管理、应急救援管理等工作。

5.5.4 南水北调工程运行安全管理标准化检查阶段

南水北调运行安全管理标准化的监督检查工作,是为了进一步落实运行安全管理标准化的主体责任,强化南水北调集团中线有限公司、各职能部门、各分公司及各现地管理单位的安全生产基础工作,预防安全事故发生、保证工程安全运行的重要手段。

运行安全管理标准化的监督检查工作是在安全生产委员监督指导下进行,由各体系建设牵头部门负责执行,其他职能部门、各二级管理单位、各三级管理单位配合执行。

运行安全管理标准化监督检查主要包括一级管理单位、二级管理单位和三级管理单位的运行安全管理标准化体系监督检查。运行安全管理标准化体系主要检查内容包括关于成立安全生产委员会的文件、关于成立运行安全标准化管理体系机构的文件、运行安全标准化管理体系岗位职责文件、岗位职责分配方案、管理制度及规程、安全教育培训管理制度、安全教育培训记录及档案、工作检查记录、考核及奖惩记录等。

运行安全标准化管理体系监督检查表见表 5.7。

运行安全标准化管理体系监督检查工作应合法、合理、有效,并遵循"公开、公平、公正、透明"的原则;监督检查工作应全方位进行,包括对全员、全部工作、全过程、所有场所的监督检查;监督检查工作应按照循环系统原则进行,对评审出的问题,及时进行整改,不断提高安全绩效。

运行安全标准化管理体系监督检查方法主要包括现场检查、查阅分析资料

（记录、规程制度、管理文件等）、现场询问、调查分析等。

表 5.7　　　　　运行安全标准化管理体系监督检查表

××级单位××××管理体系检查表

检查项目	检查内容	标　　准	检查方法	评价	备注
组织机构	成立安全生产委员会	是否成立由主要负责人、领导班子成员、部门负责人等相关人员组成的安全生产委员会，并以正式文件发布。人员变化的及时调整发布。	查相关文件和记录	□优秀 □合格 □不合格	
	岗位责任	建立安全生产责任制，明确项目安全生产主要负责人及各职能部门运行安全目标管理岗位职责，并以正式文件发布。	查相关文件	□优秀 □合格 □不合格	

5.5.5　南水北调工程运行安全管理标准化改进阶段

对于南水北调工程运行安全管理标准化检查阶段发现的问题，各级运行管理单位应组织整改并监督验证，完成相关整改工作。同时，为了确保安全生产管理工作的顺利开展，必须采取有效的措施，实现安全生产标准化和安全管理体系的一体化管理。

为及时、有效纠正检查所发现的问题，南水北调工程各运行管理单位应重视问题整改及监督验证工作，按照循环模式，实现闭环管理。运行安全管理标准化整改工作内容主要包括编制并下发整改计划、整改实施、整改情况的验证、统计分析。

5.5.5.1　整改计划

整改计划是针对检查发现的问题制定的整改、落实计划，由安全主管部门编制、经主要负责人审批后下发。整改计划应包括问题描述、整改措施、完成时间、计划资金、整改部门、责任人、配合部门、重点问题等内容，运行安全管理标准化问题整改计划见表 5.8。

（1）整改措施。整改措施主要是问题的具体解决方案，是整改计划的核心内容。整改措施编制应结合本单位实际情况、运行安全标准化要求或对照专家提出整改建议编制，应具体、符合实际、具有可操作性。

整改措施一般包括下列内容：

1）制定和完善有关文件、制度、方案、规定、预案等。
2）制定和完善有关安全记录、台账、表单等资料。
3）配备设备设施等。
4）编制整改工作的有关安全措施、实施方案和工作安排等。

表 5.8　　　　　　　　运行安全管理标准化问题整改计划

序号	问题描述	整改措施	完成时间	计划资金/万元	整改部门	责任人	配合部门	重点问题
1								
2								
3								
4								
5								
6								
7								
……								

（2）整改部门、责任人。结合本单位安全生产责任制、岗位职责，确定问题的整改部门、责任人，一般按照如下原则确定：

1）问题涉及具体某一部门的，该部门即为责任部门，部门负责人为责任人。

2）问题涉及多个部门的，牵头部门为责任部门，其他部门为配合部门，牵头部门负责人为责任人。

3）属于重大问题的，牵头部门为责任部门，单位领导（主要负责人、各分管领导）为责任人。

5.5.5.2　整改实施

（1）整改工作安排。各部门负责人按照整改计划要求，结合本部门实际情况，将整改工作列入本部门工作计划，与日常安全生产工作有机结合、合理安排、及时落实。

整改完成时间应根据问题类别、性质，以及问题项的"轻、重、缓、急"程度来确定。

（2）整改方案编制。整改负责人结合整改计划，编制具体的整改方案，经部门负责人审核批准后实施。整改方案的内容应包括：整改项目、整改部门和责任人、完成时间、配合部门、整改方案、安全措施。

（3）整改落实。整改部门、责任人按照整改方案落实整改。在整改时要注意下列问题：

1）举一反三，不可"指哪打哪"，应全面排查、治理同类问题。

2）整改工作以消除隐患为主，尽量不要出现全面拆除、更换现象。

3）结合安全生产例会、班组会议，讨论问题整改情况，保存相应的会议纪要。

4）短期不能整改的问题，必须采取临时的组织措施和技术措施，防止隐患扩大，做到可控在控，同时申请延期整改。对于此类问题，需要填写《整改项目延期申请表》，经主要负责人批准后实施，《整改项目延期申请表》见表 5.9。

表 5.9 整改项目延期申请表

编号：

整改责任人	责任部门
计划完成时间	申请延期时间
问题描述	
延期原因	
安全措施附件	
部门负责人意见 签字： 时间：	
分管副总意见 签字： 时间：	
主要负责人意见 签字： 时间：	

填写说明：1. 计划完成时间：原发布的整改计划中规定的完成时间。
2. 申请延期时间：本次申请延期，整改完成的时间。
3. 安全措施附件：未整改期内，防止隐患扩大的临时措施明细。

5.5.5.3 整改情况的验证

整改完成后，责任人填写《问题整改结果回复单》，由运行安全标准化领导小组对各部门的问题整改情况进行验证，《问题整改结果回复单》见表 5.10。

表 5.10　　　　　　　　　　　问题整改结果回复单

部门：　　　　　　　　　　　负责人：　　　　　　　　　　　编号：

致_____：
　　根据___整改计划___要求，我部门已经按照要求进行了整改落实，现将整改结果予以回复。

序号	问题描述	整改措施	整改结果	完成时间

部门负责人意见：

　　　　　　　　　　　　　　　　　　　　签字：　　　　　　　时间：

运行安全管理标准化领导小组办公室意见：

　　　　　　　　　　　　　　　　　　　　签字：　　　　　　　时间：

填写说明：1. 此表一式两份，安全生产委员会办公室及整改部门各一份。
　　　　　2. 每个整改问题对应一张回复单。
　　　　　3. 整改措施填写针对发现的问题采取的整改措施。
　　　　　4. 整改结果填写完成或未完成。

5.5.5.4　统计分析

　　为全面掌握整改情况和进度，安全主管部门、整改责任人应定期对整改情况进行汇总、统计、分析，保证各项问题如期落实整改。

1. 统计

(1) 统计方法。

1) 一个问题为一个整改项。如果一个问题中有若干个子问题,所有子问题整改完毕,该项视为整改完成。

2) 整改完成情况分为"已整改""未整改"两种状态。

3) 整改统计应包括"本月整改情况""累计整改情况""月整改率""累计整改率"。

4) 以部门为单位,以运行安全管理体系内容为类别,进行分类统计。

《问题整改统计表》见表5.11。

表5.11　　　　　　　　　　问题整改统计表

单位(部门):　　　　　　　统计月份:

序号	要素名称	本月整改情况			累计整改情况		
		已整改	未整改	月整改率/%	已整改	未整改	累计整改率/%
1	目标						
2							
3							
4							
…							
	合计						

统计人:　　　　　　　　　　　　　　　　　　　审核人:

(2) 统计流程。

1) 各部门分别填写《问题整改统计表》,经本部门负责人审核后提交至安全主管部门。

2) 安全主管部门根据各部门提交的资料,进行汇总、统计、分析,填写本单位《问题整改统计表》,编制本单位整改工作总结,报送至安全生产委员会领导小组。

(3) 经领导小组组员审查,确认无误,组长审批后提交上级管理机构。

2. 分析

对问题整改情况进行阶段性分析、总结,了解工作开展的进度、整改完成情况及整改效果,找出目前整改工作中存在的主要问题,并制定针对性的措施,提出下一步的工作计划。

安全主管部门负责编制《运行安全管理标准化整改工作总结》,主要内容应包括:封面、目次、问题整改情况、存在的主要问题、下一步工作计划。

(1) 基础工作开展情况。简单介绍运行安全管理标准化检查、问题整改的基础工作开展情况,可从以下方面着手:检查依据、检查时间、检查人员、发现问题条数、重点问题条数、已开展的工作(编制了整改计划、整改方案)等。

(2)问题整改完成情况。在此部分主要分析已完成整改问题的情况和未完成整改问题的情况。针对未完成整改问题可以说明如下内容:未完成整改问题描述、未完成整改原因、是否为重点问题等,未完成整改问题统计表见表5.12。

表 5.12　　　　　　未完成整改问题统计表

序号	未完成整改问题描述	未完成整改原因	是否为重点问题
1			
2			
3			
4			
5			
…			

(3)存在的主要问题。根据各部门整改工作落实情况,分析整改工作中存在的主要问题,如资金不到位、责任人未履行相应的责任、人手不足、时间紧张等。

(4)下一步工作计划。结合目前未整改的项目、整改工作中存在的问题,制定下一步工作计划。

1)加强安全教育培训,提高人员安全意识。

2)加强安全检查,规范现场作业人员行为。

3)加大奖罚力度,督促问题及时整改落实。

(5)附件。

1)问题整改统计表。

2)未完成整改问题统计表。

5.6　南水北调工程运行安全管理标准化建设内容

5.6.1　运行安全目标管理体系

5.6.1.1　目的及意义

目标管理是以目标为导向,以人为中心,以成果为标准,而使组织和个人取得最佳业绩的现代管理方法。目标管理亦称"成果管理",是指在企业个体职工的积极参与下,自上而下地确定工作目标,并在工作中实行"自我控制",自下而上地保证目标实现的一种管理办法。目标管理的目的是通过目标的激励调动广大员工的积极性,从而保证总目标的实现;其核心就是明确和重视成果的评定,提倡个人能力的自我提高,其特征就是以"目标"作为各项管理活动的指南,并以实现目标的成果来评定其贡献的大小。目标管理的中心思想是具体化展开的组织目标成为组织每个成员、每个层次、部门等的行为方向和激励手段,同时使其成为评价组织每个成员、每个层次、部门等的工作绩效的标准,从而使组织能够有效运行。

安全生产目标管理是一种行之有效的管理方法,实行安全生产目标管理既符合南水北调工程的特点及规律,又适应我国现代企业管理的实践需要。南水北调工程运行安全目标管理,要求南水北调工程各层级运行管理单位,除确定年度运行安全责任管理目标之外,还要确定近期和远期的运行安全责任管理目标。

5.6.1.2 管理制度及标准

南水北调集团中线有限公司应首先建立识别和获取适应的运行安全目标管理法律法规、标准规范的制度,并以正式文件颁发。制度中应规定运行安全目标管理法律法规、标准识别、获取、评审、更新等环节,明确主管部门及其职责,明确运行安全目标管理法律法规、标准的获取的渠道、方式、时间等内容。

南水北调集团中线有限公司各职能部门、分公司及现地管理单位应定期识别、获取适用的运行安全目标管理法律法规与其他要求,主管部门每年发布一次适用的运行目标安全管理法律法规与其他要求清单,详细列出本单位适用的所有法律法规的名称、法规(标准)编号、发布部门、发布日期、适用条款等内容,并将适用的现行有效的运行目标安全管理法律法规、标准规范传达至各岗位职工,并及时组织培训学习。

南水北调集团中线有限公司必须建立健全运行安全目标管理各项规章制度,并及时将识别、获取的法律法规与其他要求转化为本单位规章制度,规章制度经正式印发后,发放到所有相关工作岗位,并组织职工培训学习;各分公司依据识别获取的运行安全目标管理法律法规、标准规范及南水北调集团中线有限公司制定的运行安全目标管理相关制度,制定分公司运行目标管理规章制度;各现地管理单位依据识别获取的运行安全目标管理法律法规、标准规范,南水北调集团中线有限公司及分公司制定的运行安全目标管理相关制度,制定现地管理单位运行安全目标管理规章制度。

5.6.1.3 管理体系流程

运行安全目标管理体系主要包括建立运行安全目标管理组织机构、制定运行安全目标管理体系制度、运行安全目标管理规章制度及工作标准的培训宣贯、目标分类、目标制定、目标落实、目标评估考察及目标调整等程序。

运行安全目标管理组织机构的具体工作内容包括各级管理单位组织结构、岗位的相互关系、岗位职责及岗位职责分配；运行安全目标管理体系制度的具体内容包括目标制定、分解、实现、检查、考核等制度，各级管理单位的责任追究制度及各级单位实现安全目标的保障措施；运行安全目标管理体系制度的培训宣贯具体工作包括制定运行安全目标管理培训计划、定期不定期开展运行安全目标培训、记录培训档案等；目标分类的具体工作包括按规划期分类及按制定层级分类；目标制定的主要内容包括各级管理单位近期目标、远期目标的制定，以及各级单位总目标、分目标（工程安全目标、供水安全目标、人身安全目标）的制定等；目标落实的具体工作包括各级管理单位签订安全目标责任书以及分解项目安全总目标和年度目标；目标评估考察的具体工作包括各级管理单位的目标实施情况；目标调整工作的具体工作内容包括各级管理单位结合实际情况及时调整相关工作措施和方法。

5.6.1.4 管理体系监督检查

运行安全目标管理体系的监督检查工作，是为了进一步落实运行安全目标管理主体责任，强化南水北调集团中线有限公司、各职能部门、各分公司及各现地管理单位的安全生产基础工作，提高运行安全目标管理体系的管理水平，预防工程安全事故发生的重要手段。

运行安全目标管理体系的监督检查工作是在安全生产委员监督指导下进行，由质量安全监督中心负责执行，其他职能部门、各二级管理单位、各三级管理单位配合执行。

运行安全目标管理体系监督检查主要包括一级管理单位、二级管理单位和三级管理单位的运行安全目标管理体系监督检查。运行安全目标管理体系主要检查内容包括关于成立安全生产委员会的文件、关于成立运行安全目标管理机构的文件、运行安全目标管理岗位职责文件、岗位职责分配方案、运行安全目标管理制度及规程、培训宣贯管理制度、培训记录及档案、工作检查记录、考核及奖惩记录等。

运行安全目标管理体系监督检查工作应合法、合理、有效，并遵循"公开、公平、公正、透明"的原则；监督检查工作应全方位进行，包括对全员、全部工作、全过程、所有场所的监督检查；监督检查工作应按照循环系统原则进行，对评审出的问题，及时进行整改，不断提高安全绩效。

运行安全目标管理体系监督检查方法主要包括现场检查、查阅分析资料（记录、试验报告、设备台账、图纸、规程制度、管理文件等）、现场询问、实物检查或抽查、仪表分析、调查分析、现场试验或测验等。

5.6.2 工程运行安全管理体系

5.6.2.1 目的及意义

南水北调工程是我国继长江三峡工程之后的又一个超大型水利工程，工程规模巨大，沿途距离长，影响区域广，工程的运行管理复杂。为确保工程安全、供水安全和沿线人民群众生命安全，适应运行安全日常管理需求，转变安全管理观念，明确安全主体责任，开展工程运行安全管理体系的建设，建立健全运行安全管理组织体系、责任体系和制度体系，建立安全生产责任制，制定安全管理制度和操作规程，排查治理隐患和监控重大危险源，建立预防机制，规范管理行为，并持续改进，不断加强运行安全规范化建设，提高管理水平，系统消除运行安全管理中的事故隐患，从而有效控制运行安全风险，达到本质安全水平。

南水北调工程运行安全管理体系要求运行管理单位建立各层级运行安全和供水调度安全管理的组织、责任和制度体系，突出工程运行安全和供水调度重点工程部位和风险点，编制运行安全管理工作方案，实施责任管理，确保工程运行安全和供水调度安全。

5.6.2.2 管理制度及标准

南水北调集团中线有限公司应首先建立识别和获取适应的工程运行安全管理法律法规、标准规范的制度，并以正式文件颁发。制度中应规定工程运行安全管理法律法规、标准识别、获取、评审、更新等环节，明确主管部门及其职责，明确工程运行安全管理法律法规、标准的获取的渠道、方式、时间等内容。

南水北调集团中线有限公司各职能部门、分公司及现地管理单位应定期识别、获取适用的工程运行安全管理法律法规与其他要求，主管部门每年发布一次适用的工程运行安全管理法律法规与其他要求清单，详细列出本单位适用的所有法律法规的名称、法规（标准）编号、发布部门、发布日期、适用条款等内容，并将适用的现行有效的工程运行安全管理法律法规、标准规范传达至各岗位职工，并及时组织培训学习。

南水北调集团中线有限公司必须建立健全工程运行安全管理各项规章制度，并及时将识别、获取的法律法规与其他要求转化为本单位规章制度，规章制度经正式印发后，发放到所有相关工作岗位，并组织职工培训学习；各分公司依据识别获取的工程运行安全管理法律法规、标准规范及南水北调集团中线有限公司制定的工程运行安全管理相关制度，制定分公司工程运行管理规章制度；各现管理单位依据识别获取的工程运行安全管理法律法规、标准规范，南水北调集团中线有限公司及分公司制定的工程运行安全管理相关制度，制定现地管理单位工程运行管理规章制度。

5.6.2.3 管理体系流程

工程运行安全管理体系主要包括建立工程运行安全管理组织机构、制定安全生产规章制度及操作规程、安全生产规章制度及工作标准的培训宣贯、贯彻执行安全生产规章制度及工作标准、安全管理及生产情况自查、安全隐患及安全生产情况检查、评估、考核及安全隐患及安全问题整改等程序。

工程运行安全管理组织机构的具体工作内容包括各级管理单位组织结构、岗位的相互关系、岗位职责及岗位职责分配；安全生产规章制度及操作规程的具体内容包括安全生产（输水调度、信息机电、水质保护、土建及绿化工程维护、工程巡查及安全监测）有关制度、标准、规范、各级管理单位的责任追究制度及各级单位安全生产考核制度；安全生产规章制度及工作标准的培训宣传具体工作包括制定工程运行安全培训计划、定期不定期开展工程运行安全培训、记录培训档案等；贯彻执行安全生产规章制度及工作标准的具体工作内容包括安全生产有关制度、标准、规范、各级管理单位的责任追究制度及各级单位安全生产考核制度的贯彻执行；安全管理及生产情况自查、安全隐患及安全生产情况检查、评估、考核、安全隐患及安全问题整改具体工作包括输水调度、信息机电、水质保护、土建及绿化工程维护、工程巡查及安全监测等工作的安全管理及生产情况自查、安全隐患及安全生产情况检查、评估、考核、安全隐患及安全问题整改。

5.6.2.4 管理体系监督检查

工程运行安全管理体系的监督检查工作，是为了进一步落实工程运行安全管理主体责任，强化南水北调集团中线有限公司、各职能部门、各分公司及各现地管理单位的安全生产基础工作，提高工程安全运行管理体系的管理水平，预防工程安全事故发生的重要手段。

工程运行安全管理体系的监督检查工作是在安全生产委员监督指导下进行，由总调度中心负责执行，其他职能部门、各二级管理单位、各三级管理单位配合执行。

工程运行管理体系监督检查主要包括一级管理单位、二级管理单位和三级管理单位的工程运行管理体系监督检查。工程运行管理体系主要检查内容包括关于成立安全生产委员会的文件、关于成立工程运行安全管理机构的文件、工程运行安全岗位职责文件、岗位职责分配方案、工程运行安全管理制度及规程、安全教育培训管理制度、安全教育培训记录及档案、工作检查记录、考核及奖惩记录等。

工程运行安全管理体系监督检查工作应合法、合理、有效，并遵循"公开、公平、公正、透明"的原则；监督检查工作应全方位进行，包括对全员、全部工作、全过程、所有场所的监督检查；监督检查工作应按照循环系统原则进行，对评审出的问题，及时进行整改，不断提高安全绩效。

工程运行安全管理体系监督检查方法主要包括现场检查、查阅分析资料（记录、试验报告、设备台账、图纸、规程制度、管理文件等）、现场询问、实物检查或抽查、仪表分析、调查分析、现场试验或测验等。

5.6.3 防洪度汛安全管理体系

5.6.3.1 目的及意义

南水北调工程是一个十分复杂的远距离调水工程，工程本身跨越长江、淮河、黄河、海河四大流域，调水路线总长均超过一千公里，穿过众多大小河流，工程规模大且较为复杂。从南向北水文气候条件变化较大，降雨时空分布极不均匀。降雨量多集中在汛期，降雨频繁、雨量大，易发生洪涝灾害。由于中线工程目前无任何调蓄能力，防洪度汛工作压力较大。

为强化防洪度汛安全管理工作，使防洪度汛工作规范化、制度化，依照国家相关法律法规的要求，根据南水北调工程运行管理的实际情况，要求南水北调工程运行管理单位要建立各层级运行度汛安全管理的组织、责任和制度体系，突出防汛重点工程部位和风险点，编制防汛方案和应急预案，建立军地联防联动机制，做好即采即用的应急抢险物资和技术储备，针对运行管理需求开展防汛演练，保证工程度汛安全。

5.6.3.2 管理制度及规范

南水北调集团中线有限公司应首先建立识别和获取适应的防洪度汛安全管理法律法规、标准规范的制度，并以正式文件颁发。制度中应规定防洪度汛安全管理法律法规、标准识别、获取、评审、更新等环节，明确主管部门及其职责，明确防洪度汛安全管理法律法规、标准的获取的渠道、方式、时间等内容。

南水北调集团中线有限公司各职能部门、分公司及现地管理单位应定期识别、获取适用的防洪度汛安全管理法律法规与其他要求，主管部门每年发布一次适用的防洪度汛安全管理法律法规与其他要求清单，详细列出本单位适用的所有法律法规的名称、法规（标准）编号、发布部门、发布日期、适用条款等内容，并将适用的现行有效的防洪度汛安全管理法律法规、标准规范传达至各岗位职工，并及时组织培训学习。

南水北调集团中线有限公司必须建立健全防洪度汛安全管理各项规章制度，并及时将识别、获取的法律法规与其他要求转化为本单位规章制度，规章制度经正式印发后，发放到所有相关工作岗位，并组织职工培训学习；各分公司依据识别获取的防洪度汛安全管理法律法规、标准规范及南水北调集团中线有限公司制定的防洪度汛安全管理相关制度，制定分公司防洪度汛管理规章制度；各现地管理单位依据识别获取的防洪度汛安全管理法律法规、标准规范，南水北调集团中线有限公司及分公司制定的防洪度汛安全管理相关制度，制定现地管理单位防洪度汛安全管理规章制度。

5.6.3.3 管理体系流程

防洪度汛安全管理体系主要包括建立防洪度汛安全管理组织机构、制定防洪度汛安全相关规章制度及操作规程、防洪度汛安全相关规章制度及工作标准的培训宣贯、贯彻执行防洪度汛安全相关规章制度及工作标准、防汛演练培训、应急预案演练、汛期防汛值班、生产安全事故应急处理及应急救援等程序。

防洪度汛安全管理组织机构的具体工作内容包括各级管理单位组织结构、岗位的相互关系、岗位职责及岗位职责分配；防洪度汛安全相关规章制度及操作规程的具体内容包括应急预案体系、预警及信息报告、应急响应、保证措施、应急预案管理、应急处置程序和措施有关制度、标准、规范及各级管理单位的责任追究制度；防洪度汛安全规章制度及工作标准的培训宣贯具体工作包括制定防洪度汛安全培训计划、定期不定期开展防洪度汛安全培训、记录培训档案等；贯彻执行防洪度汛安全规章制度及工作标准的具体工作内容包括防洪度汛安全有关制度、标准、规范及各级管理单位的责任追究制度的贯彻执行；防洪度汛安全管理及应急预案实施情况检查，应急指挥体系、应急救援队伍建立情况检查，应急物资和装备的准备情况检查，工程汛期防汛值班情况检查。

5.6.3.4 管理体系监督检查

防洪度汛安全管理体系的监督检查工作，是为了进一步落实防洪度汛安全管理主体责任，强化南水北调集团中线有限公司、各职能部门、各分公司及各现地管理单位的防洪度汛安全基础工作，提高防洪度汛安全管理体系的管理水平，保证汛期工程安全的重要手段。

防洪度汛安全管理体系的监督检查工作是在防汛指挥部的监督指导下进行，由防汛指挥部办公室负责执行，其他职能部门、职能工作组、各二级管理单位防汛指挥部、各三级管理单位配合执行。

防洪度汛安全管理体系监督检查主要包括一级管理单位、二级管理单位和三级管理单位的防洪度汛安全管理体系监督检查。防洪度汛安全管理体系主要检查内容包括关于成立防汛指挥部的文件、关于成立防洪度汛安全管理机构的文件、防洪度汛安全岗位职责文件、岗位职责分配方案、防洪度汛安全管理制度及规程、防洪度汛安全培训管理制度、防洪度汛安全教育培训记录及档案、应急预案检查记录、应急演练考核及奖惩记录等。

防洪度汛安全管理体系监督检查工作应合法、合理、有效，并遵循"公开、公平、公正、透明"的原则；监督检查工作应全方位进行，包括对全员、全部工作、全过程、所有场所的监督检查；监督检查工作应按照循环系统原则进行，对评审出的问题，及时进行整改，不断提高安全绩效。

防洪度汛安全管理体系监督检查方法主要包括现场检查、查阅分析资料（记录、设备物资台账、规程制度、管理文件等)、现场询问等。

5.6.4 工程安防管理体系

5.6.4.1 目的及意义

安防，可以理解为"安全防范"，就是做好准备和保护，以应对攻击或者避免受害，从而使被保护对象处于没有危险、不受侵害、不出现事故的安全状态。

南水北调工程是迄今为止世界上最大的跨流域调水工程，涉及面广，影响大，工程的安全事关人民群众的生命财产安全；做好工程安防工作是保证公众生命财产安全，工程安全运行和生产安全的重要举措。

现代安防体系主要包括三个方面，"人防""物防"和"技防"。"人防"和"物防"是古已有之的传统防范手段，它们是安全防范的基础，"技防"则是通过现代科学技术进行安全防范，比如电子监控，电子防盗报警等技术手段。安防工作应以"人防"为中心，加强员工安全知识技能教育和工作责任心，提高员工安全防范意识；以"物防"为根本，做到精益化生产、标准化管理，全面提高安全生产水平；以"技防"为重点，完善设备技术安全防范措施，提高设备运行安全。

南水北调工程安防管理体系包括建立各层级工程安防管理的组织、责任和制度体系，制定安全保护方案，开展保护范围划定和管理范围管理，建立健全安全保护责任制，加强工程安全保护设施建设、运行、维护，突出工程重要水域、重要设施的守卫和抢险救援，落实人防、物防、技防等治安防范措施，及时排除隐患，保证工程设施安全。

5.6.4.2 管理制度及标准

南水北调集团中线有限公司应首先建立识别和获取适应的工程安防管理法律法规、标准规范的制度，并以正式文件颁发。制度中应规定工程安防管理法律法规、标准识别、获取、评审、更新等环节，明确主管部门及其职责，明确工程安防管理法律法规、标准获取的渠道、方式、时间等内容。

南水北调集团中线有限公司各职能部门、分公司及现地管理单位应定期识别、获取适用的工程安防管理法律法规与其他要求，主管部门每年发布一次适用的工程安防管理法律法规与其他要求清单，详细列出本单位适用的所有法律法规的名称、法规（标准）编号、发布部门、发布日期、适用条款等内容，并将适用的现行有效的工程安防管理法律法规、标准规范传达至各岗位职工，并及时组织培训学习。

南水北调集团中线有限公司必须建立健全工程安防管理各项规章制度，并及时将识别、获取的法律法规与其他要求转化为本单位规章制度，规章制度经正式印发后，发放到所有相关工作岗位，并组织职工培训学习；各分公司依据识别获取的工程安防管理法律法规、标准规范及南水北调集团中线有限公司制定的工程安防管理相关制度，制定分公司工程安防管理规章制度；各现地管理单位依据识别获取的工程安防管理法律法规、标准规范，南水北调集团中线有限公司及分公司制定的工程安防管理相关制度，制定现地管理单位工程安防管理规章制度。

5.6.4.3 管理体系流程

工程安防管理体系主要包括建立工程安防管理组织机构、制定工程安防相关规章制度及操作规程、工程安防相关规章制度及工作标准的培训宣贯、贯彻执行工程安防相关规章制度及工作标准、安防工作落实情况监督检查及自查、评估、考核及安全隐患问题整改等程序。

工程安防管理组织机构的具体内容包括各级管理单位组织结构、岗位的相互关系、岗位职责及岗位职责分配；工程安防管理规章制度及操作规程的具体内容包括消防安全、工程安全保卫和办公区安全保卫、工程保护设施、安防系统维护、信息安全管理、安保人员等有关制度、标准、规范、各级管理单位的责任追究制度及各级单位安防工作考核制度；工程安防规章制度及工作标准的培训宣贯具体工作包括制定工程安防安全培训计划、定期不定期开展工程安防培训、记录培训档案等；贯彻执行工程安防规章制度及工作标准的具体工作内容包括工程安防有关制度、标准、规范、各级管理单位的责任追究制度及各级单位安防工作考核制度的贯彻执行；工程安防管理和安防工作情况监督检查及自查、安全隐患情况检查、评估、考核、安全隐患问题整改具体工作包括消防安全、工程安全保卫和办公区安全保卫、工程保护设施、安防系统维护、信息安全管理、安保人员等工作的安全管理及安防工作落实情况监督检查和自查，检查结果的评估、考核、安全隐患问题整改。

5.6.4.4 管理体系监督检查

工程安防管理体系的监督检查工作，是为了进一步落实工程安防管理主体责任，强化南水北调集团中线有限公司、各职能部门、各分公司及各现地管理单位的工程安防管理基础工作，提高工程安防管理体系的管理水平，预防工程安全事故发生的重要手段。

工程安防管理体系的监督检查工作是在安全生产委员监督指导下进行，由信息机电中心负责执行，其他职能部门、各二级管理单位、各三级管理单位配合执行。

工程安防管理体系监督检查主要包括一级管理单位、二级管理单位和三级管理单位的工程安防管理体系监督检查。工程安防管理体系主要检查内容包括关于成立安全生产委员会的文件、关于成立工程安防管理机构的文件、工程安防岗位职责文件、岗位职责分配方案、工程安防管理制度及规程、安全保卫培训管理制度、安全保卫培训记录及档案、工作检查记录、考核及奖惩记录等。

工程安防管理体系监督检查工作应合法、合理、有效，并遵循"公开、公平、公正、透明"的原则；监督检查工作应全方位进行，包括对全员、全部工作、全过程、所有场所的监督检查；监督检查工作应按照循环系统原则进行，对评审出的问题，及时进行整改，不断提高安全绩效。

工程安防管理体系监督检查方法主要包括现场检查、查阅分析资料（记录、设备台账、图纸、规程制度、管理文件等）、现场询问、实物检查或抽查、仪表分析、调查分析等。

5.6.5 应急管理体系

5.6.5.1 目的及意义

应急管理是在应对突发事件的过程中，为了预防和减少突发事件的发生，控制、减轻和消除突发事件引起的危害，基于对突发事件的原因、过程及后果进行分析，有效集成各方面的资源，对突发事件进行有效预防、准备、响应和恢复的过程。加强应急管理，提高预防和处置突发公共事件的能力，是关系国家经济社会发展全局和人民群众生命财产安全的大事，是构建社会主义和谐社会的重要内容。通过加强应急管理，建立健全预警机制、突发事件应急机制，最大程度地预防和减少突发公共事件及其造成的损害，保障公众的生命财产安全，维护国家安全和社会稳定，促进经济社会全面、协调、可持续发展。

南水北调工程应急管理是指在工程运行管理过程中的各种安全生产事故和可能带来人员伤亡、财产损失的各种外部突发事件，以及工程可能给社会带来损害的各类突发事件的预防、处置和恢复重建等工作，是南水北调工程运行管理的重要组成部分。加强南水北调工程应急管理，是工程运行管理水平发展的内在要求和必须履行的社会责任。南水北调工程应急管理体系要求运行管理单位建立应急管理的组织指挥、职责和制度体系，针对重大工程安全事故、洪涝灾害、断停水事故等突发事件，编制工程应急预案、防汛应急预案和输水调度应急预案，建立预防与预警机制、处置程序、应急保障措施和恢复重建措施等，提高快速处置能力。

5.6.5.2 管理制度及标准

南水北调集团中线有限公司应首先建立识别和获取适应的应急管理法律法规、标准规范的制度，并以正式文件颁发。制度中应规定应急管理法律法规、标准识别、获取、评审、更新等环节，明确主管部门及其职责，明确工程应急管理法律法规、标准的获取的渠道、方式、时间等内容。

南水北调集团中线有限公司各职能部门、分公司及现地管理单位应定期识别、获取适用的应急管理法律法规与其他要求，主管部门每年发布一次适用的应急管理法律法规与其他要求清单，详细列出本单位适用的所有法律法规的名称、法规（标准）编号、发布部门、发布日期、适用条款等内容，并将适用的现行有效的应急管理法律法规、标准规范传达至各岗位职工，并及时组织培训学习。

南水北调集团中线有限公司必须建立健全应急管理各项规章制度，并及时将识别、获取的法律法规与其他要求转化为本单位规章制度，规章制度经正式印发后，发放到所有相关工作岗位，并组织职工培训学习；各分公司依据识别获取的应急管理法律法规、标准规范及南水北调集团中线有限公司制定的应急管理相关制度，制定分公司应急管理规章制度；各现地管理单位依据识别获取的应急管理法律法规、标准规范，南水北调集团中线有限公司及分公司制定的应急管理相关制度，制定现地管理单位应急管理规章制度。

5.6.5.3　管理体系流程

应急管理体系主要包括建立应急管理组织机构、制定应急管理办法、制定应急预案、应急培训演练、监测与预警、应急处置与救援以及事后恢复与重建等程序。

应急管理组织机构的具体工作内容包括各级管理单位组织结构、岗位的相互关系、岗位职责及岗位职责分配；编制应急管理办法的具体内容包括突发事件应急管理办法、应急管理培训、应急物资储备保障、突发事件信息报告员制度、突发事件监测以及突发事件预警等；制定应急预案具体工作包括制定应急管理工作的组织指挥体系与职责、预防和预警机制、突发事件处置程序、应急保障措施以及事后恢复与重建措施等；应急培训、演练的具体工作内容包括突发事件预测与应急、突发事件自救与互救、应急演练内容以及应急处理程序与措施等；检测与预警的具体工作内容包括收集突发事件信息、各级单位间突发事件信息互联互通、突发事件监测以及突发事件预警等；应急处置与救援具体工作包括应急处置措施与应急救援措施等。事后恢复与重建具体工作包括防止突发事件的次生衍生事件措施、突发事件损失评估、制定恢复重建计划、突发事件应急处置工作以及经验总结、改进措施制定等。

5.6.5.4　管理体系监督检查

应急管理体系的监督检查工作，是为了进一步落实应急管理主体责任，强化南水北调集团中线有限公司、各职能部门、各分公司及各现地管理单位的安全生产基础工作，提高应急管理体系的管理水平，预防工程安全事故发生的重要手段。

应急管理体系的监督检查工作是在应急管理办公室监督指导下进行，由工程维护部负责执行，其他职能部门、各二级管理单位、各三级管理单位配合执行。

应急管理体系监督检查主要包括一级管理单位、二级管理单位和三级管理单位的应急管理体系监督检查。应急管理体系主要检查内容包括关于成立应急管理领导小组的文件、关于成立应急管理机构的文件、应急管理岗位职责文件、岗位职责分配方案、应急管理办法、应急预案、应急培训演练、培训演练记录及档案、应急处置与救援记录、总结报告等。

应急管理体系监督检查工作应合法、合理、有效，并遵循"公开、公平、公正、透明"的原则；监督检查工作应全方位进行，包括对全员、全部工作、全过程、所有场所的监督检查；监督检查工作应按照循环系统原则进行，对评审出的问题，及时进行整改，不断提高安全绩效。

应急管理体系监督检查方法主要包括现场检查、查阅分析资料（记录、试验报告、设备台账、图纸、规程制度、管理文件等）、现场询问、实物检查或抽查、仪表分析、调查分析、现场试验或测验等。

5.6.6 运行安全问题治理体系

5.6.6.1 目的及意义

建立运行安全问题治理体系，是安全生产管理理念、监管机制、监管手段的创新和发展，对于促进南水北调工程运行管理单位由被动接受安全监管向主动开展安全管理转变，开展以运行管理单位为主的日常问题治理，实现运行安全问题治理常态化、规范化和制度化，推动南水北调工程运行安全标准化建设工作，强化落实安全生产主体责任，建立健全运行安全问题治理长效机制，把握事故防范和运行安全工作的主动权具有重要意义。

南水北调工程运行安全问题治理体系要求运行管理单位建立各层级运行安全问题治理的组织、责任和制度体系，制定检查发现安全隐患及问题、进行原因分析、科学处置安全隐患及问题、对安全隐患及问题处理不及时的责任单位和责任人进行责任追究的工作方案，狠抓内控管理，落实问题整改责任，确保问题系统整治到位，消除安全隐患。

5.6.6.2 管理制度及标准

南水北调集团中线有限公司应首先建立识别和获取适应的运行安全问题治理法律法规、标准规范的制度，并以正式文件颁发。制度中应规定运行安全问题治理法律法规、标准识别、获取、评审、更新等环节，明确主管部门及其职责，明确运行安全问题治理法律法规、标准的获取的渠道、方式、时间等内容。

南水北调集团中线有限公司各职能部门、分公司及现地管理单位应定期识别、获取适用的运行安全问题治理法律法规与其他要求，主管部门每年发布一次适用的运行安全问题治理法律法规与其他要求清单，详细列出本单位适用的所有法律法规的名称、法规（标准）编号、发布部门、发布日期、适用条款等内容，并将适用的现行有效的运行安全问题治理法律法规、标准规范传达至各岗位职工，并及时组织培训学习。

南水北调集团中线有限公司必须建立健全运行安全问题治理各项规章制度，

并及时将识别、获取的法律法规与其他要求转化为本单位规章制度，规章制度经正式印发后，发放到所有相关工作岗位，并组织职工培训学习；各分公司依据识别获取的运行安全问题治理法律法规、标准规范及南水北调集团中线有限公司制定的运行安全问题治理相关制度，制定分公司运行安全问题治理规章制度；各现地管理单位依据识别获取的运行安全问题治理法律法规、标准规范，南水北调集团中线有限公司及分公司制定的运行安全问题治理相关制度，制定现地管理单位运行安全问题治理规章制度。

5.6.6.3　管理体系流程

运行安全问题治理体系主要包括建立运行安全问题治理组织机构、制定运行安全问题治理体系规章制度、安全事故隐患排查、安全事故隐患治理、安全事故隐患治理检查与评估等程序。

运行安全问题治理组织机构的具体工作内容包括各级管理单位组织结构、岗位的相互关系、岗位职责及岗位职责分配；运行安全问题治理体系制度的具体内容包括安全监测、输水调度、土建工程、信息机电及水质运行等安全问题治理相关规章制度，安全问题治理责任追究制度，事故隐患报告和举报奖励制度以及安全问题治理监督管理制度等；安全事故隐患排查的具体工作包括制定事故隐患排查计划、事故隐患信息档案建立以及重大事故隐患报告等内容；安全事故隐患治理的具体工作包括安全事故隐患治理的内容（安全监测、输水调度、土建工程、信息机电及水质安全等）的记录、事故隐患排查治理情况统计以及事故隐患治理方案等；安全事故隐患治理检查与评估的具体内容包括检查记录与评估总结报告。

5.6.6.4　管理体系监督检查

运行安全问题治理体系的监督检查工作，是为了进一步落实运行安全问题治理主体责任，强化南水北调集团中线有限公司、各职能部门、各分公司及各现地管理单位的安全生产基础工作，提高运行安全问题治理体系的管理水平，预防工程安全事故发生的重要手段。

运行安全问题治理体系的监督检查工作是在安全生产委员监督指导下进行，由质量安全部负责执行，其他职能部门、各二级管理单位、各三级管理单位配合执行。

运行安全问题治理体系监督检查主要包括一级管理单位、二级管理单位和三级管理单位的运行安全问题治理体系监督检查。运行安全问题治理体系主要检查内容包括关于成立安全生产委员会的文件、关于成立运行安全问题治理管理机构的文件、运行安全问题治理岗位职责文件、岗位职责分配方案、运行安全问题治理制度及规程、安全事故隐患排查计划、事故隐患信息档案、重大事故隐患报告、事故隐患排查治理情况统计、事故隐患治理方案、事故检查与评估报告等。

运行安全问题治理体系监督检查工作应合法、合理、有效，并遵循"公开、公平、公正、透明"的原则；监督检查工作应全方位进行，包括对全员、全部工作、全过程、所有场所的监督检查；监督检查工作应按照循环系统原则进行，对评审出的问题，及时进行整改，不断提高安全绩效。

运行安全问题治理体系监督检查方法主要包括现场检查、查阅分析资料（记录、试验报告、设备台账、图纸、规程制度、管理文件等）、现场询问、实物检查或抽查、仪表分析、调查分析、现场试验或测验等。

5.6.7 责任监督检查体系

5.6.7.1 目的及意义

责任监督检查体系的建立，是为了切实履行安全生产"一岗双责"制度，强化"管业务必须管安全，管生产必须管安全"的理念，进一步强化运行安全管理责任，推动运行安全生产责任制的落实，规范安全生产行为，夯实运行安全管理基础。南水北调工程运行安全标准化建设的过程中，形成了许多科学有效的管理制度。

实现南水北调工程平稳运行，保证工程安全和供水安全，要求运行管理机构的每一个管理者对各项管理制度贯彻执行。制度的力量在于以规范性、可预见性和强制性，引导和制约人们的行为，使其按照事先设定的标准和要求行为或不行为。执行是制度本身的根本属性，在制度体系中具有重要的地位，处于核心环节。建立责任监督检查体系，制定监督检查和考核问责机制，是提高制度执行力的关键。制度的落实执行，在很大程度上取决于对制度执行情况进行的监督检查。责任监督检查体系应将制度落实情况作为重要内容列入责任制考核，明确落实制度执行的责任单位和责任人，并把执行情况同责任人的利益挂钩。强调对于制度执行情况的评估，建立制度执行评价体系，通过客观的评价指标对执行情况进行科学合理的考核评价，及时有效地发现和解决制度执行中存在的问题，不断提高制度的执行力。以责任追究作为提升制度执行力的有力抓手，确保各项制度真正落到实处。

南水北调工程责任监督检查体系要求运行管理单位建立各层级运行安全责任监督检查的组织、职责和制度体系，制定运行安全管理责任检查方案，明确各层级安全责任监督检查的责任，严肃责任追究，确保运行安全管理体系有效运行。

5.6.7.2 管理制度及标准

南水北调集团中线有限公司应首先建立识别和获取适应的责任监督检查法律法规、标准规范的制度，并以正式文件颁发。制度中应规定责任监督检查法律法规、标准识别、获取、评审、更新等环节，明确主管部门及其职责，明确责任监督检查法律法规、标准的获取的渠道、方式、时间等内容。

南水北调集团中线有限公司各职能部门、分公司及现地管理单位应定期识别、获取适用的责任监督检查法律法规与其他要求，主管部门每年发布一次适用的责任监督检查治理法律法规与其他要求清单，详细列出本单位适用的所有法律法规的名称、法规（标准）编号、发布部门、发布日期、适用条款等内容，并将适用的现行有效的责任监督检查法律法规、标准规范传达至各岗位职工，并及时组织培训学习。

南水北调集团中线有限公司必须建立健全责任监督检查各项规章制度，并及时将识别、获取的法律法规与其他要求转化为本单位规章制度，规章制度经正式印发后，发放到所有相关工作岗位，并组织职工培训学习；各分公司依据识别获取的责任监督检查法律法规、标准规范及南水北调集团中线有限公司制定的责任监督检查相关制度，制定分公司责任监督检查规章制度；各现地管理单位依据识别获取的责任监督检查法律法规、标准规范，南水北调集团中线有限公司及分公司制定的责任监督检查相关制度，制定现地管理单位责任监督检查规章制度。

5.6.7.3 管理体系流程

责任监督检查体系主要包括建立责任监督检查组织机构、制定责任监督检查体系规章制度、检查计划制定、责任监督检查、检查结果汇总反馈与检查结果通报等程序。

责任监督检查组织机构的具体工作内容包括各级管理单位组织结构、岗位的相互关系、岗位职责及岗位职责分配；责任监督检查体系制度的具体内容包括输水调度、工程维护、信息自动化、金结、机电、供配电系统、水质以及安全监测等方面的责任监督检查相关规章制度；检查计划制定的具体工作包括检查内容、检查安排制定，检查范围、检查工作要求及具体检查细则制定等内容；责任监督检查的具体工作包括安全管理责任制落实情况监督检查、管理机构和管理人员落实情况监督检查、安全运行管理规章制度建立和执行监督检查、管理人员经费和工程维修养护经费落实监督检查以及安全隐患处理情况、设备设施维修养护情况监督检查等；检查结果汇总反馈的具体内容包括检查记录与评估总结报告。

5.6.7.4 管理体系监督检查

责任监督检查体系的监督检查工作，是为了进一步落实责任监督检查主体责任，强化南水北调集团中线有限公司、各职能部门、各分公司及各现地管理单位的安全生产基础工作，提高责任监督检查体系的管理水平，预防工程安全事故发生的重要手段。

责任监督检查体系的监督检查工作由质量安全部负责执行，其他职能部门、各二级管理单位、各三级管理单位配合执行。

责任监督检查体系监督检查主要包括一级管理单位、二级管理单位和三级管理单位的责任监督检查体系监督检查。责任监督检查体系主要检查内容包括关于成立责任监督检查体系管理机构的文件、责任监督检查岗位职责文件、岗位职责分配方案、责任监督检查制度建立和执行、管理人员经费和工程维修养护经费落实、安全隐患处理、监督检查与评估报告等。

责任监督检查体系监督检查工作应合法、合理、有效，并遵循"公开、公平、公正、透明"的原则；监督检查工作应全方位进行，包括对全员、全部工作、全过程、所有场所的监督检查；监督检查工作应按照循环系统原则进行，对评审出的问题，及时进行整改，不断提高安全绩效。

责任监督检查体系监督检查方法主要包括现场检查、查阅分析资料（记录、试验报告、设备台账、图纸、规程制度、管理文件等）、现场询问、实物检查或抽查、仪表分析、调查分析、现场试验或测验等。

5.6.8 运行安全文化管理体系

5.6.8.1 目的及意义

安全是从人身心需要的角度提出的，是针对人以及与人的身心直接或间接的相关事物而言。然而，安全不能被人直接感知，能被人直接感知的是危险、风险、事故、灾害、损失、伤害等。

安全文化就是安全理念、安全意识以及在其指导下的各项行为的总称，主要包括安全观念、行为安全、系统安全、工艺安全等。安全文化主要适用于高技术含量、高风险操作型企业，在能源、电力、化工等行业内重要性尤为突出。所有的事故都是可以防止的，所有安全操作隐患是可以控制的。安全文化的核心是以人为本，这就需要将安全责任落实到企业全员的具体工作中，通过培育员工共同认可的安全价值观和安全行为规范，在企业内部营造自我约束、自主管理和团队管理的安全文化氛围，最终实现持续改善安全业绩、建立安全生产长效机制的目标。

南水北调运行安全文化管理体系，是为了培养全体员工安全生产价值观、坚定全体员工安全生产信念、规范全体员工安全生产行为，以达到企业人员人身安全、工程运行安全、企业生产安全的目的而建立的。

南水北调运行安全文化管理体系包括建立各层级运行安全文化管理的组织、职责和制度体系，制定包含运行安全管理思想、安全管理模式、安全机制体系在内的安全文化管理方案，开展运行安全管理教育培训，建立运行安全责任考核与奖惩机制，建立安全标识标牌，构建运行班组安全管理文化认同及执行理念，塑造系统安全文化环境，提高职工安全文化素质，营造职工共同安全价值观，形成具有南水北调工程运行安全管理特色的文化理念。

5.6.8.2 安全文化体系组成

南水北调集团中线有限公司安全文化体系包括安全文化理念、安全教育培训、安全标识标牌、安全理念认同与执行和安全考评奖惩等。

（1）安全文化理念。

安全文化理念是运行安全文化的核心，是指管理人员和员工共同接受的安全意识、安全理念、安全价值标准，是人的思想、情感和意志的综合体现。

（2）安全教育培训。

安全教育培训分为综合培训和专业培训。

1）综合培训。综合培训是指对员工进行的国家、相关行业有关安全生产法律法规、中线有限公司有关安全生产规章制度和安全生产基本知识等培训。主要包括员工入职安全培训、安全综合知识培训等。

2）专业培训。专业培训是指针对专业特点和工作环境，对相关岗位人员开展的专业理论知识、实际操作技能、岗位安全风险等培训。主要包括岗位培训、专业技能培训。

（3）安全标识标牌。

在工作场所、危险部位以及人员较多的地点悬挂张贴安全标示牌和各种以安全为主题的警句、宣传画、安全生产方针等，营造浓厚的安全文化氛围。

安全标识标牌按内容分为禁止类、警告类、指令类和提示类等四类。

1）禁止类。禁止游泳，禁止钓鱼、禁止合闸等；

2）警告类。当心触电、当心落物、当心坠落等；

3）指令类。必须佩戴安全帽、穿戴鞋套等；

4）提示类。请保持安静、安全出口、注意安全等。

（4）安全理念认同与执行。

定期开展安全文化活动，通过形式多样、喜闻乐见的活动方式，营造安全文化理念的舆论氛围，挖掘安全文化理念事迹案例，宣传安全生产先进典型，激发员工"关注健康，关爱生命"的热情，推动安全文化理念深入人心，促使员工工作制度化、规范化，最大限度地堵塞漏洞、消除隐患，为工程安全运行、安全生产奠定基础。

（5）安全考评奖惩。

包括安全生产综合考评和专业考评。

安全生产综合考评主要是对分局和现地管理处年度安全生产指标完成情况的考评。

专业考评主要是针对分局和现地管理处相关专业安全生产情况的检查考评。

考核结果纳入年终考核作为奖惩依据。

5.6.8.3 管理制度及标准

运行安全文化管理制度及标准是安全文化体系建设的重要部分，南水北调集团中线有限公司应首先建立识别和获取适应的运行安全文化管理法律法规、标准规范的制度，并以正式文件颁发。制度中应规定运行安全文化管理法律法规、标准识别、获取、评审、更新等环节，明确主管部门及其职责，明确运行安全文化管理法律法规、标准的获取的渠道、方式、时间等内容。

南水北调集团中线有限公司各职能部门、分公司及现地管理单位应定期识别、获取适用的运行安全文化管理法律法规与其他要求，主管部门每年发布一次适用的运行安全文化管理法律法规与其他要求清单，详细列出本单位适用的所有法律法规的名称、法规（标准）编号、发布部门、发布日期、适用条款等内容，并将适用的现行有效的运行安全文化管理法律法规、标准规范传达至各岗位职工，并及时组织培训学习。

南水北调集团中线有限公司必须建立健全运行安全文化管理各项规章制度，并及时将识别、获取的法律法规与其他要求转化为本单位规章制度，规章制度经正式印发后，发放到所有相关工作岗位，并组织职工培训学习；各分公司依据识别获取的运行安全文化管理法律法规、标准规范及南水北调集团中线有限公司制定的运行安全文化管理相关制度，制定分公司运行安全文化管理规章制度；各现地管理单位依据识别获取的运行安全文化管理法律法规、标准规范，南水北调集团中线有限公司及分公司制定的运行安全文化管理相关制度，制定现地管理单位运行文化管理规章制度。

5.6.8.4 管理体系流程

运行安全文化体系主要包括建立运行安全文化组织机构、制定运行安全文化规章制度及操作规程、运行安全文化规章制度及工作标准的培训宣传、贯彻执行运行安全文化规章制度及工作标准、安全生产情况监督检查、安全文化教育培训、安全文化理念落实以及安全文化落实情况考评等程序。

运行安全文化管理组织机构的具体工作内容包括各级管理单位组织结构、岗位的相互关系、岗位职责及岗位职责分配；运行安全文化规章制度及操作规程的具体内容包括安全文化理念、安全教育培训、安全标识标牌和安全考评奖惩等有关制度、标准、规范；运行安全文化规章制度及工作标准的培训宣贯具体工作包括制定运行安全文化培训计划、定期不定期开展运行安全文化培训、记录培训档案等；贯彻执行运行安全文化规章制度及工作标准的具体工作内容包括运行安全文化有关制度、标准、规范等的贯彻执行；运行安全文化管理及安全教育培训、安全理念落实、安全标识标牌等工作的监督检查、自查及评价考核。

5.6.8.5 管理体系监督检查

运行安全文化管理体系的监督检查工作，是为了进一步落实运行安全文化管理主体责任，强化南水北调集团中线有限公司、各职能部门、各分公司及各现地管理单位的安全生产基础工作，提高运行安全文化管理体系的管理水平，预防安全事故发生的重要手段。

运行安全文化管理体系的监督检查工作是在安全生产委员监督指导下进行，由工会工作部负责执行，其他职能部门、各二级管理单位、各三级管理单位配合执行。

运行安全文化管理体系监督检查主要包括一级管理单位、二级管理单位和三级管理单位的运行安全文化管理体系监督检查。运行安全文化管理体系主要检查内容包括关于成立安全生产委员会的文件、关于成立运行安全文化管理机构的文件、运行安全文化岗位职责文件、岗位职责分配方案、运行安全文化管理制度及规程、安全教育培训管理制度、安全教育培训记录及档案、工作检查记录、考核及奖惩记录等。

运行安全文化管理体系监督检查工作应合法、合理、有效，并遵循"公开、公平、公正、透明"的原则；监督检查工作应全方位进行，包括对全员、全部工作、全过程、所有场所的监督检查；监督检查工作应按照循环系统原则进行，对评审出的问题，及时进行整改，不断提高安全绩效。

运行安全文化管理体系监督检查方法主要包括现场检查、查阅分析资料（记录、规程制度、管理文件等）、现场询问、调查分析等。

参 考 文 献

[1] 弗雷德里克·泰勒. 科学管理原理 [M]. 马风才,译. 北京:机械工业出版社,2007.
[2] 麦绿波. 标准化学:标准化的科学理论 [M]. 北京:科学出版社,2017.
[3] 胡海波. 标准化管理 [M]. 上海:复旦大学出版社,2013.
[4] 罗晓勇. 基于战略的企业绩效管理研究 [D]. 天津:天津大学,2004.
[5] 杨克. 中国制造业多元制技能人才培养模式研究 [D]. 武汉:武汉理工大学,2009.
[6] 王平. 国内外标准化理论研究及对比分析报告 [J]. 中国标准化,2012 (5):39-50.
[7] 胡彩梅,韦福雷,肖昆. 标准化经济影响的若干问题研究 [M]. 长春:吉林大学出版社,2010.
[8] 何晓丹,吴何坚. 司法鉴定服务标准化建设的实践与思考 [J]. 中国标准化,2018 (10):26-28.
[9] 李春田. 工业企业标准化 [M]. 北京:中国计量出版社,1992.
[10] 洪生伟. 标准化工程 [M]. 北京:中国标准出版社,2008.
[11] 李春田,房庆,王平. 标准化概论 [M]. 北京:中国人民大学出版社,2014.
[12] 王征. 标准化基础概论 [M]. 北京:技术标准出版社,1981.
[13] 郎志正. 标准化工程学 [M]. 北京:中国标准出版社,1991.
[14] 郎志正. 标准化系统工程 [M]. 北京:北京航空航天大学出版社,1992.
[15] 李春田. 重提综合标准化:兼论企业标准化的历史性转变(下)[J]. 上海标准化,2008 (12):7-12.
[16] 梁丽涛. 发展中的标准化 [M]. 北京:中国质检出版社,中国标准出版社,2013.
[17] 舒辉. 标准化管理 [M]. 北京:北京大学出版社,2016.
[18] 沈同,邢造宇,张丽虹. 标准化理论与实践 [M]. 北京:中国计量出版社,2010.
[19] 闫先斌,崔立功,侯云峰,等. 水利水电施工企业安全生产标准化创建指南 [M]. 郑州:黄河水利出版社,2015.
[20] 钱宜伟,曾令文. 水利安全生产标准化建设实施指南 [M]. 北京:中国水利水电出版社,2015.
[21] 贺小明,杜受富,章龙文,等. 水利生产经营单位安全生产标准化建设与达标指导书 [M]. 北京:中国水利水电出版社,2015.
[22] 中国标准化协会. 2016-2017标准化学科发展报告 [M]. 北京:中国科学技术出版社,2018.
[23] 中国标准化研究院国家标准馆. 国际标准化资料概览:国际/区域标准化组织篇 [M]. 北京:中国标准出版社,2014.
[24] 江苏省水利工程建设局. 水利施工企业安全生产标准化指导手册 [M]. 南京:河海大学出版社,2016.
[25] 江苏省水利工程建设局. 水利工程施工监理单位安全生产标准化指导手册 [M]. 南

京:河海大学出版社,2016.
[26] 江苏省水利工程建设局. 水利工程建设安全生产标准化常用表格汇编 [M]. 南京:河海大学出版社,2016.
[27] 《"绿十字"安全基础建设新知丛书》编委会. 安全生产标准化建设知识 [M]. 北京:中国劳动社会保障出版社,2014.
[28] 中国标准化研究院. 中国标准化战略研究 [M]. 北京:中国标准出版社,2006.
[29] 中国标准化研究院. 国家标准体系建设研究 [M]. 北京:中国标准出版社,2006.
[30] 中国标准化研究院. 标准化若干重大理论问题研究 [M]. 北京:中国标准出版社,2007.
[31] 中国标准化研究院. 国内外标准化现状及发展趋势研究 [M]. 北京:中国标准出版社,2006.